STRATEGIC CULTURE

戦略文化

脅威と社会の鏡像としての軍

坂口大作

DAISAKU SAKAGUCHI

日本経済新聞出版

戦略文化

脅威と社会の鏡像としての軍

坂口大作

まえがき

戦後の日本は、安全保障を努めて疎遠にしてきた。「軍事＝悪」と捉える歪んだ平和主義に裏打ちされた日本社会では、安全保障の中核を担う自衛隊も異質の価値観を持つ組織として敬遠された。そのため自衛隊は、世間の冷たい逆風にさらされながら国防任務に勤しむとともに、広範かつ多種多様な民生支援や広報を行い、敵対的ないし無関心な社会に働きかけ、自己の存在意義について国民の理解を求めてきた。それがそれなりの成果を上げるとともに、戦略環境や社会情勢が変化し、国際貢献活動等の実績が加わると、国民の自衛隊に寄せる風当たりや反感は、創隊期に比較すればかなり緩和されてきたかに見える。

さらに近年は、北朝鮮により矢継ぎ早に行われる核・ミサイル実験、中国による海空域における力を使った一方的な現状変更、そしてロシアによるウクライナ侵攻等が生起し、日本の戦略環境は戦後最も厳しく複雑であると言われるようになった。冷戦期とは異なり国民は身近に脅威を認識するようになり、自衛隊への関心と期待は高まりつつある。政府は、２０２２年12月に「国家安全保障戦略」「国家防衛戦略」「防衛力整備計画」の防衛三文書を策定し、防衛費を急増した。

では、安全保障や自衛隊に対する日本社会の理解が十分に得られるようになったのかと問えば、必ずしもそうではない。他国による軍事的緊張は、時が経てば対岸の火事として忘れ去られて、国民の安全に対する意識は薄れる。テロ対策もアメリカでは重要な安全保障問題だが、日本では一過性の事件として取り扱われる。[1]科学、経済、安全保障の連携は一向に進まず、総合的な安全保障政策は依然として停滞している。

国民が寄せる自衛隊への期待や理想は非軍事的任務にあり、武力集団としての自衛隊ではないことは、世論調査の結果にも表れている。日本の安全保障において「軍事」は変わらず敬遠されがちである。そのため、自衛官の募集、特に任期制隊員の確保は、少子化の進行とともに低迷が続き、自衛隊の人的基盤強化は日本の安全保障の喫緊の課題となっている。

防衛力の抜本的強化が望まれるなかにおいて、日本社会で安全保障や自衛隊が広く身近に理解されないのはなぜなのだろうか。その理由の一つとして、戦後に生まれた「軍事＝悪」という反軍的文化が、しぶとく日本社会に根づいており、それが自衛隊のあり方に依然として大きな影響を及ぼしていることがある。ある国の国防や軍の形とは、その国の文化と国民の総意から成り立つ国民の意思そのものだと言えよう。

だが、多くの国民や社会から支持されていた戦前の日本軍にしても戦後の自衛隊にしても、同じ日本人により創隊された日本の軍事組織であることに変わりはない。そこにどれだけの差異があるというのだろうか。国防や軍（自衛隊）に対する日本人の心情は、一度の敗戦によって根底から変わってしまったのであろうか。国防や軍の形が文化と国民の総意であるというのであれば、戦前・戦後では、日本民族も日本の文化も変わってしまったのであろうか。

各国の軍事制度や軍事形態は多くの場合、二つの要因によって定まるのではなかろうか。一つは脅威への対応を含めた国家の戦略的要求である。国家は脅威に対する抑止力と脅威を排除するために必要な能力を軍に持たせなければならない。

通常、国家に切迫した脅威がある場合は、軍の能力・規模は最大限に高められる。[2] また、国家目標を実現し国益を増進するために軍事力に依存することもある。強制外交や国力の顕示に、あるいは平和外交を実現する手段として軍を用いる場合は、それぞれの目的に応じた能力のある軍ができる。コーエン（Eliot Cohen）が「戦略とは、いつ、どこで戦うかについて選択するだけでなく、それに備える組織や機関に関わることでもある」[3] と指摘するように、軍とは戦略的要求を具現化する組織なのである。

もう一つは、社会の価値観や規範等を含む文化的要因である。軍隊は社会の鏡像と言われるほど、意識的あるいは無意識的にその国固有の文化から強い影響を受ける。地理的条件や民族的特性、自然環境や宗教、歴史的記憶と信念、および世論や社会思想等がつくり出す文化は、脅威認識や武力行使の意思決定および軍の性格を決める基盤となる。

例えば、他国から武力侵攻を度々受けてきた国では、外的脅威に対する恐怖感と国防に対する強い信念、軍事を重視する価値観が形成され、尚武《しょうぶ》の文化に支えられた屈強な軍ができやすい。反対に安全保障に恵まれた地理的環境にあり、外敵との交戦経験が少ない国家には、軍事を厭う平和的文化が

---

1 宮坂直史「テロリズム対策における戦略文化――一九九〇年代後半の日米を事例として」日本国際政治学会編『国際政治』第129号「国際政治と文化研究」2002年、61〜76頁。
2 松下芳男『明治軍制史論（上）』有斐閣、1956年、122〜123頁。
3 Eliot A. Cohen, "The strategy of innocence? The United States, 1920-1945," in Williamson Murray, MacGregor Knox and Bernstein Alvin ed., *The Making of Strategy: Rulers, States, and War*, Cambridge University Press, 1994, pp.429-432.

根づき、軍も柔弱になりがちである。

一般に軍は、社会とは異質な存在と見なされ敬遠されやすい。なぜなら、軍は国家権力を直接的に武力で代弁する組織であるばかりか、他国に対しても自国の人々に対しても巨大な潜在的破壊力を持ち、暴力と戦争を連想させるからである。平時は抑止力として機能し国や国民を守っていても、その成果は認識されがたい。それどころか、非生産的で税金の無駄遣いと罵られ、非難されることもある。

その異質な軍を受け入れる包容力を社会がどれだけ持ち合わせているのか、それは文化によって異なり、その寛容さの度合いが、軍の精強性を決める一つの要因となる。社会に期待される軍は強く、疎外される軍は弱いであろう。

しかし、たとえ社会の安全保障意識が薄弱で国民から期待されていなくても、軍は国防に任ずる以上、武力を管理し軍備を強化しなければならない。したがって、防衛力を強化しようとすればするほど軍と社会の間の溝は一層深まるパラドックスに陥る。

それでも、軍人は自己犠牲を厭わず、日夜厳しい任務と訓練に耐えていかなくてはならない。暴力を管理する者として平時でもセンシティブな緊張状態に置かれ、自らを律していく厳格さも求められる。有事には国民の信頼と賛辞を一身に浴びても、平和な時代においては、水面下で孤独に歩み続けなければならない宿命にあるのが軍人である。

そのような意味では、多くの職業があるなかで軍人ほど世界共通のマインドを持っている専門集団はないのではなかろうか。世界の軍は似通った境遇に置かれ、軍人は社会から尊敬され脚光を浴びるか、または疎外され孤立するかどちらかの道を歩まなければならない。そして、プライドと自己嫌悪が混在した釈然としないミリタリー・マインドを共有するようになる。おそらく、このようなマインドは、どのような軍事知識を持っていたとしても、職業軍人でなければ理解できないものであろう。しかし、軍や軍事制度は多くの場合、軍人ではなく軍を直接知らない一般社会の人々によってつくられる。ドイツの軍人であったゼークト（Hans von Seeckt）は「軍は国民の一部であり、またかかる部分としての自覚を有せねばならぬということである。既に今日では、いかなる国の軍も純粋な国民的性格を帯びたものの身であると考えてよい。さすれば一国民の具有するすべての性質は、そのまま軍の性質に反映するはずである」[4]と指摘する。

軍隊はその国の文化を反映し、その点で国民的性格を帯びたものとなる。つまり、軍の姿とは、国民の意思の反映であり、社会の価値観をつくり出す文化とは、軍の外面ではなく内面的強さの神髄、言わば「魂」をつくり出す役割を果たしている。

人は環境に応じて生活態度を変えることはできるが、生来的な性格を変えることはできない。それと同じように脅威や国策に応じて軍事力や軍隊は変えられるが、その国固有の文化が反映された軍の性格を変えることはできない。地理学者の飯塚浩二が「軍隊の母胎がその国の社会以外ではありようがないし、軍隊の思想、性格はその国の文化の申し子といってもいいすぎではないのではないか。たとえを鉱物にかりれば、結晶とでもみるべきで、明礬の溶液からは、明礬特有の結晶しかあらわれてこないというようなものである」[5]と述べているように、軍は本質的に文化の呪縛から逃れることはで

4　飯塚浩二『日本の軍隊――日本文化研究の手がかり』評論社、1968年、292～293頁。
5　同上、292頁。

きず、文化によってつくり出された軍の姿とは、国民の意思が反映された文化の偶像である。

「脅威」と「文化」の間には相関性があり、脅威が弱まれば文化の影響は強まり、脅威が強まれば文化的要素を度外視せざるを得ない戦略と軍がつくられる構図となっている。なぜなら、間近に脅威が迫っているにもかかわらず、反軍的な文化ばかりを優先すれば、その国家は滅びてしまうであろうし、逆に脅威もないのに意味なく軍事力を強めることは、限られた国家資源を無駄に浪費するばかりか、近隣諸国との間に安全保障のジレンマを生み、緊張を煽りかねないからである。[6]

脅威に軍事力で対応して生存を維持するよりも、たとえ国家が滅びようとも名誉や文化を優先することがあるかもしれない。だが、一般的には軍の形とは「脅威」と「文化」のバランスと調和によってつくられていると言ってよかろう。

我々はどちらかと言えば文化を意識することなく、脅威のみに目を向けた戦略や軍のあり方に意識を傾けやすい。しかし、グレイ（Colin Gray）が「すべての戦略行動は文化的行動であり、各国の行動様式は、固有の歴史的経験や政治文化、地政学的環境に根ざしている」[7]と説明しているように、文化的側面から戦略や軍を見ることも必要であろう。

そのような要求を受けて、１９７０年頃から国際政治学者によって文化にも目を向けた「戦略文化論」が論じられるようになり、文化と戦略の因果関係について解明されてきた。しかし、戦略も文化も曖昧な概念であり、具体的な事例に乏しく、しかも実証性に欠けていることから下火となり、後に国際関係学の理論パラダイムの一つである、コンストラクティヴィズム（constructivism：構成主義）の流れに組み込まれていった。[8]

そこで本書では、脅威と戦略、そして文化によってつくられる軍の形に目を向けて、今一つすっきりしていない戦略文化を再考する。抽象的概念である戦略とは異なり、戦略行動をとる軍の形は実際に目視できるため、軍を見れば、その国の戦略と文化の関係が何かしら浮き彫りにされるはずだ。

確かに軍の形に反映されている文化を抽出するのは難題だが、実際、軍ほど文化の所産と言える組織はないのではなかろうか。なぜなら、安全保障は国家の究極的な「共通善（common good）」であり、その中核を担っているのは軍だからである。日本人が日本的、アメリカ人がアメリカ的と意識する文化が何かしらあり、我々は意識的・無意識的にそれを受け入れており、社会の縮図とも言える軍にも当然、文化が反映されている。特に国民の日常生活に直接関わる兵役制度に文化は写し出される。

キーン（Donald Keene）は「日本人となったが、毎日の朝食はクロワッサンとコーヒーであり、アメリカ人としての習慣から抜けだすことはできない」と述べている。すべての人間は文化によって支

6　ハンチントン（Samuel Huntington）は、*The Soldier and the State* において「機能的要件（functional imperative：外敵の脅威から国家を守る精強性）」と「社会的要求（societal imperative：社会から受け入れられる組織特性を備えること）」のバランスについて言及している。Samuel P. Huntington, *The Soldier and the State*, Harvard University Press, 1957, pp.2-3.

7　Colin S. Gray, "National Style in Strategy: The American Example," *International Security* Vol.6, no 2, 1981, p.9; Colin S. Gray, "Strategic culture as context: the first generation of theory strikes back," *Review of International Studies* 25, pp.49-69.

8　Jeffrey S. Lantis, *Strategic Culture: From Clausewitz to Constructivism*, SAIC, 2006, p.1.

9　Gray, "Strategic culture as context: the first generation of theory strikes back," p.49.

配されており、プログラム化されている。したがってすべての戦略行動は文化的行動であり[9]、軍も文化的所産と言えよう。我々は、本質的に生得的な文化の呪縛から逃れることはできず、自衛隊は日本人にしかつくれず、米軍はアメリカ人にしかつくれず、軍とは文化をまとった組織なのである。

本書では、戦前の日米両軍、および戦後の米軍と自衛隊を「文化」「脅威」および「軍事戦略」に照らし合わせて考察・比較することで、軍の形成に何かしら影響を与えている戦略文化を明らかにする。

陸軍を取り上げたのは、国民の日常生活と交わりが深く、社会的価値観を含めた文化が反映されやすい組織であるからである。飯塚は「軍人は平素命令が一切を決定するような体制の社会に暮らしているために、彼らは生産活動を通じて絶えず現実に審判される地方人の場合と違って、かえって極めて観念的な立場に立てこもりやすいということもある。そのために一国の文化の特色的な一側面が、軍隊において強調されて現れているとさえいうことができる。この意味で、軍隊の比較文化論的な立場よりする研究は、国々の文化を理解する上に、かなり有力な手がかりとなり得るように考えられるのである」[10]と指摘している。

それは、「社会」と「軍」の関係を問うことではないかと、疑問を持たれる読者もいるかもしれない。しかし、本書では社会の価値観も広く文化の一部として解釈し、文化も戦略と並んで軍を形作る役割を担っていることを述べたい。また、本書では多少の関連から記述を避けられないにしろ、日米両国の戦争観や軍内部の組織文化[11]、および細かな兵力の推移・兵制等の歴史的変遷を記述するものでないことを、はじめに断っておきたい。

日米両国は文化、戦略、軍隊観、そして軍の形において面白いほどコントラストをなしており、戦略文化の差異を引き出す格好の材料を持ち合わせている。しかも第2次世界大戦を境として、両国の文化と軍の形が入れ替わっているのには、興味をひかれる。

特に米陸軍について多くの紙面を割いたのは、建軍の過程において戦前の米軍ほど、そこに文化の影響を見出せる例はないからである。日米両国は、国際社会において比較的遅く開花した新興国家である。アメリカがイギリスから独立し建国されたのは1776年、日本では明治維新による近代国家への幕開けは1867年であり、その差は100年に満たず、悠久の歴史からすれば、ほぼ同時期と見なしてよかろう。アメリカの建国も、そして近代国家の幕開けを迎えた明治の日本も、どちらも大きな夢と希望をもって誕生した。また、アメリカは太平洋と大西洋に挟まれた島国大陸、日本は四面環海の島国であり、大陸国家に比較すれば他国からの軍事侵略の不安が少ない地理的特性を備え、安全保障では恵まれた環境にある。

このような類似性がある一方で、建軍という点では両国はなぜか異なる文化を背景として真逆な発展をたどってきた。一言で表現すれば、建軍過程において、米軍には「文化」が、日本軍には「脅威」が強く作用した。

10　飯塚『日本の軍隊』22頁。

11　日米両軍の組織文化について論じた優れた研究に、河野仁『〈玉砕〉の軍隊、〈生還〉の軍隊』（講談社選書メチエ、2001年）がある。

安全保障上、恵まれた戦略環境にあり孤立政策をとっていたアメリカにおいては、切迫した外的脅威もなく国外に外征でもしない限り、これといった戦略は必要とされなかった。したがって、東洋やヨーロッパ諸国の武士や騎士団等がなんらかの形で武力を用いて国造りをしてきたのとは異なり、アメリカでは職業軍人が建国にあたり中心的役割を果たすことはなかった。それどころか、自由、平等、博愛の精神を建国の理念とするアメリカ社会において、常備軍は個人の自由を奪いかねない中央権力の象徴であり、嫌悪の対象とされた。米軍は、「反軍的文化」をまともに受け不本意に誕生した組織であった。

アメリカの考察では、主に戦前に行われた陸軍の予備兵力増強施策に目を向ける。連邦軍の増強が抑制されていたアメリカでは、予備兵力を強化することで兵力不足を補おうとした。それに対する議会や社会の反応から、アメリカにあった根強い反軍的文化を垣間見ることができるからである。

軍に対する警戒を明文化し、露骨に反軍的文化を表出するアメリカに対して、曖昧な情緒性を好む日本文化と軍の関わりを捉えるのは、かなり難解である。明らかなことは、少なくともアメリカとは正反対と言えるような文化が日本軍を形作った。

日本の近代陸軍をつくったのは、まぎれもなく幕末から押し寄せた列強からの「脅威」であった。日本は、脅威に対応し、いち早く近代国家を築き上げるための強い軍を必要とした。日露戦争後、脅威から幾分解放されても、野心的な国策を満たすための大陸政策と攻勢的戦略は引き継がれ、軍は「外征軍」となり発展した。しかし、過度の膨張政策に作用していたのは、脅威だけではなく、社会思想や世論、民族意識やアジア蔑視といった日本人のアイデンティティをバックボーンとした文化もあった。[12]

ところが、第2次世界大戦終結を機に、日米両国における社会の軍隊観がまるきり逆転した。アメリカでは軍に信頼を寄せ、日本では軍を悪と捉える規範が生まれた。これは、日米両国にあった戦略文化が急変したことを意味するのであろうか。本書では、大戦という一つの契機が、はたして日米両国の文化を変えてしまったのかという問いを投げかけ、吟味したい。

また、文化的背景が異なる日米両国間の同盟が、強い絆で長期間機能している理由を文化の側面から考察する。それによって、将来の同盟の姿を多少であっても予見できるのではなかろうか。日米両軍に限ったことではなく、軍の形を見ると、そこにはその国ならではの文化を見出すことができるはずだ。そして、半ば不変的な戦略文化を問うことは、その国に通底する軍事的価値観をつかむことになり、それは将来の軍事戦略を予測する確かな手立てともなろう。

なお、本書で活用している米軍関連一次資料の多くは、米国国立公文書館（National Archives (College Park, Maryland)）および米国議会図書館（Library of Congress, Washington D. C.）において入手した。

12　例えば、Jack Snyder, *Myths of Empire: Domestic Politics and International Ambition*, Cornell University, 1991.

目次

第1章　戦前の米軍と戦略文化――「文化」との闘い

第2章 反軍的文化と予備兵力増強施策

第3章　戦略的合理性と反軍的文化により廃案となったUMT構想

第4章　日本軍と戦略文化――「脅威」との戦い

第7章 日本の戦略文化と自衛隊

序　章

戦略文化論と軍を形成する条件

はじめに

文化が何かしら国家行為に影響するという考え方は、孫武やトゥキュディデス（Thucydides）の時代からあった。[1] しかし、元から「文化とは何か」を定めることは容易ではなかった。「文化」を言葉として最初にはっきりと使用したのは、ドイツの歴史家であるクレム（Gustav Klemm）であり、次に文化に明確な定義を与えたのはイギリスのタイラー（Edward Tylor）だとされている。

タイラーは1871年に出版した『原始文化（*Primitive Culture*）』において文化を「知識・信仰・芸術・道徳・法律・慣習・その他、および人間が社会の成員として獲得した能力や習性の複合的全体である」と定義している。その後、20世紀に入り、ウィスラー（Clark Wissler）、ストロース（Claude

1　Lantis, *Strategic Culture: From Clausewitz to Constructivism*, p.1. クラウゼヴィッツ（Carl von Clausewitz）の『戦争論』においては、戦略には人間の情熱、価値観、信条という不可測な要素が含まれており、戦略の目標は戦場において敵を打倒する以上に、敵の意志を挫くことだと述べている。

Lévi-Strauss)、ホワイト（Leslie White）などが文化と人の行為の関連性を具体的かつ実体的に捉えるようになった。[2]

文化人類学者のクラックホーン（Clyde Kluckhohn）は、「文化とは、後天的・歴史的に形成された、外面的および内面的な生活様式の体系であり、集団の全員または特定のメンバーに共有されたもの」と定義している。[3] 文化人類学者のギアツ（Clifford Geertz）は、文化を「歴史的に伝承されるものであり、人間が生活に関する知識と態度を伝承し、永続させ、発展させるために用いる観念の体系」と定義した。[4]

１９４０年代および50年代には、社会科学や文化人類学の分野で文化をテーマとした研究が盛んに行われるようになった。例えば、日本の文化を論じたアメリカの文化人類学者であるベネディクト（Ruth Benedict）著『菊と刀（*The Chrysanthemum and the Sword: Patterns of Japanese Culture*）』では、国家の性格をつくる淵源《えんげん》には、言語、宗教、習慣、社会的規範、共有化された歴史的記憶等の文化があると述べられている。１９６０年代になると政治学者であるアーモンド（Gabriel Almond）とヴァーバ（Sidney Verba）が、文化を「政治システムに関連する諸社会の信条と価値の下位集合体」と論じた。[5]

文化の定義は、文化人類学、民俗学、歴史学、地理学、社会学、政治学等、関連する学問によって解釈が異なり複雑であるため、ある程度特定の範囲にとどめて整理し、自分の文化論に折り合いをつけていくしかないのであろう。

例えば、民俗学の立場から鳥瞰すると、文化とは民族文化であり、その民族の精神的所産であるということになる。民族精神とは民族に固有な文化を形成していく共同の心である。日本文化も日本民族と極めて密接な関係を持っている。同じ風土的環境のなかで共同の団体生活を送っている民族が、長い年月の間、同様に感じ考え、同様の理想を抱いて生活しているうちに、自ら形成された心が民族精神となる。この共同の心がやがて複雑多彩な文化を形成するようになる。[6]

文化には、地理、風土、言語等から構成される習慣や行動様式等の伝承性の強い庶民的な「基層文化(fundamental culture)」と、それらを共有する集団に特有の価値観や規範等を生む「表層文化(surface culture)」があるとされる。[7] 表層文化は時間の経過や他文化の影響を受けて変化していくものだが、日本が西欧化しようとも、日本的文化は伝承され続けているように、基層文化には永続性があり表層文化の母胎をなしている。この構造は、我々の知識の大部分が、言語化や文書化が可能な知識である「形式知（explicit knowledge)」よりも、個人が経験を通じて身につけた知識やスキルである「暗黙知(tacit knowledge)」が占めているのに等しい。[8]

2　平野健一郎『国際文化論』東京大学出版会、２０００年、７～８頁。
3　同上、10頁。Clyde Kluckhohn and William H. Kelly, "The Concept of Culture," in Ralph. Linton, ed., *The Sources of Man in the World Crisis*, New York: Columbia University Press, c. 1945, p.94 から引用。
4　Clifford Geertz, *The Interpretation of Cultures*, New York: Basic Books, 1973.
5　Gabriel Almond and Sidney Verba, *The Civic Culture: Political Attitudes and Democracy in Five Nations*, Boston: Little, Brown,1965, pp.11-14.
6　高山岩男『日本民族の心――文化類型学的考察』玉川大学出版部、１９７２年、64頁。
7　ドイツの民俗学者ハンス・ナウマン（Hans Naumann）による文化観。
8　ハンガリーの哲学者・社会学者のマイケル・ポランニー（Michael Polanyi）が提示した。

脅威感や国防意識も、長い年月をかけて地域や国家という一定の共同体に共有され集積される文化的結晶の一つである。古代ギリシャの歴史家であるトゥキュディデスは、アテネとスパルタによって争われたペロポネソス戦争を描いた『戦史』において、戦争につながる人間の集団行動の源泉を「名誉心」「恐怖心」「利得心」にあると論じた。なかでも恐怖心を募る脅威感は、目前に迫る脅威だけでなく、ある民族が被った過去の経験が積み重ねられることによってできる。

恐怖が刻み込んだ歴史的体験と信念は、年月を経てその国固有の戦略文化として定着し、それが戦略に影響する。自国防衛のために、まず先制攻撃を行った後に問題解決を図ろうとするイスラエルの姿勢は、ユダヤ民族のディアスポラとホロコーストによる歴史上の経験がつくり出したものであろう。幾度となく他国からの支配を余儀なくされてきたポーランドは、勝算のない脅威にもあえて立ち向かっていく文化と戦略を持った。

オーストラリアは、西ヨーロッパから1万2000マイル離れた位置に所在する大陸であり、海洋を介した他国との距離的隔絶性は、オーストラリア人の歴史観や戦略の形成に影響を与えてきた。[9] オーストラリアは、傍から見れば外的脅威を憂いる心配がまったくない恵まれた国のように見受けられるが、実際は国際的な孤立という不安にさいなまれて、多国間軍事協力や同盟関係を重視してきた。

脅威観を受けてつくられる戦略とそれを具現化するために組織される軍とは、国民の理想と創意が介在した国家意思と文化の鏡像であり、軍事行動はその国の文化的行為であるとも言えよう。

グレイは、どのような人間・組織・制度も文化を超越したところで活動できず、人間はすべて文化によって教育され、プログラムされていると述べている。[10] グレイからすれば、安全保障・軍事戦略そして軍の行動も一種の「文化的行動」なのである。

そのような意味では、ロシアのウクライナ侵攻もプーチン（Vladimir Putin）大統領一人の価値観によって引き起こされたように見受けられるが、そのプーチン自身も、また彼の行為も長い年月を経てつくられたロシアの文化的所産なのである。

1―戦略文化論

1．戦略文化論とは

第2次世界大戦後、国際政治学においては、リアリズムとリベラリズムという二大理論パラダイムが構造的要因を重視して議論を展開したために、文化論は下火となった。ただし、一国の脅威認識、戦略・政策の形成、危機への対応、力の行使の方法は、その国で共有されている観念、信条、教訓、環境、伝統、習慣、価値観、社会規範、宗教等を土壌として生み出される文化、民族精神と密接不可分な関係にあることは、しばしば論じられてきた。

例えば、近年になってドイツや日本が攻勢戦略を選択したのは、文化的要因に負うところが大きい

9　ジェフリー・ブレイニー（長坂寿久、小林宏訳）『距離の暴虐――オーストラリアはいかに歴史をつくったか』サイマル出版会、1980年、7～8頁。原典：Geoffrey Blainey, *The Tyranny of Distance: How Distance Shaped Australia's History*, Melbourne: Sun Books, 1966.

10　Colin S. Gray, *Modern Strategy*, Oxford University Press, 1999, p.129.

とする研究もなされた。[11] 特に文化と戦略を関連させた研究に拍車をかけ画期的なブームをもたらしたのは、1970年代に再興した「戦略文化論」である。スナイダー（Jack Snyder）が1977年にランド研究所から発信した「ソ連の戦略文化（"The Soviet Strategic Culture"）」を嚆矢《こうし》として、「戦略文化論」の議論が盛んに展開されるようになった。

スナイダーは、戦略文化を「国家の戦略共同体のメンバーが教育や模倣を通して共有する理念や感情的な反応、習慣的な行動パターンの集合」と定義した。政治・軍事エリートの安全保障・軍事政策には、その国特有の戦略文化が背景にあり、例えば、ソ連の政策エリートは、アメリカが考えるように理性的ではなく、ソ連の先制攻撃的な核使用戦略は、不安定な体制や権威主義的な歴史といったソ連独特の文化を淵源としていると論じた。[12] 戦略文化が一度確立すると、それは受け継がれ普遍的なものとなるため、核抑止理論もソ連の場合は、アメリカの合理的思考のミラー・イメージングとはならなかった。

防衛研究所の菊地茂雄は、冷戦が終結してもソ連・ロシア軍がしばらく冷戦志向から抜け出せなかった理由の一つとしてソ連の文化が影響していたと指摘する。その理由として、第1にソ連・ロシア軍が安全保障に対する脅威を相手国の政治的な意図ではなく能力で評価する傾向を持っていたこと、第2に冷戦期の脅威認識を放棄することは軍の存在理由がなくなり組織的利益に反すること、そして第3に軍人が「暴力の管理」の専門家だけにとどまっていたことで、新しいアイデアに対する受容性が低かったことなどを挙げている。[13]

それらの特徴は、ソ連軍の組織文化にとどまるものではなく、ソ連・ロシアならではの戦略文化が広く作用して出てきたものであった。例えば、広大な国土と厳しい気候からなる地政学的条件、繰り返し侵略を受けてきた歴史的経験、軍の強化とともに大国となった栄光、そして独裁的、権威主義とも言える政治体制、法治より人治を好む傾向等である。[14]

これらの戦略文化によって、ソ連・ロシアには外国に対する強い不信と恐怖感が埋め込まれ、攻勢的戦略が定着してきたのである。国土が広大であることは侵略に対して脆弱であったが、同時に国境からモスクワまでの距離的縦深が長いことは利点でもあった。ナポレオン戦争におけるフランス軍や大祖国戦争におけるナチス・ドイツによる侵攻を失敗に導いたように、ソ連・ロシアの地理的要因と歴史的経験や厳しい気候、風土が、脅威を遠くへ遠くへと押し出そうとする膨張的戦略をソ連・ロシアに植えつけたのである。

ジョンストン（Alastair Johnston）は、明王朝時代を事例に中国の戦略文化を抽出した。中国においては、華夷秩序的な世界観による優越感があったのと並んで、軍事力よりも文化的・倫理的規範が尊ばれたことにより、露骨な軍事力の使用に難色を示すことがあった。つまりリアル・ポリティクスを儒教的な性善説で糊塗することにより消極的な戦略が導かれ、モンゴル族の脅威に適切に対処できなかったことをジョンストンは論証した。[15]

11　例えば、Jack Snyder, *Myths of Empire: Domestic Politics and International Ambition*, Cornell University, 1991.
12　Jack L. Snyder, *The Soviet Strategic Culture: Implications for Nuclear Operations*, RAND R-2154-AF, September 1977, p.8.
13　菊地茂雄「冷戦の終結とソ連・ロシア軍の脅威認識変化」『新防衛論集』１９９８年９月、１１２～１２２頁。
14　John Glenn, Darryl Howlett, Stuart Poore, *Neorealism Versus Strategic Culture*, Routledge, 2018, pp.173-201; 坂口賀朗「ロシアの戦略文化と軍改革」『年報　戦略研究』第４号、２００６年、67～80頁。

中国の軍事戦略の底流にある基層的な戦略文化には、「党が鉄砲を指揮する」「良い鉄は釘にならず、良い人は兵にはならない」という諺があるように、基本的には文を重視し、武を軽視する「尚文卑武」の思想がある。[16] 戦略的には実戦より「不戦屈敵」を優先し、不敗態勢の確立を図ることは『孫子』の基本原則である。戦争の本質は人民戦争であり、軍事戦略は時代に応じて内実には多少の変化はあるものの、敵に攻められてから敵を深く誘い込み反撃する「後発制人」から領域への侵入を拒否する「機先制人」のように、基本的には積極防御戦略をとる。

1990年代には、文化と戦略行動の因果関係を厳格に実証しようとする手法もとられた。[17] 例えば、戦間期から第2次世界大戦後を対象に、枢軸国がなぜ攻撃的な政策を選択したのかという問題を文化的側面と国家の性質から説明しようとする試みがなされた。[18]

キアー（Elizabeth Kier）は、戦間期のフランスが防御的ドクトリンに転換したのは外的事情や勢力均衡を理由とするものではなく、1年の徴兵期間しか許さなかったフランスの政軍関係を構成する副次的文化が重要な役割を果たしていたと指摘した。[19] 短期間の訓練では複雑な攻撃行動を兵士に教え込むことはできないため、防御を選択せざるを得ないからである。キアーは、文化は戦略行動に必ずしも影響するものではないが、政府の意思決定過程にバイアスをかけると述べている。このような文化論的アプローチでは、国内要因や徴兵制に対する国家の考え方、軍の組織文化などが軍事ドクトリンの形成に影響し、集合的な価値、規範、信条等の基本的条件が体系的に共有されなければ、ドクトリンは国防政策に統合されないと理解されている。[20]

キアーの主張に対してポーチ（Douglas Porch）は、1940年のフランス陥落は戦略的失敗であったのに、その理由を軍事ドクトリンの欠陥にあったと大げさに決めつけていると批判した。[21] また、

短期の徴兵制度が攻撃に不向きであったとする論調にも疑問が投げかけられた。なぜなら、ドイツの

---

15 Alastair Iain Johnston, *Cultural Realism: Strategic Culture and Grand Strategy in Chinese History*. Princeton: Princeton University Press, 1995.

16 茅原郁生「中国の軍事戦略の底流にある思想・文化」『年報　戦略研究』第4号、２００６年、31～50頁。

17 Forrest E. Morgan, *Compellence and the Strategic Culture of Imperial Japan: Implications for Coercive Diplomacy in the Twenty-First Century*, Praeger, 2003, pp.6-8.

18 Barry R. Posen, *The Sources of Military Doctrine: France, Britain, and Germany Between the World Wars*, Cornell University Press, 1984; Elizabeth Kier, *Imagining War : French and British Military Doctrine between the Wars*, Princeton, N.J. : Princeton University Press, 1997; Jack Snyder, *The Ideology of the Offensive*, Cornell University Press, Ithaca and London, 1984 などが代表的である。ポーゼンの組織論および勢力均衡論的アプローチは、Graham Allison, *Essence of Decision*, Boston : Little, Brown, 1971 および Kenneth Waltz, *Man, the State, and War* and *Theory of International Politics*, Columbia University Press, 1959 を土台にしている。

19 Elizabeth Kier, "Culture and Military Doctrine: France between the Wars," *International Security*, Vol.19:4, 1995, pp.65-93.

20 文化論的アプローチについては、次の文献等でコンストラクティヴィストも議論しているが、キアーは、文化論的アプローチは他のアプローチよりもより合理的手段となり得ると述べている。Emanuel Adler, "Europe's New Security Order: A Pluralistic Security Community," in Beverly Crawford, ed., *The Future of European Security*, Berkeley: International and Area Studies, University of California at Berkeley, 1992.; Friedrich V. Kratochwil, *Rules, Norms, and Decisions: On the Conditions of Practical and Legal Reasoning in International Relations and Domestic Affairs*, Cambridge: Cambridge University Press, 1989; Alexander Wendt, "Anarchy is what States Make of It," *International Organization*, Vol.46, No.2, Spring 1992, pp.391-426.

徴兵制度はフランスと同じように短期であったにもかかわらず、ドイツは攻撃的ドクトリンを採用していたからである。徴兵制度などの国内規範や文化だけで軍事ドクトリンの形成を説明することは、一種のこじつけのようにも捉えられた。そもそも文化とは不変的性格を有しており、軍事ドクトリンの転換を度々引き起こすほど文化は変化するものではないとする批判もあった。

レグロ（Jeffrey Legro）は、第2次世界大戦における潜水艦による商船への攻撃、一般市民への爆撃、ガスの使用等において、兵士の行動に各国で抑制のレベルで差があったのは、その国の文化の違いから生じていたと論じた[22]。

ハーリング（Eric Herring）は、危機における行動を理解する研究方法の一つとして、戦略文化を適用した。また、カプチャン（Charles Kupchan）は、帝国の過剰拡大の研究で、他の研究方法と戦略文化を関連付けた[23]。

興味深いことに、テロ対策にも戦略文化の相違があるとする見解もある。例えば、アメリカはテロに敏感に対応し、テロ対策を国家安全保障の対象としてきた。他方、日本ではテロに対する国民レベルでの認識が希薄であり、テロを一過性の事件としてしか対処してこなかった。防衛大学校教授の宮坂直史は、そもそもテロが主観的概念であり、その本質において社会的、文化的に構成される概念であると述べたうえで、日米間の相違は両国の戦略文化に由来すると指摘している。

テロ対策に見られるアメリカの戦略文化には、①自由と民主主義という基本的価値を守ることを国家安全保障上の目的とし、その世界観のなかでテロの脅威を誇張する善悪二元論がある。②安全保障上、敵を明示してきた伝統があり、それがテロ対策にも反映された。③歴史的にアメリカが本土の安全に極めて敏感に反応してきた、という特徴がある。

つまり、アメリカはテロに対して、その脅威を極大化する世界観を維持し、同時にその脅威主体を明示し、あえて敵を作ることを恐れず、さらに本土防衛に対して過敏に反応する戦略文化を有し、長期にわたって培われた集団的な反テロ信条を有する。

他方、テロ対策に見られる日本の戦略文化には、①日常的に反テロを唱えることはタブーであり、そこには「人権」規範が影響している。②リスク回避型の志向が顕著である。③テロは絶対に許せないと主張しつつ、テロの発生原因を、テロと個々人の心理はわかりにくいだけに、根底的要因として貧困や抑圧、差別に還元しようとする傾向があると分析している。このような戦略文化の相違が、両国のテロ対策の違いをもたらしているという。[24]

2. 戦略文化論の課題

(1) 文化と戦略の因果関係

戦略文化論で論争になっていたテーマは大きく2点ある。一つは、戦略が文化を淵源としているのか否かを問う因果関係についての課題である。スナイダー、グレイ、ブース（Ken Booth）といった

21 Douglas Porch, "Military Culture and the Fall of France in 1940: A Review Essay," *International Security*, Vol.24, No.4, Spring 2000, p.165.
22 Jeffrey W. Legro, *Cooperation under Fire: Anglo-German Restraint During World WarII*, Cornell University Press, 1995.
23 Ken Booth and Russel Trood, *Strategic Cultures in the Asia- Pacific Region*, Palgrave Macmillan, 1999, p.7.
24 宮坂「テロリズム対策における戦略文化」61～76頁。

第1世代と言われる戦略文化論者の共通した主張は、その国固有の地政学的環境や歴史的経験による価値観や文化が政策立案者の判断や決心の決定的な因子となっているということにあった。[25]

グレイは、近年の戦略文化についての学術的研究は、身体と心を分離した状態で診ている医者と同じで文化と行動とを区別しようという点で深刻な過ちを犯していると指摘し、戦略において文化のみを抽出することはできないと見ている。文化と行動を区別せず、戦略文化は戦略行動に影響を与えるコンテクストであると同時に、その行動を構成する要素であり、さらにはその行動となって現れると認識している。[26]

それに対して、クライン（Bradley Klein）のような第2世代は、たとえ政治・軍事エリートの意思決定に影響する固有の文化があるとしても、実際の戦略行動は別で必ずしも戦略に文化が反映されているわけではないと論じた。[27] 例えば、仮に軍隊や軍事力を否定し平和を追求する文化があったとしても、切迫した脅威を前にすれば、それに対応可能な戦略を考え行動をとらざるを得ないからである。つまり戦略文化と戦略的行動は乖離したものであり、観念と行動は別なものだと考えた。

ジョンストンのような第3世代も基本的には、戦略文化と戦略的行動を切り離して考えており、戦略文化を独立変数、戦略的行動を従属的変数として捉え、文化影響論の立場をとる。文化は戦略を創造する一つの要因であり、戦略と文化の関係を定量的に分析することで、文化からその国の戦略的傾向をある程度予測できると考えた。[28]

これらの3世代間では、戦略文化が誰によって、どのように共有されているのかについても違いが見られる。[29] 個人なのか政策を計画・実行するエリート集団なのか、それとも大衆すべてに共有されるアイデンティティなのか、戦略文化が対象とする広がりにも相違がある。

議論がなかなか収拾しない背景には、「戦略文化論」を構成する二つの主軸である「戦略」と「文化」の定義が広範・多岐で曖昧なことに加えて、議論が抽象的に陥りがちで、文化的要素と戦略の因果関係をつなぐ実証性の甘さがある。

(2) 文化の変動性

戦略文化論を巡る二つ目の課題は、文化の変動性についてである。スナイダーやグレイといった第1世代の戦略文化論者は、戦略文化は固有の歴史から影響を受けるものであり、それ自体、国家の戦略に対するレンズ（認知の枠組み）として継続性があり、長期にわたって変化しないという「半永久的影響論（semi-permanent influence on strategy)」に立っている。時とともに学習された信条は文化として社会に浸透していくものだが、そのプロセスは緩慢で遅い。他方、ジョンストンのような第3世代の戦略文化論者は、戦略文化は新しい環境変化に適応するために、流動的で絶えず変化すると見

25 Ken Booth, *Strategy and Ethnocentrism*, Holmes and Meler, 1979.
26 Gray, "Strategic culture as context: the first generation of theory strikes back," pp.49-50.
27 Bradley Klein, "Hegemony and Strategic Culture: American Power Projection and Alliance Defence Politics," *Review of International Studies*, vol.14, No.2, 1988, pp.133-148.
28 ジョンストンは、戦略文化論を3世代に区分した。Alastair Iain Johnston, "Thinking about Strategic Culture," *International Security*, Vol.19, No.4, Spring, 1995, pp.32-64.
29 3世代間の戦略文化の相違は、John Glenn, Darryl Howlett, Stuart Poore, *Neorealism Versus Strategic Culture*, pp.51-62に要約されている。

ている。[30]

戦略文化が流動的かつ可変的なものなのか、それとも固定的かつ持続的なものなのかの議論については、文化の捉え方により異なってくるだけでなく、[31]一つ目の課題である文化と戦略の因果関係を実証するうえでも、無視することができない前提条件となっている。後にグレイが「戦略文化は行動のために形作られるコンテクスト（文脈）であり、それ自体行動の一つの構成要素[32]」であると論じたように、そもそも戦略文化論は文化と戦略を独立的に捉えてその因果律を問うものではなく、文化と行動を一体化して捉えることが的確であるのかもしれない。[33]文化と戦略は相互に影響し合いながらつくられているとも言えよう。

(3)「盲点の窓」と「未知の窓」

人は文化の境界によって自己と他者の区別を意識するものだが、その割には自国の文化について主観的な見方しかできず、他国の人々の方が的確に捉えている場合が往々にしてある。図表序－1で示すように、コミュニケーション論で論じられている「ジョハリの窓（Johari window）」では、自己には、公開された自己（open self）である「開放の窓」と隠された自己（hidden self）である「秘密の窓」があるとともに、自分は知らないが他人は知っている自己（blind self）である「盲点の窓」と、誰からも知られていない自己（unknown self）である「未知の窓」があると説明している。[34]

コミュニケーションに限らず国民性や文化においても、「盲点の窓」や「未知の窓」がある。特に脅威観や安全保障観に関わる戦略文化については、自国や自国民が認識していない一面があるのかもしれない。山に入って山を見ぬように、日常で最も身近なものは、かえって認識し得ない。日本文化

図表序-1　ジョハリの窓

	自分にわかっている	自分にわかっていない
他人はわかっている	開放の窓 (open self) 公開された自己	盲点の窓 (blind self) 自分は気がついていないものの、他人からは見られている自己
他人はわかっていない	秘密の窓 (hidden self) 隠された自己	未知の窓 (unknown self) 誰からもまだ知られていない自己

出典：Helen Halpern, "Supervision and the Johari window: a framework for asking questions," *Education for Primary Care*, 2009, pp.11-12.

論や民族の研究が山ほどあるなかで、日本人による日本の戦略文化に目を向けた研究がほとんど見当たらないのはそのためであろう。

戦略文化論では、自文化中心主義（ethnocentrism）に陥りやすいことを認識しておかなければならない。ブースは、人は自文化中心主義になりがちな課題から離れられず、それは他国の文化について歪んだ理解をもたらすと指摘する。[35]

30　佐島直子「模索される研究手法——戦略文化論の登場」『国際安全保障論Ⅰ——転換するパラダイム』内外出版、115～142頁。

31　平野『国際文化論』参照。

32　Gray, "Strategic Culture as Context: The First Generation of Theory Strikes Back," pp.49-69.

33　Gray, *Modern Strategy*, Oxford University Press, 1999, pp.129-151.

34　Helen Halpern, Supervision and the Johari window: a framework for asking questions, *Education for Primary Care*, 2009, pp.11-12.

また、世の中のすべての事象は文化で説明できるといった文化決定論に陥りやすい恐れもある。戦略文化論の第1世代の意見に同調すれば、すべてが文化の賜物という結論に導かれてしまう。逆に、反証ができない欠陥もある。例えば、攻勢的戦略がある場合に、それがどのような文化の影響を受けて攻勢につながったのか、その文化的影響を特定することは難しい。戦略環境は、戦略文化とともに脅威をつくり出す要因でもあるので、脅威と文化の峻別を明確にできない欠点もある。

(4) 戦略文化論とコンストラクティヴィズム

様々な課題を残しているにせよ、戦略文化論者が展開した理論は、リベラリズムから派生したコンストラクティヴィズム（構成主義）へと吸収されていく。ネオリアリズムやネオリベラリズムが物質的要因に着目しているのに対して、コンストラクティヴィズムでは、人間組織の構造は物質的な力ではなく、物質に意味を与えている観念的要因が重要であると考える。人間社会は、共有化された言説や理念、行動、規範、規則、適切性の論理等によって現実たり得ている。同様に、国家間の関係は、それを取り巻く国際的なルールやその国の歴史的文化、政治等を基に形成されていく。

例えば、日本が核兵器を数千発保有するアメリカより、数発保有する北朝鮮を警戒して恐れるのは、観念的要因が働いているからである。国際政治の現実は、人間から独立して存在しているわけではなく、人間が思い描く観念によって意味づけられ構成されているのである。そのような観念は、個人的に思い描かれているのではなく、文化、規範、ルール、制度といった形で行為者間に間主観的に共有された社会的事実となっている。それゆえ、行為者は、社会的事実から強い影響を受ける。また、コンストラクティヴィズムでは、文化やアイデンティティは固定化せず、変化する可能性を帯びたものと捉えている。[36]

学術的世界で様々な解釈があるとはいえ、その国特有の習慣や文化が脅威観をつくり、それが独特の国防・安全保障観や戦略を生み出していることに妥当性はある。同時に安全保障観や戦略が我々社会のアイデンティティ、歴史認識、共同体・帰属意識を形成し、文化をまとった国家は、自分たちの好みに合った軍隊をつくるのであり、そこに少々の変化があったとしても選択を左右されることはない。

前述したように、概念が曖昧である戦略と文化を鮮明に捉えることは難題であり、ロジックでは理解できないものであろう。その点、具体的に目視できる軍事制度や軍隊の姿に文化性を見出すことはできる。なぜなら、軍隊は様々な機能や人々が集約する社会の縮図であり、その国本来の文化や国民意識が最も投影された組織であると言えるからである。文化が伝承されるものでも変わるものであっても、どこかで軍の形に影響しているであろう。

人の性格が環境に変化があっても簡単に変わることがないように、固定的文化も軽易に変わるものではない。たとえ国外からの新たな文化に侵食されるようになっても、ホメオスタシス（恒常性維持）の働きによって原状復帰が図られ、文化の一貫性が継続される。[37] 例えば、日本は明治維新以降、急速

35　Ken Booth and Russel Trood, *Strategic Cultures in the Asia- Pacific Region*, p.5.
36　J・カッツェンスタイン（有賀誠訳）『文化と国防――戦後日本の警察と軍隊』日本経済評論社、2007年、349～350頁（訳者あとがき）。Peter J. Katzenstein, *Cultural norms and national security: Police and military in postwar Japan*, Cornell University, 1996 の翻訳。

な西欧化を図り、第2次世界大戦後はアメリカナイズされた文化を取り入れた。グローバリゼーションにより、様々な文化が交じり合い、表層部分に変化がもたらされたかもしれないが、基層部分は依然として厚い層として残され日本文化は消滅していない。

戦略がその国の文化に影響されているのであれば、基層文化を土台とした基層戦略および表層文化に影響を受けた表層戦略と呼べるもの、そして、それらに似合った軍の形があるはずである。例えば、基層戦略は地理的属性や民族精神等の影響を受けやすく、日本にはいつの時代でも島国ならではの基本的戦略がある。他方、ある時期に求められる表層戦略は、主に当時の脅威や文化的流行、科学技術等の影響を受けやすい。例えば、「防衛計画の大綱」から「国家防衛戦略」への変遷過程において基調となった「基盤的防衛力構想」「動的防衛力」「統合機動防衛力」「多次元統合防衛力」等の概念は、表層戦略に該当するものであろう。

つまり、軍の形にしても、日本軍は日本人ならではの、米軍はアメリカ人ならではの軍隊であり、他国の軍人にはつくれず、どのように模倣しようとしてもできない深い文化と個性が支配している。また、国家にも時代の変化に流されない固定的な軍隊像、軍隊観が通底しており、それも戦略文化のコンテクストとして編み込まれている。

2 ―「脅威」と「文化」のバランス

軍の形や軍事制度は、国家によってその性格が随分と異なる。国力に応じて軍の規模や地位・役割が必ずしも比例しているわけでもないし、陸・海・空軍の構成比も異なれば、社会と軍の距離感も異なる。

国によって軍の形が異なるのは、その国特有の地理的特性、脅威度、戦略環境、国内の政治・行政制度、人口、支配領域の規模、経済・技術力、財政、軍事と福祉の比重、社会的価値観および世論等、多様なファクターが作用しているためである。[38]これらのファクターは時代や戦略環境に応じて重要度が変化し、それを受けて軍の様態も国民が寄せる軍への期待度も変化する。

とりわけ、一国の軍の形成に影響する最も大きな要因は何かと問えば、それは「脅威」であろう。近代国家における軍の主たる任務・役割は、外的脅威を排除し、国家の生存を守ることだからである。そして、それと対照的にある重要な要因に「文化」がある。

ハンチントン（Samuel Huntington）は、『軍人と国家（*The Soldier and the State*）』の冒頭で、いかなる社会の軍事制度も、脅威に基づく「機能的要件（functional imperative）」と、その社会の内部における支配的な社会的勢力、イデオロギーおよび制度から生まれる「社会的要件（societal imperative）」の二つの力によって形成されると述べている。[39]軍事制度の形成に、脅威と並んで規範・信念・価値観、社会的なルールといった文化的要素が作用しており、純粋に機能的要求（脅威）のみによってつくられる軍事制度を社会内部にはめ込むことは不可能であると、ハンチントンは指摘している。

37　平野『国際文化論』14頁。
38　S・アンジェイエフスキー（坂井達朗訳）『軍事組織と社会』新曜社、2004年、126頁。
39　Huntington, *The Soldier and the State*, pp.2-3.

確かにグレイが、「国々の独自の行動様式が、固有の歴史的経験の流れや政治文化、地政学的環境に深く根ざしている」と述べているように[40]、また、カッツェンスタイン（Peter Katzenstein）が、社会の規範が国家の安全保障政策に重要であることを論じているように[41]、軍の形には脅威の影響だけではなく、国民の理想と創意が介在しているはずである。戦略文化論者が、すべての国際政治の現象をリアリズムとリベラリズムで説明できることに疑問を抱き[42]、文化的要素を埋め込んだ原点はそこにあると言えよう。

軍事制度や軍は「機能的要件」と「社会的要件」の綱引きによって得られたバランスによって形作られている。しかし、両者はいつも必然的に調整されて均衡が保たれているわけではない。国家が切迫した脅威を受けている間は、軍は脅威への対応を優先しなければならず、そこに文化的要因が介在する余地はない。脅威を無視して社会的要件を一方的に優先する国家は、十分な安全を得ることはできず、脅威を前に生き残る価値さえ持たないと、ハンチントンは警告している[43]。

他方で、脅威の度合いに振り回されながら、文化的要因は顕在化することもあれば雲隠れすることもあり、その実態はつかみにくい。ところが、脅威が薄らぐと、国民意識や文化といった社会的要件が色濃く反映された軍の姿が浮かび上がる。つまり、第1世代の戦略文化論者が主張するように、文化が半永久的に不変で、国家が固定的な戦略文化を有しているのであれば、軍は脅威と文化の駆け引きでその姿を変えていくもので、脅威の薄らいだときの軍に、その国特有の社会的価値や信条といった文化が映し出されることになる。

一般に軍人は与えられた国防という任務を達成するために機能的要件を重視しやすく、他方、政治家は社会的要件を無視するわけにはいかない使命を負っている。しかし、脅威への対応が優先と言いつつ、その脅威対応の方法も優先すべき戦略の選択も文化的影響を受けているのかもしれない。たとえ全滅しても戦い抜く軍もあれば、少々の被害で降参する軍もある。すべての軍事行動は文化の反映なのである。

学術的世界で様々な解釈があるとはいえ、その国特有の習慣や文化が脅威観と独特の国防・安全保障政策を生み出していることは間違いないだろう。同時にその安全保障観が、我々社会のアイデンティティ、歴史認識、共同体・帰属意識を形成しているのである。

人間は文化をもたらす存在であり、状況が許す限り、自らの戦略環境を自分たちの文化的好みに方向付ける。文化によって、なぜBではなくAを選択したかを説明することはできないが、なぜC、D、またはEではなくAとBが選択肢に上がったかを説明することはできる。[44]

基本的に軍や軍事制度を定めるのは一部のエリートであり、エリートの意思決定には共有された文化があるという見方もある。[45]しかし、どこの国のエリートもやはり国民の一人であり大衆文化をまと

40　Gray, "Strategic culture as context: the first generation of theory strikes back," pp.49-69.
41　カッツェンスタイン『文化と国防』。Peter J. Katzenstein, *Cultural norms and national security: Police and military in postwar Japan*, Cornell University, 1996.
42　*Ibid*., p.1.
43　Huntington, *The Soldier and the State*, pp.2-3.
44　David Elkins and Richard Simeon, "A Cause in Search of its Effect, or What does Political Culture Explain," *Comparative Politics*, Vol.11, No.2, 1979, p.142.

っているのだ。[46]

戦略文化論には、まだまだ発展の余地がある。既述したように戦略も文化も曖昧な概念のため、なんらかの具象化が望まれる。本書では、具体的に目視できる軍の形に着目して戦略文化論を見ていきたい。

---

45 Forrest E. Morgan, *Compellence and the Strategic Culture of Imperial Japan: Implications for Coercive Diplomacy in the Twenty-First Century*, pp.17-36.

46 Heiko Biehl, Bastian Giegerich, Alexandra Jonas eds., *Strategic Cultures in Europe: Security and Defense Policies Across the Continent*, Springer VS, 2013, p.12.

第1章

戦前の米軍と戦略文化
――「文化」との闘い

はじめに

戦後のアメリカが最強の軍隊を世界各地の軍事基地に展開して、国際紛争に武力介入してきたことは誰もが認める事実であろう。アメリカの強さの神髄は軍にあり、アメリカの守り神的存在にある。ところが、米軍ほど反軍的な文化のなかで生まれ、冷遇されてきた事実を知る人は少ない。

アメリカは、植民地時代から第2次世界大戦まで、平時においては極めて小規模の常備軍（連邦軍）しか保有しなかった。なぜなら中央権力の象徴である常備軍は、自由・平等・博愛を建国の理念とする新生国家には恐怖でしかなかったからである。軍が政治権力と合体すると専制政治を容易に誕生させ人民の自由を奪うことは、多くの移民がイギリス本国において学んだ根強い教訓であった。『フェデラリスト』第51篇「抑制均衡の理論」において、マディソン（James Madison）が「権力、政府は必要だが、権力は人が行使するゆえに、乱用の危険性や自由を侵害する危険性をともなっている」と説いているように[1]、アメリカでは中央政府でさえも必要悪から生まれ、そして権力を抑えるために連邦制がとられ、三権分立と抑制均衡性を徹底してきた。

アメリカ独立戦争は、アメリカに移民した人々の常備軍に対する反感から生起したといっても過言ではなかった。ミルズ（Charles Mills）は「イギリスによって雇われ、アメリカの家庭に宿泊させられていた傭兵に対抗して民族革命を闘った若い国家が、職業軍人を好むはずがない」[2]と述べている。貴族的性格を有するイギリス軍将校は、案の定、独立戦争時においてもアメリカ国内で傲慢な態度をとり、植民地の人々からますます受け入れがたい存在として嫌悪されていた。しかも開拓に勤しむ建国期のアメリカ社会において、非生産的な軍は無用でしかなく受け入れ難い集団であった。

ところが、先住民族との闘争や農民一揆に対応するにはどうしても常備軍が必要となり、必要悪として連邦軍を持つようになった。その代償として、連邦軍の権限と規模は必要最小限に抑えられ、軍隊は辺境の地に置かれ一般社会とは隔離し管理されることになった。戦争が起きると国民を動員して兵力増強を行うが、終戦を迎えると徹底して動員解除を行うことで、兵力を戦前の規模に戻す制度が歴史を通して繰り返された（図表1－1）。

アメリカにとって連邦軍の保有が少数で済まされたのは、安全保障上、恵まれた環境にあったからである。太平洋と大西洋に挟まれた新大陸に対して侵攻できる軍事力を保有する旧大陸国は、まず存在しなかったし、北米大陸内にも脅威となるような軍事大国がなかった。また、アメリカは国土が広大であり、市民も政府も持ちたいだけの土地を保有できたので、他国を征服してまで土地を得ようとする欲もなく、その実行役となる軍隊も必要としなかった。そのため、アメリカでは強い国防意識も巧妙な軍事戦略も必要とせず、場当たり的な安全保障政策がとられてきた。

それは、現在に通じるところがあり、トランプ政権で国家安全保障問題の大統領補佐官を務めたマクマスター（Herbert McMaster）元陸軍中将は、相手の文化を理解しようとしない自分勝手で独善的

図表1-1　陸軍兵力の推移

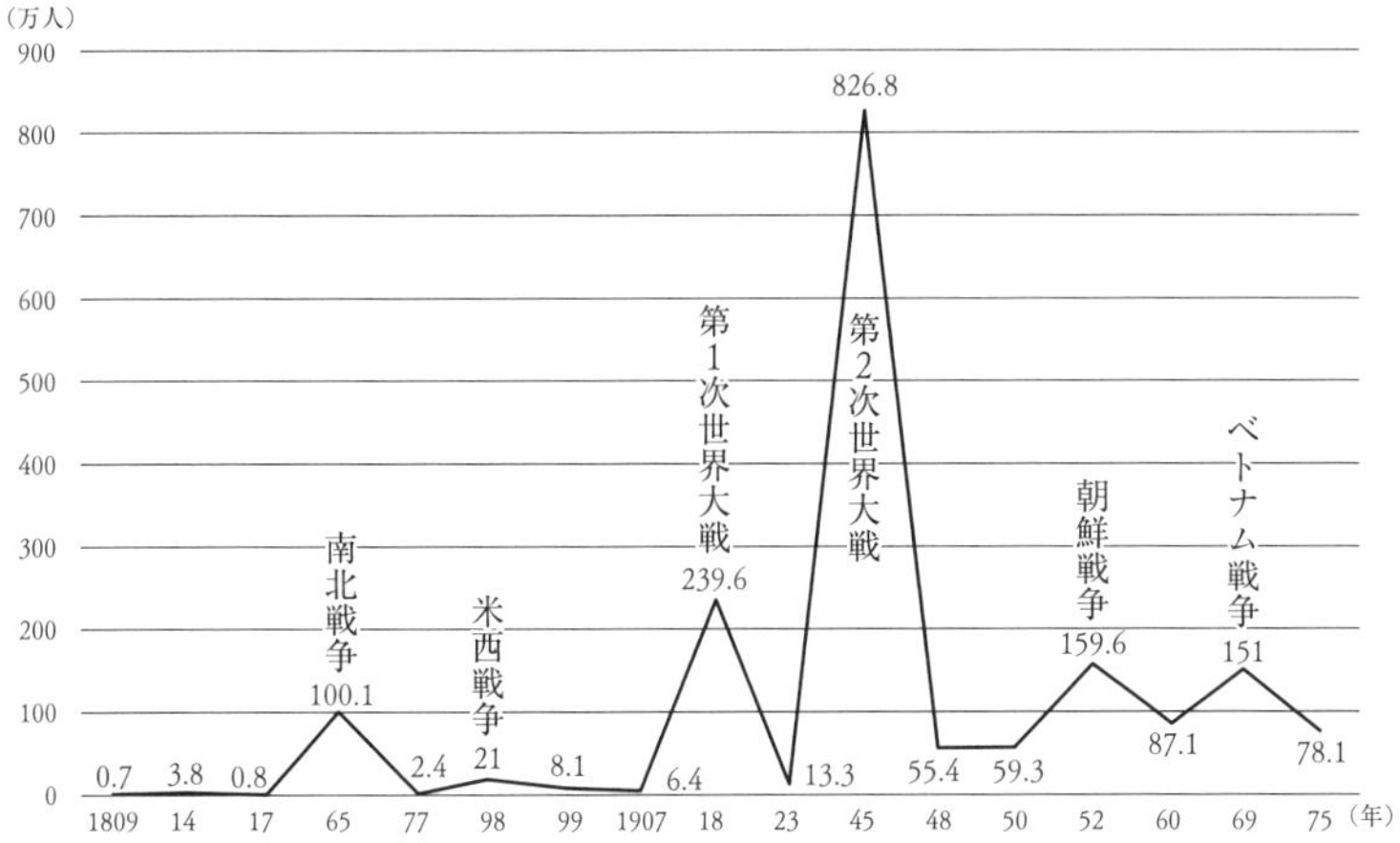

出典：*Encyclopedia of the American Military*, Charles Scribner's Sons, New York, 1994, p.362.を基に筆者作成

なアメリカの戦略を「戦略的ナルシシズム（strategic narcissism）」と称している。[3]

軍を一般社会には受け入れることができない異質な集団と見なすアメリカの文化は、自国の軍隊から社会や市民的価値を保護していただけでなく、「内なる圧力」として、アメリカの軍事政策に大きな影響を及ぼしてきたのであった。

1　A・ハミルトン、J・ジェイ、J・マディソン（齋藤眞・武則忠見訳）『ザ・フェデラリスト』福村出版、1998年、253～257頁。

2　C・W・ミルズ（鵜飼信成・綿貫譲治訳）『パワー・エリート（下）』東京大学出版会、1969年、7頁。

3　H.R. McMaster, *Battlegrounds: The Fight to Defend the Free World*, Harper; Illustrated, 2020.

1 反軍的文化と不本意に誕生した常備軍

1. 常備軍への嫌悪感

アメリカでは植民地建設以来1世紀半の間に、ヨーロッパから波及した植民地戦争がしばしば起きただけでなく、[4] 先住民族との局地的な戦闘が不断にあり、植民地時代のアメリカ社会にとって軍事は、決して等閑視すべき事柄ではなく、日常的かつ切実な問題であった。

しかし、交通や通信手段もない広大な新大陸で、しかも植民地建設や開拓で慢性的労働力不足と財政不足にあったアメリカにおいて、非生産的な正規軍を常時配置することは、事実上不可能であった。何よりも、アメリカの開拓者たちは、1607年にヴァージニアのジェイムズタウンに最初のイギリス領植民地を設立した時点から、イギリスの伝統的軍隊観に絶対君主（貴族）＝常備軍＝専制のイメージを見出し、[5] 恒久的軍事機構や常備軍に対して強い敵意や嫌悪感を抱いてきたのであった。以下に掲げる独立宣言の一部からも、このようなイギリスの圧政とイギリス常備軍に対する嫌悪の念がうかがえる。

「グレート・ブリテンの現国王の経歴は、すべてこれら諸邦に絶対的暴君制を樹立することを直接の目的として、繰り返し行われた権利の侵害と簒奪の経歴である。これを証明せんがため、公正な世界に向かって諸事実を提示しよう。……

国王は、われわれの議会の同意なくして、平時に常備軍を設けた。

国王は、文民の権限（Civil Power）から独立せしめ、優越せしめようとした。

国王は、本国議会の越権の立法行為に裁可を与え、本国議会と結託して、わが憲法にかかわりがなく、またわが諸立法によっては認められない権限に従わせようとした。

……即ち、われわれの間に武装した大軍隊を宿営せしめる法令。その軍隊がたとえわが諸州の住民に対して殺人を行っても、虚偽の裁判により処罰を免れしめる法令。……」[6]

イギリスから迫害され移民してきた人々は、アメリカを新しいエルサレムに見立てて宗教国家を打ち立てようとした。また、平等・民主主義と道徳を重視する精神的エリートであったピューリタンたちは、労働と勤勉を理念としていただけに、非生産的な軍隊を受け入れようとはしなかった。当時、イギリス本国における陸軍の社会的地位は決して高くはなく、軍隊とは落ちぶれた貴族将校と社会のごろつきである兵士から構成されていたこともあり、軍人は多くのピューリタンたちが属していた中産階級者層からの尊敬を得ていなかった。1776年当時のアメリカ植民地には、七年戦争

4　ウイリアム王戦争（1689〜1697年）、アン女王戦争（1701〜14年）、ジョージ王戦争（1740〜48年）、フレンチ・インディアン戦争（1755〜63年）が該当する。
5　斎藤眞「アメリカ独立戦争と政軍関係」佐藤栄一編『政治と軍隊――その比較史的研究』日本国際問題研究所、1978年、5頁。
6　斎藤眞編『アメリカ政治外交史教材――英文資料選』東京大学出版会、1972年、22〜26頁。

が終了してフランス勢力が駆逐された後でも1万人を超えるイギリス軍が常駐していた。大部分がフロンティアではなく、脅威のない場所に配置されていたことから、イギリス常備軍に対する疑惑はますます深まっていた。

自由・平等主義を掲げ、新しいアメリカ社会を建設してきた人々にとり、階級社会である常備軍を保有することは最も忌避すべきことであった。[7] アメリカ人の常備軍に対する嫌悪感は、アメリカ移民たちがイギリスの伝統的な軍隊観をそのまま新大陸に持ち込んだものであり、自国の軍隊がアメリカ的生活様式を破壊するイギリス軍と同じようになることを恐れた。軍隊は、独自の価値と倫理で行動する組織であって、自由で民主的な社会には融合せず、しかも政治権力と合体すると、専制政治を誕生させると警戒されていた。

2. 守り神の民兵

ヨーロッパには騎士道の精神、日本には武士道の精神があるが、アメリカでは宗教戦争のメンタリティが残り、自分たちは常に正義の側に立つ者と自任していた。そのため、先住民を悪者と捉えがちであった。先住民族や野獣から自己、家族、仲間、そして町や村を守ることは避けては通れず、何かしらの武力を必要とした。何よりもアメリカ人は所属する地域共同体に対して強い愛着を持っていた。自分たちの身を自分たちの手で守ることは、植民地の特許状や権利証書に明確に示されていた。[8]

建国の精神と身近なコミュニティを常備軍に代わって防衛したのは民兵（militia）であった。民兵は平時には生産的職業に従事し、有事には武装して闘うアメリカ社会に最適な軍事制度であった。

1776年のヴァージニア憲法第13条では、軍事制度の三原則として「①訓練を受けた人々によって構成される規律正しい民兵は自由国家にふさわしい、自然にして安全な護りである。②平時における常備軍は自由にとって危険なものであり、忌避すべきものである。③いかなる場合にも、軍隊は文民の権限（Civil Power）に厳正に服従し、その支配を受けなければならない」[9]と謳っている。この三原則は、イギリスの「権利章典（Bill of Rights）」を受け継いだ制度・思想であった。「権利章典」では、議会の同意なき常備軍の禁止を謳っていた。これが、アメリカ的風土の下で定着し、諸州の憲法においても同趣旨の文句が謳われ、イギリス本国におけるよりも、より純粋な形でアメリカにおいて機能することになった。[10]

7　David M. Potter, "The Quest for the National Character," in John Higham ed., *The Reconstruction of American History*, New York: Harper & Row,1962, pp.215-216. 邦訳に、デイヴィッド・M・ポッター「国民性の探究」ジョン・ハイアム編（同志社大学アメリカ研究所訳）『アメリカ史像の再構成』小川出版、１９７０年、２６８～２６９頁。

8　Peter Maslowski, "To the Edge of Greatness: The United States 1783-1865," in Williamson Murray and MacGregor Knox; Bernstein Alvin ed., *The Making of Strategy*, Cambridge University Press, 1994, p.209.

9　アメリカ学会訳編『原典 アメリカ史（第二巻）』岩波書店、１９５１年、１７９頁。原典は、Thorpe F. Newton, *The Federal and State Constitutions, Colonial Characters, and Other Organic Laws of the States, Territories and Colonies Now and Here to for Forming the United States of America*, 7 Vols, Washington, 1909, vol.Ⅶ, pp.3812-3819.

10　斎藤「アメリカ独立戦争と政軍関係」14頁。他に、W・ケンドール、G・ケアリー（土田宏訳）『アメリカ政治の伝統と象徴』彩流社、１９８２年、１７３～１９６頁。

イギリス軍は、植民地の民兵を練度が低いことを理由に軽蔑し、不当に扱っていた。これらはアメリカ人の独立願望を助長することになり、独立戦争においてアメリカ民兵がイギリス正規軍を打倒する原動力となった。

独立戦争では、イギリス軍に対抗するためアメリカ植民地は、大陸軍（Continental Army）を組織することにした。[11] この大陸軍はヨーロッパの正規軍とは異なり、各州から強制的に徴集された一般市民から構成されていた。当時、アメリカ市民の大陸軍参加に拍車をかけたものの一つに、イギリスのジョージ三世による圧政を訴え、植民地の分離独立を示唆したペイン（Thomas Paine）の『コモン・センス（*Common Sense*）』があった。『コモン・センス』は、人口250万人の植民地で約50万部売れ、[12] これを読み鼓舞された大衆は、君主制から共和制への移行と独立にますます闘志を燃やした。それと同時に、反常備軍思想も強く植えつけられていった。

独立戦争後の平時の軍事制度については、1783年、建国の父の一人であるハミルトン（Alexander Hamilton）を議長とする委員会で審議された。[13] その頃、大陸軍の残存兵力はわずか700名であった。1784年6月、議会は「平時における常備軍は共和制体の原理と両立せず、人民の自由にとり危険であり、また一般にそれは独裁主義の台頭を助けるような破壊的力に変わる」[14] と主張した第5代副大統領のゲリー（Elbridge Gerry）に賛同して、このわずかな残存兵力にさえ解散を命じた。ヨーロッパ大陸から離隔され安全保障上の脅威が小さいことや、巨額な負債を抱えていたアメリカに常備軍を創設することは市民に経済的圧迫を与えかねないことを理由にしていた。

13州の政治的独立志向の強まりとともに大陸軍は解散し、兵力は80人まで縮小された。その代替として、議会は700名の民兵を西部国境に配置することを諸州に要求した。一方、海軍も財源不足を解消するため、戦争後の大陸軍の解体を機に、１７８５年には最後の軍艦まで売却してしまった。[15]

3．必要悪としての常備軍

常備軍を保有しなかったアメリカも、その後先住民族との闘争や海賊対処にイギリス軍を頼るわけにはいかなくなり、強い軍隊を創設する必要が出てきた。当時の国防組織は、大陸会議で定められた連合規約に基礎を置いていた。規約によると、多くの州は中央政府に対して一定数の民兵を差し出し、軍資金を提供するのみで、大陸会議の事実上の権限は、わずかに志願制による兵士を召集するだけにすぎなかった。[16]

常備軍創設の問題は、しばしば、フェデラリスト（Federalist）とアンチ・フェデラリスト（anti-Federalist）の党派争いの対象とされた。１７８７年５月下旬のフィラデルフィア会議では、13州とその中央政府との間に、いかに権限を妥協的に有効に再配分するかが中心問題とされた。会議において

11 Harry T. Williams, *Americans at War: The Development of this American Military System*, New York, Collier Books,1962, p.19. 当初2万名の編成を期したが、応募は1万名であった。
12 トーマス・ペイン（小松春雄訳）『コモン・センス』岩波文庫、１９７６年、１６１頁。
13 Marcus Cunliffe, *Soldiers and Civilians: The Martial Spirit in America 1775-1865*, Little, Brown and Company, 1968, pp.45-49.
14 Huntington, *The Soldier and the State*, p.144.
15 Maslowski, "To the Edge of Greatness: The United States 1783-1865," p.208.
16 Merrill Jensen, *The Articles of Confederation*, The University of Wisconsin Press,1940.

は、反乱を起こしやすい市民層や統御しがたい分子から防御するためには、強力な中央の軍事力を持つべきであると主張する者と、善良な市民を抑圧し地方政府の自治を奪う危険のある中央の軍事力は必要としないとする者に分かれた。[17]

ところが、強力な中央政府と常備軍の必要性を否応なく認識させるような事態がいくつか起こった。1786年には、経済不況のなかで「シェイズの反乱（Shays' Rebellion）」が起き、憲法制定後の1794年には、連邦政府が公債償還の財源を国内消費税（ウイスキー税）に求めたことから、ペンシルベニア州で農民一揆（「ウイスキーの反乱（Whiskey Rebellion）」）が起きた。1798年にはフランスがアメリカ商船を略奪したことを端緒に「宣戦布告なき戦争（Quasi War）」が勃発した。

これらに対処するために、アメリカ社会は小規模ながら常備軍を「必要悪」として許容し保有せざるを得なくなった。[18] 当時編成された小規模な部隊は、「レギオン」または「臨時陸軍」と称され、正規の「常備陸軍（Standing Army）」とは区別された。[19]

したがって、同年に制定された合衆国憲法では、フェデラリストとアンチ・フェデラリスト両者の考えを反映させるために、自由と権力のバランスがとられた。軍隊の統制権を大統領と議会に分け、文官である大統領が全軍の総司令官となり、宣戦布告権と軍事費決定権は議会のみに与え、権力を二分した。特に陸軍の予算は毎年、立法府が承認しなければ支出しないという権限が課せられた。そして、三権分立を徹底し、司法、立法、行政が互いに監視し合うことで、常備軍の存在が専制政治につながることを防いだのであった。

必要に迫られ陸軍兵力も徐々に引き上げられたが、それによって常備軍に対する嫌悪感や恐怖心が解消されたわけではなかった。連邦軍に対する法的規制は大統領と議会の役割を明確に区分した「戦

図表1-2　戦争権限（アメリカ憲法第1条第8節）

連邦議会の権限
①　宣戦布告権と掠奪免許状に関する規則制定権
②　陸軍の徴募と維持に関する権限
③　海軍を設置する権限
④　陸海軍の統帥及び規則に関する権限
⑤　民兵に関する権限
⑥　民兵の編成、武装および訓練に関する権限
大統領の権限
陸海軍及び現に招集されて合衆国の軍務に服している各州の民兵の総指揮官

争権限」（図表1－2）だけではなく、連邦軍が国内で活動することにも厳しい法的規制が加えられた。

時代は下って1878年に制定された民警団法（Posse Comitatus Act）では、憲法やその他の法律によって明示的に授権されない限り、原則として連邦政府が軍隊を法執行活動（Law enforcement activity）に投入することを禁じた。南北戦争で北軍が治安活動を行った際に人権侵害があったなどとして、一部の例外を除き、軍が国内で警察活動を行うことを厳しく制限したのである。議会が明示的に認可しない限り、逮捕、尋問、拘禁などの民間の法執行の任務を行うために米軍を使用することを禁じている。つまり、常備軍の国内での出動は原則として禁じられており、治安出動や災害派遣は州兵が行うことになっている。[20]

17　Maslowski, "To the Edge of Greatness: The United States 1783-1865," p.209. 1786年8月のシェイズの反乱（Shays' Rebellion）は、マサチューセッツ州政府によって鎮圧され強力な中央政府の必要性が証明された。

18　中村好寿『二十一世紀への軍隊と社会――シビル・ミリタリー・リレーションズの研究』時潮社、1984年、56頁。

19　同上、61～62頁。

4. 自ら存在意義を見出した米陸軍

戦前のアメリカでは外なる敵への対応をさほど憂慮する必要がなかったために、より一層、自由・平等・博愛の精神と民主主義を金科玉条とする強い建国理念が定着し、それらを守るための社会的信条や規範を強く映し出した軍や軍事制度が確立された。また、戦後の日本が経済復興を優先したように、建国期のアメリカは国土の開拓が優先されていたために非生産的な軍は疎外された。結果として、反軍的文化が強く浮き出ることになり、軍は一般社会から物理的・社会的に孤立した辺境の砦に隔離され、修道院的生活を強いられるようになった。

反軍的文化のなかで、軍は自らのプロフェッション（職業専門性）と存在意義を見出す必要があった。しかし、国内の圧力が常に立ちふさがり、軍人の専門職化は遅れた。第3代大統領ジェファーソン（Thomas Jefferson）は、常備軍には反対していたが専門的知識と技能を有する将校の必要性を考え、テクノロジーに関する教育に重きを置いたウエスト・ポイント陸軍士官学校を設立した。道路・運河・鉄道建設等テクノロジーへの専門化こそが、米陸軍の存在意義を見出し高めることにつながった。なぜなら、その知識は有事・平時を問わず必要とされ、市民生活や国土開発、そしてアメリカ経済に貢献できると考えられたからである。

他方、陸軍長官（1817－25年）であったカルフーン（John Calhoun）は、軍人の専門性をテクノロジーだけでなく、軍事知識もプロシア並みに高めようと努めた。陸軍の平時任務は、辺境地における砦として存在することにあった。しかし、国内における強い反常備軍感情はそれさえ許さず、軍事的な専門性はなかなか高まらなかった。

南北戦争が終わると、軍に同情的な保守主義は南部の敗退とともに消え去り、アメリカ社会の軍に対する徹底的な敵意は、軍隊を社会的にも、政治的にも、知的にも、物理的にも孤立させた。多くの州は、陸・海軍に籍を置く者に選挙権を与えることを拒否した。軍はわずかな工業製品しか必要とせず、現在の軍産複合体制とは異なり、経済界が軍を支持することもなかった。第1次世界大戦以前、軍人が大衆と接触することは稀であり、軍は国民から実質上完全に切り離され「疎外された軍」となっていた。[21]

軍は自ら進んで一般社会の域外に退き、自己完結型の軍隊をつくろうとした。小規模ながらも軍は、辺境の砦に駐屯し社会的価値観を捨て軍事一色の教育・訓練体系に切り替えて、「暴力の管理」に関する専門機能を発展させたのであった。[22]

陸軍総司令官（1868－83年）にあったシャーマン（William Sherman）は、平時における軍隊の小規模限定化と政治から軍人を離隔することを容認していた。平時には軍人の教育を重視して、士官学校卒業後の専門教育を確立した。アプトン（Emory Upton）は世界の軍事制度を視察し、特にプロシア陸軍の軍制度に感銘を受け同制度の導入を呼びかけた。具体的には、陸軍大学校や参謀本部を創設し、試験による階級制度を確立するなど、軍内部のプロフェッショナリズムを高めた。『ミリタリー・レビュー（*Military Review*）』や『インファントリー・ジャーナル（*Infantry Journal*）』といった

20　清水隆雄「米軍の国内出動――民警団法とその例外」『レファレンス』2007年8月号参照。
21　Huntington, *The Soldier and the State*, pp.226-227.
22　中村『二十一世紀への軍隊と社会』55～72頁。

軍事専門誌が創刊され読まれるようにもなり、軍の専門性を高めることに一役買った。

軍の専門性が確立される一方で、アメリカ国内において重工業が発展するようになると、非生産的な軍に対する批判が一層強まった。産業界の人々は名声、権力、富を求めるものだが、軍人にとっての価値とは国家への奉仕にあった。このような価値観の相違は、軍人が自らの専門性を高めていくうえで障害となった。

ちなみに、アメリカと同じように社会から嫌悪され警戒の対象にされていたイギリス陸軍の専門職化はかなり遅れた。イギリスは、アメリカと同じように常備軍を必要としない国内外環境にあったことに加えて、軍が政治権力の道具として使用されたために、議会・国民の反感を買った。

イギリス陸軍（British Army）が、海軍（Royal Navy）および空軍（Royal Air Force）とは異なり、その名称に"Royal"が付けられていないのは、海・空軍が国王大権に基づく国王・女王すなわち国家元首に専属する単一の常備軍であるのに対して、陸軍は立法府である議会の許可に基づいて臨時に召集・編成され、個別のカーネル・イン・チーフ（Colonel-in-Chief：名誉連隊長）が私財を投じて所有する連隊の寄せ集めであったからである。

イギリス陸軍は、軍隊に好意的な一部のグループと結びつき、自己の保存を図った。知識・技能を高く評価する中産階級の価値観や信条を排除し続けた結果、他のヨーロッパ諸国に比較して、軍の専門職化は1世紀にわたって遅延した。その後、イギリス陸軍がプロシア流に参謀本部や参謀学校を改編したのは、動員計画や作戦計画が欠如したまま参戦し辛酸をなめたボーア戦争（1880－81年）の教訓を受けてのことであった。[23]

2　外敵なき恵まれた安全保障環境

アメリカは、反軍的文化を基調として小規模な連邦軍しか持たなかったが、それでも自国の安全を確保できたのは、次のように恵まれた安全保障環境と地理的特性を備えていたからである。これもまた、アメリカ特有の陸軍をつくり出した大きな要因であった。

第1に、アメリカを取り巻く安全保障環境は1812年の米英戦争が終結すると、一転して建国期のように厳しいものではなくなった。ウィーン体制の下、ヨーロッパでの勢力均衡が保たれ、アメリカに脅威を及ぼしそうな潜在的大国が相互に牽制し合っていた19世紀初頭から1940年までの約130年間、アメリカは大きなコストを払うことなく安全を確保できた。アメリカには外部からの大きな軍事的脅威は存在せず、国家資源と精力を開拓と産業発展に充てることができた。

第2に、ヨーロッパから3000マイル離隔した地理的位置の恩恵によりアメリカは安全保障については、わずかな注意を払うだけで良く、モンロー主義を掲げ相互不干渉によりヨーロッパでの勢力均衡争いに巻き込まれることはなかった。

力の均衡により国際秩序を維持していたヨーロッパでは、他国の軍備拡張と歩調を合わせて自国の軍備も拡張しなければならなかったが、アメリカにおいては、その必要もなかった。勢力均衡政策に

23　同上、37～54頁。

図表1-3　主要国の人口に占める兵力比

（%）

年	アメリカ	イギリス	フランス	日　本
1870	0.12	0.14	1.07	・・・
1880	0.07	0.13	1.23	0.20
1890	0.06	0.12	0.97	0.21
1900	0.11	0.16	1.19	0.52
1910	0.12	0.13	1.07	0.40
1914	0.15	0.12	1.02	0.42
1921	0.27	0.16	1.31	0.49
1929	0.18	0.09	0.66	0.31
1937	0.20	0.12	0.80	0.95

出典：Table 58, Military and Naval Development of the United States, The British Empire, France, and Japan, 1820-1937, Quincy Wright, *A Study of War*, Volume 1, The University of Chicago Press, 1942, p.670.

見られるような、平時と戦時の中間状態がアメリカにはなかった。

このように自国の領土拡大を図り、産業を発展させながら中南米諸国での覇権国家としての地位を、外的脅威を意識することなく築き上げることができたのは、この地理的孤立の賜《たまもの》であった。[24]

第3の要因は、イギリス海軍の存在である。アメリカに脅威とならないイギリス海軍が大西洋での覇権を握り、ヨーロッパの勢力均衡を維持している限り、ヨーロッパ大陸を征服し、アメリカに脅威を与えるような国は生まれなかった。このためアメリカは、安全保障に余計な神経を使うことなく通商に勤しむことができた。

第4は、アメリカ大陸に大きな脅威が存在しなかったことである。北米大陸においてアメリカは圧倒的な強国であり、そこには、大規模な軍隊を必要とするような脅威は、まず存在しなかった。したがって、軍事はアメリカ社会にとって、南北戦争のような内乱の場合を除いては、植民地時代や建国期のようにそれほど深刻な問題ではなくなったのである。

第5は、比較的スムーズな動員を可能にする条件が揃っていたことである。アメリカの戦争は宣戦布告をもって始まり、降伏文書の調印で終わる、平時と戦時が明確に区別された伝統的な意味での戦争であった。[25] このため、戦時における動員戦略が可能となり、軍部や国民に戦争準備のための時間的・精神的余裕を与えることになった。また、戦争の大半はアメリカ本土以外で戦われた「外戦」であったので、国土の荒廃を招くことなく産業動員をかけ、自給自足できる膨大な資源を限りなく戦争に注ぐことができたからである。さらには戦時には国家総動員で戦争に集中できる大統領制や行政機能が確立されていたことも、重要な要因であろう。[26]

以上のような恵まれた戦略環境を享受する限りにおいて、アメリカは軍事力の規模をヨーロッパ諸国並みに整える必要も、戦争準備態勢をとる必要もなかった。

アメリカ人は、戦争を一過性の例外的な経験としか考えてこなかった。これらの条件は、アメリカを「孤立主義」に傾倒させ、また、それを可能にした。

24　Richard Smoke, "The Evaluation of American Defense Policy," *National and World Security in the Late Twentieth Century*, 1975, pp.94-135.
25　山田浩「アメリカの軍事問題」陣崎克博編『アメリカ――その特質と諸相』英潮社新社、1982年、246頁。
26　David Trask, "The Presidency and the Military", pp.209-234.; Daniel K. Inouye, "Congress and the Military," in John E. Jessup and Louise B. Ketz ed., *Encyclopedia of the American Military*, Charles Scribner's Sons, New York,1994, pp.235-278. その他に、米国予算局戦争記録課・戦時行政記録委員会監修『米国の戦時行政（第一～六巻）』（国立国会図書館、1952年）が参考になる。

アメリカでは徹底した文民統制の下で軍隊を統制し、無用の戦争を避ける必要があった。これを効果的にする手段は、軍隊を社会から切り離すことであった。このように、アメリカの軍隊は国民の広範な支持を得て形成されてきたわけではなく、基本的に一般社会とは融合できない存在であった。専門職化が進むにつれ軍隊は孤立し、「暴力の管理者」として地理的にも社会的にも辺境に追いやられ、ますます、一般市民から隔絶していったのであった。

3―戦略なきアメリカ

1. 戦略のパラドックス

では、アメリカの軍事戦略とはいかなるものであったのだろうか。「陸軍において著名な戦略家とは誰か」と問われても、即答で思い当たる人物がいないのは、アメリカに戦略と呼べるものが育たなかったからである。孤立主義をとり、ヨーロッパの政治に関与しなかったアメリカは、勢力均衡にも関心を持たなかった。自らを神の国と自任するアメリカは、旧大陸にある悪の国とは便宜的な妥協ができなかったのである。[27]

それでもアメリカの地理的環境が、アメリカに戦略をまったく必要とさせなかったわけではない。新国家アメリカにとって建国の大義と国土を守ることは絶対不可欠であった。アメリカ軍事思想の関心は、可能性は低いとはいえ、大西洋やカリブ海、あるいはカナダから侵入してくるかもしれないヨーロッパ列強から国土を守ることであった。[28]戦略家にとって深刻なパラドックスは、東部では防御的戦略を求められたが、同時に西部では攻撃的戦略をとらなければならないことであった。[29]

当時、アメリカの戦略形成には個人の果たす役割が大きく、その戦略も実用主義的性格が濃かったことで、組織からの影響を受けることが少なかった。また、戦争はしばしば地域志向性があり、国家と地域の戦略的利害が一貫して関連性を有していたわけでもなかった。

また、アメリカの軍事指導者は、州政府に比較して連邦政府の権力が弱いことを認識していたことに加え、極めて個人主義的な一般市民に対してほとんど強制力を行使できず、戦争遂行に必要な人的資源や資金を調達することが困難であることも理解していた。アメリカの桁外れの領土拡張、未発達な通信手段、そしてしばしば深刻な対立に発展する政治闘争は、国家戦略の策定と実施に立ちはだかる大きな難題であることも認識していた。

同時に、アメリカには戦略上の利点があることも知っていた。１つ目は、アメリカの相手は自国よりはるかに劣るアメリカ先住民、メキシコ、スペインであったこと、２つ目は、大西洋があることでアメリカは領土防衛において有利な地理的条件を有していたこと、３つ目はアメリカの驚異的発展が、重要な戦略的資産になることであった。18世紀末から19世紀の前半にかけてアメリカは、孤立主義を確立すればするほど、より強大で安全になっていった。[30]

27　Colin S. Gray, "Strategy in the nuclear age: The United States, 1945-1991," in Williamson Murray, MacGregor Knox and Bernstein Alvin ed., *The Making of Strategy: Rulers, States, and War*, Cambridge University Press, 1994, pp. 579-581.
28　Weigley, "American Strategy from Its Beginnings through the First World War," p. 419.
29　Maslowski, "To the Edge of Greatness: The United States 1783-1865," p.209.

2. 南北戦争後の防御的戦略

作戦戦略の視点で見ると、南北戦争前に陸軍に求められた戦略・作戦・戦術の焦点は「防御」と築城にあった。アメリカの戦略文化が陸軍軍人のプロフェッション確立を阻んできたことは既述したが、陸軍士官学校においては軍事学よりも工科大学としての教育を重視した。海軍戦略家アルフレッド・セイヤー・マハン（Alfred Thayer Mahan）の父親であり、ウエスト・ポイントで土木工学の教授を務めたデニス・ハート・マハン（Dennis Hart Mahan）の功績は大きく、南北戦争で活躍した多くの将校を育てた。その影響もあり、陸軍では野戦築城重視の防御的戦略がとられるようになった。

南北戦争は北アメリカ大陸内で行われたとはいえ、雌雄を決する内戦であったために、防御的戦略を改め相手を打倒する攻勢的かつ殲滅的戦略が必要とされるようになった。グラント（Ulysses Grant）将軍による殲滅戦争やシャーマン将軍による破壊的進撃が行われるようになり、機動を重視した戦略がとられるようになった。また、ナポレオンの影響を強く受けたリー（Robert Lee）およびジャクソン（Thomas Jackson）将軍は、誰よりも攻撃的な戦略的概念を引き出した。リーは戦争の戦略目的を達成できるのは、機動による攻撃と敵軍の殲滅しかないと信じていた。[31]

南北戦争後は戦争での経験は活かされず、陸軍にはマハンに匹敵するような戦略家は育たなかった。陸上戦略思想を開花させることはできず、再び防御志向の戦略に戻された。アメリカが孤立主義を外交政策の主眼に置いている以上、そして、国内でフロンティアに邁進している限りにおいて、戦略と呼べるようなものはなく防御に終始した。

陸軍は、フロンティアの開拓者を守る治安維持の役割を担い、戦略をあれこれ考える必要も刺激も与えられなかった。フロンティアで効率的に行動するにはヨーロッパ的な軍隊となることが望まれた。しかし、ヨーロッパ式の戦争に参戦するには、あまりにもフロンティアでしか行動できない警察的軍でしかなかった。

3. 無知の戦略

第1次世界大戦の経験により、アメリカは戦争とは戦うことを意味し、敵を押しつぶし、その抵抗する意思を破壊することであると認識するようになった。それは、南北戦争時代のグラントやシャーマンの戦略思想を彷彿させるものであった。

アメリカは、結局のところ卓越した人と資源に依拠する戦略で参戦し、成功を収めた。それ以来、陸軍が外征軍としてアメリカ本土を離れ戦争を行うときは、兵力および物量を集中する徹底した攻勢戦略がとられるようになった。第2次世界大戦で行われた戦略爆撃や日本への原爆投下もその戦略を踏まえたものであった。

陸軍は、戦間期の1920年代に日本、イギリス、ドイツ等の世界主要国との戦争を想定したシミュレーションに基づく戦争計画を策定した。「カラーコード戦争計画（Color-coded War Plans）」と呼ばれた本戦争計画は、戦前における代表的な戦略と言えば戦略であったかもしれない。しかし、基本

30 *Ibid.*, p.207.
31 *Ibid.*, p.237.

的には、アメリカの戦略の策定は、切迫した脅威なきなかで行われたものであり、反軍的文化を覆すものとはならなかった。第1次世界大戦後の陸軍の主な任務は、フィリピンにおける駐留と中国における権益の防衛であり、相変わらず警察軍的任務にすぎなかったのである。

また、20世紀のアメリカ民主主義は、堅実で安定した戦略を形成するための原動力にはならなかった。第1次世界大戦と第2次世界大戦に共通する戦争の準備・展開・終結は、次のような段階区分で周期化された。

①戦争前において、国民は戦争とは無縁であると信じ、十分な軍事支出がなされない。②いずれ戦争は避けられないという認識が広がる。③兵器、兵員、船舶、航空機の軍拡が急遽開始される。④巨大で強力な軍が漸進的に整備される。⑤戦場において成功を収め、最終的に勝利する。⑥終戦直後、軍の急速な解体と動員解除が行われる。⑦今度こそアメリカは戦争と無縁になるという願望が復活し、軍事費が大幅に削減される。[32]

このように、アメリカが戦略立案について、無邪気なまでに無知かつ無関心であり、[33]優れた戦略の伝統を築くことができなかったのは、何よりも自国本土に攻撃を仕掛けてくるような大きな脅威がなかったことに加えて、潤沢な資源に裏打ちされた十分なほどの国力を保有していたことで、あえて他国と戦争する必要もなかったからである。

世間はアメリカほど戦略に優れた国はないというイメージを持っている。しかし、実際は将来動向を予測し先見性を持って戦略を策定してきたわけでなく、目下の利益に関わる出来事だけに実用主義的に反応してきたにすぎなかった。

4. アメリカの戦略文化

(1) アメリカ的価値観の絶対化

戦前の日本が国家の生存に必死で取り組み、強い軍隊を欲したのとは異なり、アメリカでは、巧妙な国防戦略も強い軍隊も必要とされなかった。大洋で隔離され広大な領土を持つアメリカの地理的条件と浅い歴史、そして宗教的教義に裏付けられた自由民主主義を徹底して守ろうとする理念は、アメリカの戦略文化を特徴づけた決定的な因子であった。一般的には戦略があり、戦略を具現化する軍の形があるものだが、アメリカにはイギリス本国から持ち込まれた強い反常備軍感情があり、それが建軍の基礎となっていた。

また、少なくとも第2次世界大戦までアメリカが参戦した戦争は、アメリカ本土外の戦いであり、しかも勝利に終わってきた。日本軍による真珠湾攻撃はあったが、ハワイはまだ50番目の州にはなっていなかった。戦争の悲惨さの受け手（receiving end）になるという体験を持たず、これが希薄な戦略を生む遠因となった。本土が安全であるという地政学的環境は、報復論を含めた外戦および攻勢戦略を導き、ソ連のように本土防衛思想から出発した国の軍事思想とは一線を画していた。[34]

アメリカには、自国が成功を収めるのは当然と考える独善的な社会的信念がある。グレイは、「ア

32　Cohen, "The strategy of innocence? The United States, 1920-1945," p.437.
33　*Ibid.*, p.465.
34　有賀貞・宮里政玄『概説アメリカ外交史』有斐閣、1983年、233頁。

メリカの悪徳こそがその美徳であり、その美徳こそが悪徳であり、自ら抱く民主的な自己像に沿って世界をつくり替えたいというアメリカ人の衝動は、しばしば主観的な願望と客観的な実現可能性を混同させてしまう」[35]と、指摘する。

荒野の開拓、プロテスタントの理念、民主主義・個人主義の重視、潤沢な資源の保有等は、アメリカならではの特性であり、これらの歴史的経験や価値観が、反軍的文化とともにアメリカ的価値観の絶対化、歴史的無関心、異文化に対する無知・無関心、戦略に対する無関心や楽観性、民主主義の押しつけ、そしてアメリカ第一主義等の戦略文化をつくり出してきた。

軍事的には、空間（広い国土）に対する認識から兵站を重視する。また、実用主義と忍耐力の欠如という性格から技術力と物量、そして過度の軍事使用に依存する傾向にある。もちろん、それらは決して長期とは言えないが、年月をかけて蓄積されたアメリカならではの合理的な発想による文化の結晶なのである。

(2) 宗教性と好戦性

アメリカの戦略文化について、敬虔なキリスト教的精神を抜きにして語ることはできない。宗教はアメリカの独特な戦争観や反軍的文化にも影響を与えてきた。

ピューリタニズムに代表されるカルヴァン主義は、アメリカ植民地に広く行き渡り、「約束の地」＝「新しきイスラエル」の建設を目指した。そして、「反キリスト」的な腐敗したヨーロッパの模範となるように、アメリカのアイデンティティを確立した[36]。

自らを「丘の上の町（city upon a hill)」の後継者として特別視するアメリカ人の選民思想は、「明白なる天命（manifest destiny）」に代表される「例外主義（exceptionalism）」に結びつき、他者の意見や価値観に対して敬意を払うことを拒んだ。[37] 反キリスト教を悪魔と評価し、他者に対する強烈な敵愾心と強い危機意識をつくり出した。その善悪二元論がポツダム宣言に見られる無条件降伏の発想にも影響した。

このような特性は、南北戦争が熾烈な戦いであったように、アメリカ人にある種の好戦性をもたらすことになった。

アメリカでは、戦争は通常の政治が失敗して初めて生起する異常事態と見なされてきた。戦争はクラウゼヴィッツの言う政治の延長線上にあるのではなく、異なるベクトル上に置かれ、戦争を例外的な体験として捉えていた。そして、平和と戦争あるいは政治・外交と軍事の区分を明確化した。

そのような考え方の根底に、戦争とは無制限に権力を行使する堕落した旧世界の権力政治の産物であり、利己的で非民主的な旧世界の支配者たちの権力闘争の結果であると捉えるアメリカ人の信念があった。その半面、17世紀と18世紀のアメリカ人は、戦争を抑制して制限戦争を追求した同時代のヨーロッパの人々と異なり、戦争を絶対的なものとして考えるようになった。なぜなら、北アメリカでは植民者と先住民族の文化があまりにも異なり共存は無理であると悟っていたからであった。[38] そして、

35　Gray, "Strategy in the nuclear age: The United States, 1945-1991," pp.583-584.
36　中嶋啓雄「歴史的視座から見たアメリカの安全保障文化――ユダヤ＝キリスト教的伝統・共和主義・自由主義」日本国際政治学会編『国際政治』第167号「安全保障・戦略文化の比較研究」、2012年1月、16頁。
37　*Ibid.*, p. 581.

戦争が避けられないときは、あらゆる手段を駆使して徹底して戦争を遂行し、勝利を勝ち取ることを当然と考えるようになったのである。それは、常備軍の存在を嫌う戦前のアメリカ特有の文化とは異なるもう一つの文化、すなわち好戦性をアメリカに根づかせた。

トクヴィル（Alexis de Tocqueville）が『アメリカの民主政治（*De la démocratie en Amérique*）』においてアメリカを「好戦的な国」と評しているように[39]、アメリカは常備軍を警戒する一方で、戦争は躊躇しない国であったのかもしれない。

「……民主的軍隊では、そこに含まれるすべての野心によって、戦争が熱烈に求められるのである。そういうわけでそこでは、次のような奇妙な結果が起るのである。……すべての軍隊のうちで、戦争を最も願う軍隊が民主的軍隊であるということ、そして、諸民族のうちで、最も平和を愛している民族が民主的民族である、ということである[40]」

アメリカの外交官であったケナン（George Kennan）も「デモクラシーは平和愛好的である。しかし戦うときは徹底的に闘う（Democracy is peace loving, but fights in anger）」と述べている[41]。貴族制や君主制での軍隊とは異なり民主主義制度下の軍隊は、一度戦争が始まると徹底して軍事力を行使する傾向があった。その理由は、貴族制下の軍隊では、将校集団が一部の貴族階級の特権に属していたのに対し、民主主義社会では、どのような出自、身分の者でも将校になれるため、戦争は昇進のチャンスをもたらし、野心家の欲望を満たすために利用され得る性質のものであったからである。戦争は、誰もが出世し金儲けできる絶好の機会を与える場であった。

アメリカには本質的に「好戦性」があるゆえに、なおさら国内において強い常備軍を持つことに抵抗があったのではなかろうか。アメリカ人は戦争の問題について過激論者になる傾向があり、心から戦争を受け入れるか徹底的に拒否するかのどちらかだと、ハンチントンは指摘している。[42] 実際、先住民族を制圧したのも、米墨戦争や米西戦争に勝利し、領土を拡張したのも連邦軍であった。また、60万人以上の犠牲者を出しつつもアメリカを連邦国家として統一させた立役者も連邦軍であった。

アメリカでは、建国から第2次世界大戦までが、偶然にも国家の生存を危ぶむような脅威がなかったこと、または、軍事より国土建設や経済が優先されたことで、好戦性は目立たなかった。そのような意味では、武力侵攻を幾度となく繰り返している戦後の米軍こそが、アメリカ人の求める軍隊像であり、アメリカ本来の戦略文化が反映されているのかもしれない。

しかし、たとえ、アメリカが好戦的な国であったとしても、また、戦略文化がどのようなものであったとしても、アメリカの軍の形に最も大きな影響を与えてきたのは、反軍的文化であった。独立宣言のなかで、「すべての人は一定の奪い難い天賦の諸権利を有し、生命、自由および幸福の追求が含

---

38 Russell F. Weigley, "American Strategy from Its Beginnings through the First World War," in Peter Paret ed., *Makers of Modern Strategy from Machiavelli to the Nuclear Age*, Princeton University Press, 1986, p. 419.

39 A・トクヴィル（井伊玄太郎訳）『アメリカの民主政治（下）』講談社学術文庫、1987年、469〜509頁。

40 同上、473頁。

41 George F. Kennan, *American Diplomacy, 1900-1950*, University of Chicago Press, 1951, p.65.

42 Huntington, *The Soldier and the State*, p.147-149.

まれる」とあるが、特に「自由」は大切にされた。そのような価値観を阻むものとして、専制政治と常備軍は最大の敵であった。アメリカの戦略文化は、中央集権的な権力に対するイデオロギーの地域主義に満ちた政治文化のなかで形成された。それは、大規模な常備軍と系統立った軍事計画の成立を妨げ、連邦レベルでの軍備を整え軍事資源を動員する政府の能力を阻害した。それらの価値観の浸透は、服従や規律、階層的な指揮・命令系統への絶対的服従や自己犠牲といった軍にとって最も必要な価値観と衝突するものであった。[43]

他方、アメリカでは常備軍の保有には否定的であったが、自らのコミュニティを守るための民兵や武器を保有することには抵抗はなかった。むしろ、トクヴィルが指摘するようにアメリカほど好戦的な国はない。つまり、アメリカの戦略文化とは暴力に対する否定ではなく、それによって自由を奪う強い中央集権への反感であったのであろう。

総じて、米陸軍はアメリカ社会における反軍的文化をどっぷりと受けてつくられたのであった。しかし、切迫した強い脅威がなかったアメリカでは、たとえ反軍的文化がなかったとしても、軍の形にそれほど大きな差は生まれなかったのではなかろうか。

---

43 Maslowski, "To the Edge of Greatness: The United States 1783-1865," p.210.

第2章 反軍的文化と予備兵力増強施策

はじめに

反軍的な文化にあっても、アメリカの安全を担う政治家、軍人、および国防関係者は、戦時において戦うことのできる兵士が平時に少ないことを危惧し、兵力を整備しておかなければならなかった。アメリカでは常備軍を増強し軍を整えることに対して持続的な抵抗があったために、代替手段として考案されたのが、予備役の制度化であった。

その代表的な兵役制度が、「国民軍事訓練（Universal Military Training：UMT）」構想であった。UMTとは、健康であるアメリカ青年を一定期間訓練し、その後は予備役に籍を登録する制度であった。

UMTについては単に兵力不足対策や動員問題の解決に尽きるものではなく、愛国心の育成等、アメリカ社会全般に関わる枢要な問題として、上・下院議会における各種軍事委員会、公聴会においても多大な時間を割いて審議された。

結果としてUMTは実現しなかったが、UMT構想が生まれた背景や制度化に向けた軍とそれに反対する議会の論調、そしてアメリカ社会の反応をつぶさに見ていくと、容易に覆すことのできない、アメリカ特有の反軍的な戦略文化が存在していたことを浮き彫りにできる。UMT論争には、国外的脅威とともに「内なる圧力」を打倒しようとする軍関係者の苦労と軍を警戒するアメリカ市民の対立の様相が滲み出ている。

1　国民軍事訓練(UMT)構想

1. 建国期における予備兵力構想

第1章で既述したように、アメリカは安全保障では恵まれた環境にあった。だが、国防関係者や軍にとって悩ましい問題は、平時から兵力をいかに確保しておくかにあり、予備兵力を増強する考えも建国期からすでに芽生えていた。新国家が発展していく過程で、必要最小限の軍事力の保有はやむを得ないと考えたが、少ない兵力に満足しない勢力もあったのだ。

幾度となく連邦軍の補填や増強を企図した制度が提示されてきたが、強い反常備軍思想を持つ社会や国民の反対によって、兵力増強構想はなかなか実現しなかった。軍は常に「内なる圧力」と闘い続けていた。

平時における兵力の十分な確保と戦争準備の必要性を最初に具体的に訴えたのは、初代大統領ワシントン(George Washington)と初代陸軍長官ノックス(Henry Knox)であった。ワシントンは1796年の「告別の辞(Farewell Address)」において、常備兵力の編成と防衛態勢について言及した。[1]

1790年、ワシントンはノックスの準備した兵力の充実に関する軍事計画を第1回議会に提出した。これは1783年にワシントンが軍事政策について記した「平和構築についての所感（Sentiments on a Peace Establishment）」を基礎に立案されたものであり、[2]このなかに予備兵力の増強を目的とした民兵制度の充実が含まれていた。ワシントンも大規模な常備軍の保有は自由社会にとり危険であると考える一人であったが、常備兵力があまりにも少ないことには不安があった。[3]

計画では、国家防衛のために健全なアメリカ青年は、軍事訓練を受けなくてはならないことを基本方針にしていた。訓練された兵士の確保は、国家非常事態において円滑な兵力動員を可能にするものと期待された。

内容としては18～60歳の男性を三区分し、18～20歳の青年を「上級部隊（Advanced Corps）」として年間30日間の訓練、21～45歳を「主部隊（Main Corps）」として年間4日の訓練、そして46～60歳を「予備部隊（Reserve Corps）」として年間2日の訓練義務を課すものであった。[4]訓練キャンプ（Camps of Discipline）で市民兵（citizen soldiers）として訓練を受け、その後は、陸軍の地方部隊に登録され

---

1 James D. Richardson ed., "Farewell Address," *Compilation of the Messages and Papers of the Presidents, 1789-1897*, Washington, 1907, pp.213-214.

2 "Sentiments on a Peace Establishment," in John C. Fitzpatrick ed., *The Writings of George Washington*, vol.26, Washington D.C., Government Printing Office, 1932, pp.374-398.

3 *Ibid.*, p375.

4 William H. Riker, *Soldiers of the States*, Arno Press,1979, pp.18-19.

有事には動員されるものであり、民兵制度と国民皆兵制度の折衷案のようなものであった。[5]

ワシントンは、当時のアメリカが十分な常備軍を保有するほど裕福ではなく、人口も400万人程度と少ないことを十分に理解していたが、かといって民兵に対して信頼を置いていたわけではなかった。民兵の問題は、州政府と連邦政府との間において権限争いの核心部分であったため、解決は困難を極めた。[6] 新しい軍事訓練は、そのような苦境のなかで生み出された兵力充実のための苦肉の策であり、小規模の正規軍と予備役の充実を狙いとしていた。[7]

この計画の基礎となったワシントンの論文は、軍学校の教官や辺境の砦および兵器廠の警備を担当する専門能力を有した正規軍将校と兵士の必要性、および軍学校の建設を内容としていた。ワシントンが議会に要求したのは、先住民族とスペイン領フロリダおよびイギリス領カナダからの脅威に対処できる2631名の将兵からなる正規軍の増強であった。[8]

ワシントンとノックスの計画に対する議会の反応は遅かった。その理由は、当時議会がハミルトンの提唱した国家の財政問題に精力を傾けていたことや、平和主義者のクェーカー教徒や他の宗教団体等が兵役の代わりとして免除金を支払うことを要求し、議会での焦点はそちらの問題に絞られてしまったためである。[9] 約2年間の審議を経て、議会は三段階区分の訓練や将校を養成することなど、肝心な原則は削除し、1792年に民兵法（Militia Act of 1792）を制定した。[10]

民兵法は、各州で18～45歳のすべての白人男性を民兵として登録し、自前で武器や弾薬を準備することを規定したものだが、植民地時代からあった民兵制度を継承するにすぎなかった。民兵組織には十分な訓練が必要とされたが、新たに制定された民兵法では、連邦政府の監督下で効果的な訓練を施すことはできず、厳格な規律を教えることもできなかった。また、免除金を支払って民兵義務から猶予される者もあり、必ずしも公平とは言えない法律であった[11]。

ワシントン・ノックス計画には、軍事訓練のことだけではなく、自由国家において青年に愛国心を植えつける市民教育の目的も含まれていた。しかし、議会は、全国民を対象にした軍事訓練制度は自由民主主義を脅かし、建国の精神に反するものと解釈し、これを拒否した[12]。

その後、ジェファーソンは、強力な中央政府に反対する共和派であったにもかかわらず、戦争が起

5　斎藤「アメリカ独立戦争と政軍関係」25〜26頁。
「民兵と国民皆兵の違いについて：両者とも国民全体が軍事参加する点では似ているが国民皆兵は徴兵により一定期間職業軍人の下で軍務に服させ常備兵力の構成とする考え方であり制度である。したがって、一定年限市民としての職業を離れ軍人になり、武器も兵営内に保管される。民兵は原則として市民として日常生活を営み武器も自分で保管する。国民皆兵が国家防衛組織であるのに対し、民兵はまず自己防衛、家族防衛、村落防衛を原点とする防衛組織であった」

6　Maslowski, "To the Edge of Greatness: The United States 1783-1865," pp.216-217.

7　Don Higgin Botham, *George Washington and the American Military Tradition*, Mercer University, 1985, pp.106-138.

8　Maslowski, "To the Edge of Greatness: The United States 1783-1865," p.214.

9　Cunliffe, *Soldiers and Civilians: The Martial Spirit in America 1775-1865*, p.183.

10　Richard H. Kohn, *Background of Selective Service/ U.S. Selective Service System*, New York: Arno Press,1979, p.58.

11　Martin P. Claussen, ed., *The Journal of the House of Representatives*, Volume 4, Michael Glazier, Inc,1977, pp.118-126. 同趣旨として Russell Weigley, *The American Way of War*, Bloomington: Indiana University Press, 1977, p.108.

12　Remarks on National Military Policy from the Testimony of Brigadier General John M. Palmer Before the Select Committee on Post War Military Policy, House of Representatives, April 24, 1944, RG233.

きるかもしれない将来を懸念し「アメリカの独身男性は、非常事態においていつでも対処できるように、日頃から訓練しておくべきだ」と主張した。そして、ワシントン・ノックス計画に類似した民兵制度の導入を繰り返し議会に訴えている。[13]

また、彼は正規軍よりも民兵からなる市民兵を支持しながら、民兵制度を強化することは何もせずに、陸軍士官学校を創設し、民間でも役立つテクノロジーに関する知識と技能を将校に教育することで、アメリカ市民の反常備軍感情を緩和させようともした。

もし、第1回議会がワシントンとノックスの計画通りに新たな軍事制度を採用していれば、その後の米英戦争（1812年勃発）では40歳以下の成人の大半が訓練キャンプを終了し、その人数は約11万7000人となっていたはずであった。そして、第1次世界大戦では約150万人の訓練された将兵が迅速に参戦できたはずであった。[14] しかし、兵力増強政策に携わる議員や軍人が、しばしば口に出したワシントンの言葉「我々の友の目から見れば真に尊敬に値し、敵となる者たちにとっては恐るべき存在（truly respectable in the eyes of our friends and formidable to those who would otherwise become our enemies）[15]」と表されるようなアメリカに至るには、建国後、長い年月を必要とした。

2. 変わらぬ反軍的文化

20世紀に入っても反軍的文化に変化はなく、しかも、以前に増して平和についての議論が盛んに行われるようになり、軍にとっての「内なる圧力」は強まった。第1次世界大戦前の平和思想のほとんどはヨーロッパからの受け売りで、そのなかでも特に影響力があったのが戦争の有用性を否定し、あらゆる形態の軍事制度や軍備を排除しようとしたスペンサー（Herbert Spencer）的平和論であった。

スペンサーは、欧米国家のような高度産業社会は、より文明的かつ平和的であり、戦争が生起するようなことはなく、万が一、いざこざが生じたとしても協調（話し合い）によって問題を解決することが可能であると主張した。また、産業の発展とともに軍という職業はその機能と魅力を失うと発言した。[16]

この楽観的主張はアメリカ人に多大な影響を与え、タフト（William Howard Taft）大統領の唱えた経済的国際主義や、ルート（Elihu Root）等の法律家が提唱した仲裁制度と国際法による秩序建設への動きに反映された。[17]そして、平和主義思想は、アメリカ人の軍隊観にも例外なく影響し、軍人は、非生産的で国民の生き血を吸い取る寄生虫と見なされた。[18]軍とは国際親善をぶち壊し、世界平和を乱す帝国主義集団であるとも言われ、軍はますます、社会から孤立するようになった。

他方、これらの楽観的平和主義を懸念して19世紀末期から20世紀初頭において、再軍備の促進とアメリカ市民の軍事的義務への献身を訴えた「新ハミルトン主義」も登場した。[19]しかし、圧倒的な平和

13　Arthur A. Ekirch, Jr, *The Civilian and the Military*, New York, Oxford University Press,1956, p.47.
14　*Ibid.*
15　George Washington, *Washington's Sentiments on a Peace Establishment*, 1 May 1783.
16　中村『二十一世紀への軍隊と社会』71頁。
17　入江昭『二十世紀の戦争と平和』東京大学出版会、１９８６年、52～53頁。
18　中村『二十一世紀への軍隊と社会』71頁。
19　Huntington, *The Soldier and the State*, pp.270-273.

主義の波に逆らうことはできず、国民に広く普及されるまでには至らなかった。

このような状況のなかで、平時には小規模の常備軍しか保有しないという伝統的文化が依然として継続していたため、第1次世界大戦勃発時、アメリカの兵力は約10万人を数える程度であった。そのため、アメリカ政府は1917年に選抜徴兵法（Selective Service Act of 1917）を制定するしかなかった。[20]これにより、約1000万人が兵籍に登録され280万人が実際に徴兵された。兵力は約400万人に増強され、200万人がヨーロッパの戦場へ送り込まれることになった。

しかし、最初にヨーロッパに赴いた師団の約80％が新兵で構成され、訓練も不十分な即席の部隊であったために、戦闘においては苦戦を強いられた。[21]もっとも、アメリカの参戦が戦争の終盤であったこともあり、アメリカの戦死者数は比較的少なかった。[22]それに比較し、フランスやイギリスに多くの犠牲者が出てしまったことは軍指導者たちに屈辱として残り、第2次世界大戦参戦まで大きな反省材料として残り、消えることはなかった。[23]

兵力政策の改革に拍車をかけたのは、アメリカの動員方式、すなわち平時の兵力を最小限にとどめて敵対行為が開始されてから急速に動員するような軍事態勢では、脅威に対応できなくなったことである。

第1次世界大戦で登場した航空機や潜水艦等の軍事技術の飛躍的発展は、侵略国にパナマ運河やアメリカ本土を直接奇襲攻撃する可能性を与え、地理的離隔に安堵して悠長に戦争準備をしてきたアメリカに切迫した脅威を与えることになった。さらに不利なことには、軍事技術の進歩により、戦争準備のための事前警告時間（warning time）が短縮され、戦争の開始とともに戦争準備をしている余裕などなくなってきた。とりわけ、兵器や軍需品に比較して兵士は即席で養成できないため、軍にとり兵力確保は一段と切実な問題となった。

そして、1930年代に入り全体主義国家が台頭し、ヨーロッパを中心とした国際システムが徐々に崩壊していったことで、アメリカを取り巻く恵まれた戦略環境が徐々に変化し始めたことが、危機感を煽った。それまで、勢力均衡体系で抑えられていたヨーロッパの大国が、アメリカに脅威を及ぼす可能性が出てきたのである。このような脅威に対し、当時のアメリカの動員方式と兵力ではとても太刀打ちできないような状況になりつつあった。

軍関係者は、小規模な常備軍で編成された平時の陸軍の訓練方法と運用原則は、戦時に徴兵された大規模な陸軍にはまったく適さないことを察知していた。

3．UMT構想の登場

伝統に即して、1919年5月にはフランスに残留する兵士を除き、第1次世界大戦に動員された

20 Kohn, *op. cit.*, pp.98-103.
21 Memorandum for the President, Subject: Basis for a Post-War Army, May 5, 1945, George Marshall, The Papers of George C. Marshall Selected WWII Correspondence, University Publications on America, Bethesda, Maryland. (Microfilm, Reel9)
22 第1次世界大戦でのアメリカの戦死者数は12万6000人である。イギリスは90万8000人、フランスは135万人であった。
23 Cohen, "The Strategy of Innocence?" p.434.

すべてのアメリカ兵に復員命令が出された。一挙に323万6266名の兵士が動員解除され、「平常への復帰（Back to Normalcy）」がなされた。[24]

終戦後、陸軍は戦前の控えめな任務へと復帰し、1927年には12万に、海兵隊は7万5000人から1万5000人に、海軍は1922年のワシントン海軍軍縮条約により削減された。[25] ヴェルサイユ体制や国際連盟の創設はヨーロッパに楽観的平和主義を生み出し、平和即軍縮といった方程式を形作ることになった。

その一方でアメリカは、ヴェルサイユ条約には批准せず、国際連盟にも加入することなく、再び「孤立主義」の道を歩み始めていた。共和党出身の大統領と議員たちは国防には興味を示さず、軍隊はバラックに戻り市民と隔離され、ほとんどの将校が戦前の階級に降格された。[26]

当時パーシング（John Pershing）将軍の副官を務めていた後の陸軍参謀総長マーシャル（George Marshall）中佐は、戦後、大尉に降格されている。また、後のマッカーサー（Douglas MacArthur）元帥は、「多くの場合、大隊に将校はたったの一人しかいなかった。アメリカ大陸において正規軍の訓練は、事実上、停止状態にあった」と書き残している。[27]

繁栄の時代にあった1920年代は、陸軍にとっては「暗い時代」となった。しかしながら、アメリカが新たに直面するかもしれない脅威に備えるために、従来のような軍事制度を増強することで連邦軍を補おうとしたのであった。この予備役を増強する手段として考えられたのがUMTであった。[28]

UMTについては、兵役は国民の義務であると考えるウッド（Leonard Wood）将軍が1915年4月に提唱し、スコット（Hugh L. Scott）将軍等によって広められようとしたが、本格的に議会で審議されるようになったのは、第1次世界大戦後からであった。[29]

24　斎藤眞『アメリカ政治外交史』東京大学出版会、１９７５年、１７８頁。ハーディング（Warren Gamaliel Harding）大統領が選挙でスローガンにした言葉。戦時から平時への復帰、革新主義・改革から保守への復帰を訴えた。

25　Statement of Mr. James W. Wadsworth Select Committee on Post War Military Policy, House of Representatives, May 19,1944.

26　Paul F. Braim, "The Army," in Jessup and Ketz ed., *Encyclopedia of the American Military*, p.352.

27　Joseph C. Bernardo and Eugene H. Bacon, *American Military Policy*, The Military Service Publishing CO.,1957, p.388.

28　UMTの目的、長所については議会各種軍事委員会資料に散見される。Secretary of the Army（Patterson）, General Decimal File,1946-1947, RG107; Hearing Before the House Committee on Military Affairs, Universal Military Training,79th Congress,1st sess., Washington D.C.: U.S.GPO, 1946; Formerly Top Secret Correspondence of Sec. of War Stimson, July 1940-Sep.1945, Office of the Secretary of War, RG107; For Statement of Sec. of War and Others Before the Woodrum Committee House Select Committee on Post War Military Policy, April,1944; Report on the Status of Demobilization and Postwar Planning, 30 June 1944, The Special Planning Division, WDSS, RG165; Records of the War Department General and Special Staffs, Record of the Office of the Chief of Staff, Security-Classified General Correspondence 1920-1942, RG107; Publication of the Federal Government, Committee of Congress, House Armed Service Committee, 1947, RG287; Publication of the Federal Government, Committee of Congress, House Military Affairs Committee,1885-1946, RG287; Publication of the Federal Government, Committee of Congress, Senate Armed Service Committee,1947,1948, RG287; Report of Proceedings Hearing Held Before Select Committee on Post war Military Policy, House of Representatives, RG233; Select Committee on Post-War Military Policy, House of Representatives 78th & 79th Congress, RG233.; First Report of the House Select Committee on Post-War Military Policy, Hearings Before the Committee on Armed Service United States Senate 80th Congress 2nd sess. on Universal Military Training,1948, RG233. etc.

上院軍事委員会は軍事組織を定める法案の作成を開始し、軍部からはパーマー（John M. Palmer）将軍が法案作成に関与することになった。この法案は、第1次世界大戦参戦にあたり、莫大なコストを払い、膨大な数の将兵に訓練を施しつくり上げた巨大な軍隊を、以前のように解体してしまうのではなく、恒久化させることを目的に作成された。

同法案では、非常時に迅速な行動が可能な正規軍と州兵（National Guard）およびUMTにより確保できる予備役（Organized Reserve）を充実させることが検討されていた。従来の予備制度（民兵制度）は海、空からの侵攻に対処する当時の軍事的要求には合わなかった。古い防御的概念はもはや適合せず、将来の予備軍には、あらゆる状況においても正規軍を支援できる迅速かつ柔軟な行動、特に攻撃行動が求められた。これらの条件を満たし得る制度が、UMTであった。

パーマーは、一連の施策によって、スイスの軍事制度を真似たプロの軍人を中核とした市民兵組織の創設が可能になると考えた。[30] この施策は1790年の第1回議会第2期において、ワシントンが提出した軍事制度と偶然にもほぼ同趣旨の内容となった。

このようなパーマーの構想については、ハーバード大学学長であったエリオット（Charles Eliot）のような有力者も同調し、UMTの導入を支持した。エリオットは、「UMTは国家を軍国主義に導きかねない危険も含んでいるが、アメリカが世界のリーダーになるためには必要な制度であり、スイス型の制度にすれば、軍国主義になることもない」と考えていた。[31] これらの構想を受け、1919年1月、ワズワース（James Wadsworth Jr.）上院議員は第66回議会第2会期においてUMT構想案を提出し、UMTに支えられた50万人の常備兵力の保有を主張した。[32] 当時のUMT構想は、18歳以上の青年を1年間訓練し、4年間予備役として登録する内容であった。[33]

4. UMTへの期待

(1) 兵力不足の解消と動員の即応性

UMTの第1の目的は、何はともあれ兵力不足の解消と動員の即応性向上にあった。[34] 平時から健全な青年に軍事訓練を施し、[35] その後、予備役として登録しておけば、非常事態に正規軍を増強する兵力として活用できた。[36] これにより、参戦において悪戦苦闘の原因ともなった兵力不足を解消でき、動員にも即応性を持たせることができた。

UMTは、前線の兵力不足を解消するだけではなく、戦場へ送られる兵士を訓練する教官の不足をも解決する手段となり得た。第1次世界大戦参戦時の新兵に対する訓練では教官が不足したことで、新兵150人に1人の教官しか割り当てることができず、満足な訓練が行われなかった。[37]

29 Bernardo and Bacon, *American Military Policy*, p.388.
30 "Historical Background of UMT and Preparedness in the United States," *The Papers of George C. Marshall Selected WWII Correspondence*, University Publications on America, Bethesda, Maryland. (Microfilm, Reel 16)
31 Ekirch, *op. cit.*, p.181.
32 Joint Meeting of the House and Senate Military Affairs Committee, Oct.31, 1919.
パーシング将軍は27万5000から30万人の保有を主張した。
33 Hugh Scott, "Comments on Compulsory Military Service: Annual Report of War Department,1916," in Martin Anderson ed., *The Military Draft*, Hoover Institution Press, 1949, pp.515-521.
34 岩島久夫編訳『アメリカ国防・軍事政策史』日本国際問題研究所、1983年、71頁。

(2) 国防基盤の育成

UMTの第2の目的は、国防基盤の育成にあった。まだ成熟しきっていない柔軟性のある青年に規律ある訓練を施すことで、青年を健全にし、国家に対する愛国心や忠誠心、そして犠牲心を涵養するというものであった。

UMT制度により、元来安全保障に無頓着であったアメリカ人を年間80万人訓練することは[38]、社会的ステータスの低かった軍と国民の価値観を等しくし、最も効果的に国防基盤を育成できることを意味していた。予想される総力戦対処にも不可欠な制度であった。本目的には、戦略環境がいかに変化しようとも不変の価値があるとして、UMT支持者には高く評価された[39]。

また、UMTには軍事的必要性以上のものが絡んでいた。国防次官補のローゼンバーグ（Anna Rosenberg）は、「われわれは、これらの若者たちを、まだ若くてフレッシュなうちに手を入れる。彼らの精神はまだ世間の赤（共産主義）に汚されていない」[40]と説明している。つまり、UMTは必ずしも純粋な軍事的理由のみから要求されていたのではなく、反共手段としても期待されていたのであった。

(3) 国民教育の普及

第3の目的は、国民教育である。予定された約1年間のUMTにおける軍事教育には、市民教育、読み書きの訓練、そして青年たちが身につけなくてはならないような一般教養や社会常識を含んでいたので、これらは識字率の向上を促進することになり[41]、アメリカ社会全般に高度な教養を普及する手段ともなった。この目的が持つ意義は、国防基盤の育成と同様に大きかった。教育は主に「予備役将校訓練部隊（Reserve Officers' Training Corps：ＲＯＴＣ）」の予備将校に任せられる予定であった。[42]

---

35 War Department Statement on Universal Military Training Prepared by Asst. Chief of Staff, G-3 WD G5, 6 Dec., 1944. RG165.

訓練は5段階に区分されていた。

第1段階　共通訓練
第2段階　上級各個訓練および特別訓練
第3段階　小部隊訓練
第4段階　大部隊および共同訓練
第5段階　陸・空・後方部隊との野外統合訓練

36 Report on the Status Demobilization and Postwar Planning, June,1944, SPD, WDSS, p.19.

37 Douglas S. Freeman before the House Select Committee on Post War Military Policy June 14, 1945, *The Papers of George C. Marshall Selected WWII Correspondence*, University Publications on America, Bethesda, Maryland (Microfilm, Reel 20).

38 "Principles and Assumptions to be Applied by the Army and Navy in Connection with a Program of UMT," Monthly Progress Report on Demobilization Planning, Special Planning Division, War Department Special Staff, March,1944, Appendix A, p.11, RG165.

39 Henry L. Stimson and McGeorge Bundy, *On Active Service in Peace and War*, New York: Harper, 1948, p.597.

40 S・レンズ（小原敬士訳）『軍産複合体制』岩波新書、１９７１年、50頁。

41 Harry S. Truman, *Memories*, Garden City, Doubleday, Vol.I,1955, p.511; Special Planning Division War Department Special Staff, "Principles and Assumptions to be Applied by the Army and Navy in Connection with a Program of UMT," Monthly Progress Report on Demobilization Planning, March,1944, Appendix A, p.11, RG165.

エール大学の心理学者ヤークス（Robert Yerkes）は、UMTは男子青年に服従心、自制心、社会協力、指導力を、女性に対しては、男女の違いや家事・子育てを教えるとして、健全な青年を育成するにあたり心理的効果があることを強調した。[43]

陸軍長官のスチムソン（Henry Stimson）や海軍長官のノックス（Frank Knox）もUMTを軍事的所要からのみではなく、アメリカの青年に対する社会教育の観点からその必要性を強調した。[44]また、第2次世界大戦後においてもUMTを熱狂的に支持していたトルーマン（Harry Truman）大統領は、「UMTは通常の軍事訓練計画ではありません。……訓練はすべての青年に軍事的能力をもたらすチャンスを与えるものです。同時に自己改革の機会を広く与えるものです。訓練の一部は日常生活でも役立つ技術であり国家の人的資源の基準を上げるものです」[45]と述べている。

このようにUMTは、軍事的所要ばかりでなく社会的価値も含んでおり、アメリカに根深くある反軍的文化にメスを入れる役目があった。

(4) 安価な兵力

第4は、軍隊の維持費が安くなることである。陸軍がUMTに固執した理由に、予備軍であれば莫大なコストをかけずに兵士をストックできることがあった。軍にとり大規模な正規軍を平時から保有することは最も理想的であったが、その維持のためには莫大なコストを必要とした。しかし、UMTは訓練期間の費用のみを必要とするだけで、コストについては正規軍の維持よりも格段に少額で済ませることができた。

例えば、UMTによる年間訓練人員を75万～95万人とした場合、その訓練費は約175万ドルであり、[46] ＵＭＴがない場合に比較して約50億ドルの軍事費節約が見込まれたのであった。[47] 厳しい財政下での兵力拡大を見越した陸軍は、その手立てとしてコストが低いＵＭＴ構想を推したのであった。陸軍はＵＭＴ実現のため、議員たちへの懐柔策としてコストの問題を持ち出すことが効果的であることを知っていた。パーマーとマーシャルはＵＭＴ構想を、戦略的理由よりも財政的理由を優先して実現に移そうと考えていた。[48]

これに先立ち第１次世界大戦中に、陸軍予算局長のリチャード（George Richard）将軍は、二通り

42　Remarks on Universal Military Training Made by Major General William F. Tompkins Before the National Defense Committee of the American Legion on 18 September in Chicago, 1944.

43　Memorandum by Robert M. Yerkes, Palmer to Tompkins, November 28, 1943, SPD, RG165.

44　Frank Knox, "Let's Train Our Youth Now," *Collier's*, April 29, 1944, p.12; Stimson Testimony, Hearing Before the Woodrum Committee, House Select Committee on Universal Military Training, 78th Congress, 2nd sess., Washington, D. C.: U.S. GPO, 1945, Woodrum Committee, Hearings, UMT, p.483.

45　Harry S. Truman, *Memories*, Garden City, Doubleday, 1955, Vol.1, p.511. 同趣旨 Statement by Dr. Daniel A. Poling before the House of Representatives', Select Committee on Post War Military Policy, Washington, D.C., June 15, 1945, RG233.

46　*New York Times*, June 2, 1947. 訓練隊員に対して月25ドルの給与を支払う予定であった。

47　United States Statutes at Large, 65th Congress, 1917, Vol.40, Part 1, pp.553.

Statement of Earl Cocker, Jr., Chairman, National Defense Committee, The American Legion, Hearings Before the Committee on Armed Service United States Senate 81th Congress 1st sess. on Universal Military Training, 1949, p.4.

の戦後兵力計画を立案し、UMTが必要とするコストは、すべてが正規軍の軍隊構成よりも低いことを証明していた。その計画の一つは、兵力構成を正規軍109万3000人、訓練兵(UMT)63万人とし、二つ目は、223万5000人の正規軍のみで構成する計画であった。前者であれば年間68億3500万ドル、後者であれば87億6000万ドルの予算を必要とした。この結果から、UMTを取り入れた兵力構成の方が安価であり、UMTなしの223万人のプロ集団は高価であることが証明された。[49]

陸軍は、UMTが正規軍を増強するだけの付随兵力としてではなく、正規軍の代替になり得る兵力としてその価値を位置づけた。そして最小限のコストで最大の兵力を確保でき、財政的に負担がないことが強調された。厳しい軍事予算のなかで現実的に兵力増強を可能にする手段は、UMT以外にあり得なかった。[50]

(5) 徴募の確実性

第5は、確実に兵力を確保できることである。兵力の徴募手段には、志願制度、選抜または国民皆兵の徴兵制度、そしてUMTのような新たな兵役制度によるものが一般的には考えられる。UMTは一定期間、市民生活から離れ、兵舎において訓練を受ける点では国民皆兵制度に類似しているが、その後、正規軍の一部として現役任務に従事するわけではなく予備役に登録されるだけなので、国民皆兵とは若干、異なる制度であった。[51]

アメリカの兵役制度について概観すると、もともとアメリカの伝統的な兵役制度は志願制であった。志願制の利点は、市民が自らの意思で志願するため、軍務に熱意のある兵士を確保することができ、しかも、軍との間に契約が発生することで兵士そのものにプロフェッショナリズムが芽生えることにあった。欠点は、完全志願制では高度の技量や教育を受けた者を、ほどよく揃えることができず、志願者には高い給料を支払わなくてはならないので人件費がかさむことにあった。[52]そして、何よりも志願者数は社会情勢によって変動するため、軍は所要が満たされない事態を常に心配しなくてはならなかった。

次に徴兵制であるが、アメリカでは南北戦争中の1863年に初めて徴兵を実施した。その後、1917〜18年、1940〜47年、1948〜73年にくじ引きによる選抜徴兵制度が施行された。徴兵制には、確実に質的バランスのとれた兵士を確保できる利点があるが、個人の意思を尊重しない強制的な制度であるので、軍全体の士気の低下を招きやすく、しかも、徴兵忌避問題を生みやすい欠点がある。

アメリカにおいて、徴兵忌避の問題は深刻であり、第1次世界大戦時には最初に徴兵令を手にした

48 Douglas Freeman, Before the House Select Committee on Post War Military Policy, 10 A. M., June 14, 1945, House Select Committee on Post War Military Policy, The Papers of George C. Marshall Selected WWII Correspondence, University Publications on America, Bethesda, Maryland. (Microfilm, Reel 26)
49 Michael Sherry, *Preparing for the Next War: American Plans for Postwar Defense*, New Haven, Conn.,1974, p15.
50 Marshall to Acting Director, November 13, 1944, SPD, pp.298-306., RG165.
51 *Congress and the Nation 1945-1964*, Congressional Quarterly Service, Washington, 1965, p.271.
52 Morris Janowitz, "Toward an All-Volunteer Military," in Head Richard ed., *American Defense Policy*, p.650.

ニューヨーク市民の100人中90人までが徴兵免除を申請し、全米で約33万人の徴兵忌避者を数えた。[53]そのため政府は防諜法（Espionage Act of 1917）と治安法（Sedition Act of 1918）を制定し、[54]徴兵の妨げになる虚偽の言説を禁止し、徴兵忌避者の取り締まりにあたらなければならなかった。第2次世界大戦時の徴兵忌避者も約35万人に及んだ。

志願制、徴兵制の利点・欠点からUMTを比較する限り、UMTがあれば軍は兵力の不足を心配する必要がなく、国民も訓練終了後に軍隊での兵役義務を負う心配もなかった。全米で毎年、約120万人の男子が18歳となり、そのうち約80万人を陸軍での訓練人員に充てられると陸軍は見積もっていた。軍は常時、少なくとも300万以上の予備兵力を確保できるはずであった。[55]

また、選抜徴兵制度はくじ引きとはいえ、必ずしも公平な制度ではなかった。例えば、1964年に国防総省が行った入隊者に関する調査では、27〜34歳の成年男子のうち、大学院教育を受けた入隊者が27%と少なかったのに対し、高校卒業だけの者は70%余りが入隊していた。これは裕福な家庭出身の者は入隊しないで済むが、貧困者ほど徴兵されることを示していた。[56]UMTならば、平等・公平な方法で質の良い兵士をまんべんなく徴募できた。UMTでは、身体的に訓練資格に適合しない者でさえ、社会奉仕や戦時産業での労働義務が課せられることになっていた。[57]

このように、UMTは兵力不足の解消と動員の即応性向上を目的に提唱されたわけであるが、志願制や徴兵制では得られない利点がいくつもあった。そして、兵器技術の向上により奇襲を受ける可能性が高まり、戦争の事前警告時間が極端に短縮された時代においては、ますます、不可欠な兵役制度として重視されるようになった。

2 反軍的文化と慢性的兵力不足の継続

1．UMTに対する社会の反応

UMTの導入を巡る議会での審議は、全米の市民を巻き込んで開始された。UMT構想がアメリカの安全保障を高めることは誰もが認めていたが、制度化を巡っては法案が提出された第1次世界大戦後から廃案に至った第2次世界大戦後にかけて、継続して強い反発があった。

海軍は、アメリカが行う通商の第一線の守りという明確な任務を自認していたことや、陸軍のように兵力不足が深刻な問題とはなっていなかったので、UMTにそれほど熱心に取り組むことはなかっ

53　ハワード・ジン（猿谷要監修）『民衆のアメリカ史（中）』TBSブリタニカ、1986年、612～613頁。
54　JCS 1949, Mar 11. 1948., CCS, RG.208; James F. Schnabel, *The History of the Joint Chiefs of Staff and the National Policy*, Vol.I, 1945-1947, Wilmington, Delaware,1979, pp.142-143.
55　James A Barber, "The Draft and Alternatives of the Draft," in S. E. Ambrose and James A Barber ed., *The Military and American Society*, The Free Press, New York, 1972, p.211.
56　Vincent, Davis "Universal Service: An Alternative to the All-Volunteer Armed Service," Stephen E. Ambrose and James A, Barber, Jr., *The Military and American Society*, MacMilan Publishing Company, 1972, p.222.
57　Principle and Assumptions to be Applied by the Army and Navy in Connection with a Program of UMT, For Statement of Secretary of War and Others before the Woodrum Committee, April, 1944.

た。そのため、陸軍と海軍の間に不和が生じてしまい、軍部としての主張を弱めることになった。

UMT構想が提出された第1次世界大戦直後においてアメリカ市民は、平和ムードと繁栄に酔いしれ、UMTや平時の兵力増強には興味を示そうとはしなかった。UMTの反対者は、全米反軍国主義連合（American Union Against Militarism：AUAM）、反戦論者、教育関係者、労働組合、農業従事者等が主流であった。

反戦論者は、UMTはアメリカ市民や社会に潜在的に危険であり、将来、戦争への参加を助長し、世界平和への協力の妨げになると批判した。[58] また、全国農民連合（National Farmers Union）は、UMTを含む一連の軍事制度の拡大に反対することを宣言し、「我々には力の準備よりも、正義の準備をする方が重要である」[59]との声明を出した。

議会は、アメリカの民主主義を破壊し、国家を軍国主義に導きかねないという理由から、UMTに猛反対した。とりわけ、議会で反対したのは、中西部、西部、南部出身のアンチ・フェデラリストの流れを汲む議員たちであった。[60]

もし、UMT法案が議会において戦間期に可決されていたならば、陸軍の構成は9個正規軍師団、18個州兵師団、27個予備師団となり、第1次世界大戦後のアメリカの軍事的要求を十分に満たすことができたはずであった。[61]

UMTに関する法案はひとまず実現されることはなかったが、これに代わって現実に制定された法律は、1920年6月の改正国防法（National Defense Act of 1920）であった。[62]

この新しい法律は、連邦軍の補充兵力となる州兵の存在を立法化した1916年の国防法（National Defense Act）を改正したものであった。陸軍が要求した数には満たなかったが、議会は正規軍を29

万８０００人まで増強することを承認した。

同時に、陸軍をプロの正規軍、州兵、予備軍と三つの構成に定め、予備軍の拡大を謳ったものでもあったが、そのために必要なＵＭＴについては何も触れていなかった。それは１９１６年の国防法において、予備軍という新たな組織が付加されたことで、これを確保するための手段として大学や高校にＲＯＴＣが設置されていたからであった。

新たな政策として陸軍省の民兵局を州兵局に改編したことで、平時においては各州の統制下にあった州兵を同局が統制できるようになった。州兵を連邦府が管轄することは、議会の承認さえあれば、大統領が正規軍よりも兵力の多い州兵を運用できることにつながった。[63]

2. 兵力増強に向けて継続された努力

改正国防法が制定され、正規軍の増強が決まったものの、国防予算が追いつかず、実際の兵力は１

58 Ekirch, *op. cit.*, p.201
59 *Ibid.*, p.200. *The Farmer's Yearbook*, New York,1919, p.149. より引用。
60 Martha Derthick, *The National Guard in Politics*, Harvard University Press, 1965, p.45.
61 Remarks on National Military Policy from the Testimony of Brigadier General John M. Palmer Before the Select Committee on Post War Military Policy, House of Representatives, April 24, 1944. RG.233, pp.5-6.
62 George Q. Flynn, "Mobilization and Demobilization of Manpower," in Jessup and Ketz ed., *Encyclopedia of the American Military*, p.1865.
63 Bernardo and Bacon, *op. cit.*, p.384.

921年には15万人に減らされ[64]、1922年には数千の余剰将校が解雇された。1922年から1926年には13万7000人に、1929年の大恐慌により1927年から1935年には11万8750人へと縮小された[65]。

国家政策の手段として戦争に訴えることを禁止したケロッグ・ブリアン条約（Kellogg-Briand Pact）が1928年に締結されてからは、さらに軍事力の削減がなされた。軍事予算も第1次世界大戦後の孤立主義への傾倒と3人の大統領による連邦予算の緊縮により、1921年には10億1917万ドル、1922年には5億3693万ドル、そして1936年までの平均が3億5000万ドルと削減されていった[66]。

実際の正規軍兵力は1812年の米英戦争以来、戦争終了ごとに戦前の約2倍に増加していた。特に平時の海軍、海兵隊の増加は急速であり、米西戦争前は4万人であった兵力がタフト政権（1909～13）のときは3倍以上にもなっていた。それでも、第1次世界大戦後の兵力の必要量からすれば、陸軍兵力はかなり少なかった[67]。

戦争の不可避性を信じていた将軍たちは、アメリカが将来、もう一度、世界戦争に巻き込まれることを懸念していた。陸軍長官のウィークス（John Weeks）は、1921～23年の年度報告で「我々の現在の戦闘力は、国家の防衛政策に要求される機能を満たすには不十分である。軍の追加削減は国家安全保障を危うくし、戦争を誘発するようなものだ」と警告している。その後、兵力不足に対する苦情は軍指導者たちにより毎年述べられており[68]、1930年の不況の時代も、陸・海軍は兵力増強のために種々の提案を精力的に行った。

1929年と1931年には兵力構成を正規軍17万9000人、州兵25万人、将校予備軍11万60

００人、ＲＯＴＣ６０００人、市民訓練兵3万７５００人とする兵力増強計画が立案されたが、[69] これに対してもアメリカの反軍的文化が影響して「平時に戦争準備をする必要があるのか」という論争に及んだ。

実際、１９３０年代の恐慌時代に陸軍が出動したのは、１９３２年のボーナス行進の制圧および災害派遣等の国内秩序維持のためのみであった。[70] ボーナス行進とは第1次世界大戦の帰還兵が、１９４５年に支給を約束されていた賞与の即時支払いを政府に求めて、首都ワシントンに押しかけ起こしたデモである。このようなことで、１９３３年時点で陸軍の保有兵力は、1万４０００人の将校と12万２０００人の兵士にすぎず、[71] その規模は世界で17位でしかなかった。[72]

---

64 From George C. Marshall to Ross A. Collins, Record of the Office of the Chief of Staff, Security-Classified General Correspondence 1920-1942, June 21, 1940, RG107.

65 *Ibid.*

66 Inouye, *op. cit.*, p.257.

67 Sherry, *op. cit.*, p.5.

68 Mark S. Watson, "The Deterioration of the Army Between Wars," in Raymond G. O' Connor, ed., *American Defense Policy in Perspective*, John Wiley & Sons, Inc., 1965, pp.216-223.

69 Allan R. Millett, "The American Military as an Instrument of Power," in Jessup and Ketz, ed., *Encyclopedia of the American Military*, p.184.

70 Watson, *op. cit.*, pp.216-223.

71 *Ibid.*, pp. 216-223.

なお、UMTに近似した意義を持つ構想や、実際に小規模ながら実現していた国民訓練もあった。第1次世界大戦前に、ウッド将軍が、大学生や一般市民に対する軍事訓練サマーキャンプを開設した。これは、ニューヨークのプラッツバーグ（Plattsburgh）に設けられたことからプラッツバーグ・モデルと呼ばれた。ここでは、軍服、旅費、食費等のすべてを参加者が自費でまかない近代戦についての教育を受けた。初年度の一般市民志願者が1200人であったのに対し、翌年は1万6000人となり、このキャンプにより、アメリカ人の戦争準備に対する意識は高まり、第1次世界大戦に参戦した軍隊の中核となる将校が生み出された。[73]

また、ニューディール時代にローズベルト（Franklin Roosevelt）大統領は、訓練と失業者救済を兼ねて「民間資源保存団（Civilian Conservation Corps）」を設立した。内容は18～25歳の独身失業者に対し技能訓練を受けさせながら森林や公園で働かせ、月30ドルの給与を与える制度であった。陸軍がキャンプを管理し、内務省と農務省が計画と人員管理の責任を負っていた。[74]

1930年代後半になり日本およびドイツが台頭する一方で、イギリスの海上支配力が低下し、アメリカ本土、西半球そして太平洋の防衛の重要性が強まった。しかしながら、アメリカ政府は戦争に巻き込まれる可能性から極力回避する政策をとっていた。

例えば、西太平洋における唯一のアメリカの基地であるフィリピンからも撤退し、10年の猶予期間の後、フィリピンに対して完全な独立を承認したり、[75]他国の紛争に巻き込まれないように1937年、議会は新中立法（Neutrality Act of 1937）を成立させたりした。[76]新中立法では交戦国への武器の禁輸と借款禁止を更新し、アメリカの商船に武装を禁じ、アメリカ市民が交戦国の船で旅行することを禁止した。

それに反してローズベルト大統領は、１９３８年の一般教書演説において軍事力増強の必要性を強調した。続いて1月末に議会において「国際情勢が緊迫化し各国が軍備強化を図るなかで、アメリカのみが軍縮をするのは国の安全を危うくする」と軍事力増強に向けて演説を行った。これは、８億８０００万ドルにのぼる海軍力拡張と航空機１万機の生産、そして陸軍に１７００万ドルの予算を与えることを勧告するものであった。[77]

１９３４年に日本がワシントン海軍軍縮条約の破棄を通告したことにより、アメリカ議会は、海軍に対して「大建艦計画（Vinson Plan）」を承認することにした。しかし、陸軍に対しては、１９３９年9月にヨーロッパで戦争が始まり、アメリカに迫る危険が明らかになってきても、国民の平和的志向が軍備増強を阻害した。[78] また、実業界は軍需生産への切り替えに危惧の念を抱く傾向が強かった。[79]

１９３９年9月8日、大統領は限定的な国家非常態勢を宣言し、陸軍の増強を要求したが、議会が承

72　Maurice Matloff, *American Military History*, Office of the Chief of Military History, United States Army, Washington D.C., 1969, p.410.
73　Weigley, *op. cit.*, p.343 ; Robert Cuff, "Samuel Gompers, Leonard Wood and Military Preparedness," *Labor History*, Volume 12, 1971, pp.280-288.
74　"History of the Civilian Conservation Corps," National Park Service.
75　E・H・カー（衛藤瀋吉・斎藤孝訳）『両大戦間における国際関係史』清水弘文堂、１９６８年、２５３頁。
76　同上、２５５頁。
77　Samuel I. Rosenman ed., *The Public Papers and Addresses of Franklin D. Roosevelt*, Vol.Ⅶ, New York: Macmillan and Co., 1941, pp.68-71.

認したのは、わずか1万7000人にすぎず、陸軍兵力の総計は19万人にとどまった[80]。

アメリカが軍事力の拡大に本格的に乗り出すのは、1940年末に大統領選挙三選を果たしたローズベルトが、アメリカが民主主義諸国の兵器廠となることを宣言してからで、これよってアメリカは徐々に軍事力の拡大へと向かった[81]。

その前年、1939年11月には中立法が改正され、アメリカ政府は、イギリスへの武器輸出を認めていた。また、1940年6月のフランス陥落に衝撃を受けたローズベルトは、航空機増産計画を打ち出し、これを機に翌年6月には陸軍航空隊（Army Air Forces：AAF）が創設された。1940年9月には、最初の平時における徴兵を認めた選抜徴兵制度の法律（Selective Training and Service Act of 1940）が制定された。この制度により州兵が連邦軍に編入され、兵力構成は正規軍50万人、州兵27万人、選抜徴兵者63万人の総計140万人に定められた[82]。

本法案を積極的に推挙していたのは、ホワイトハウスや陸軍省というよりも、むしろ、ようやく軍事力の必要性に目覚めた市民であった。当時のボルチモア・サン紙（*Baltimore Sun*）は、「徴兵制は軍を拡大する唯一の手段である」[83]と書いている。当時の選抜徴兵制度に関する世論調査では、1939年の支持者が40％であったのに対し、ドイツがフランスに侵攻した1940年には70％が支持するようになっていた[84]。

また、選抜徴兵制度が制定された当時は、アメリカの領土およびフィリピン諸島以外は、西半球の外に選抜兵を派遣することを禁止していたが、真珠湾攻撃のあった直後にすぐに塗り替えられた[85]。選抜徴兵制度の下で、1940年10月には、1641万人が登録され、1941年8月には召集兵9万人の兵役期間の延期が認められた。翌年4月には、戦時人員動員局（War Manpower Commission）が設立され、人的資源の統括的な動員管理が行われた。[86]

一方、戦争が間近に迫っている状況にありながら、軍はすでに戦争終了後のことを懸念していた。１９４１年11月12日、マーシャル将軍はパーマー将軍に、戦後構想の一環として戦後の兵力計画を作成させた。

マーシャル、パーマー両将軍には第１次世界大戦後の苦い動員解除の思い出があった。戦争の終結を予測することに失敗し、陸軍では１９１８年に兵士送還の輸送が準備されておらず、３００万の兵士の除隊が３カ月遅延した。[87]そのため、軍内部の士気の低下を招いたばかりか、戦後、軍拡大計画を議会に提出することが躊躇されたのである。これが陸軍の評判を失墜させ、軍備の強化計画に対する

78　１９３９年の10月22日のギャラップ調査（Gallup Poll）によれば、84％が同盟の戦勝を願い、２％がドイツ、14％が回答なしである。

79　長沼秀世・新川健三郎『アメリカ現代史』岩波書店、１９９１年、４５３頁。

80　"Historical Background of UMT and Preparedness in the United States," The Papers of George C. Marshall *Selected WWII Correspondence*, University Publications on America, Bethesda, Maryland.（Microfilm, Reel 16）

81　斎藤『アメリカ政治外交史教材』２１５頁。

82　Weigley, *op. cit.*, p.427.

83　*Baltimore Sun*, June 20, 1940.

84　Sherry, *op. cit.*, p.58.

85　エドワード・S・コーウィン、京都大学憲法研究会編『アメリカ合衆国憲法』有信堂、１９６０年、73頁。

86　斎藤『アメリカ政治外交史教材』２１７頁。

政治家の懐疑心をさらに深めたのであった。第1次世界大戦後の失敗を繰り返さないためにも、軍部にとっては戦中からいかに巧みに動員解除を実施するかが、戦後の兵力増強計画と並んで切実な課題となっていたのである。[88]

日本軍の真珠湾への奇襲は、それまでアメリカの地理的優位性を確信し、小規模な正規軍と動員戦略に依存していたアメリカの安全保障体制に警鐘を鳴らした。真珠湾奇襲時、アメリカの陸軍兵力は選抜徴兵制度により164万3500人に増強されていたが、部隊の多くは訓練が不十分であった。陸軍の保有する兵器は、1930年代後半から半自動小銃、105ミリ榴弾砲、機動力のある軽・中戦車等の導入が図られてはいたが、第1次世界大戦の残余品が多く、全般的には枢軸国に比較して近代装備に欠けていた。[89]

海軍が、日本を仮想敵として空母を主体とした艦隊と航続距離の長い潜水艦を装備化していたのに対し、陸軍は、人員の動員体制と同じく兵器開発においても後れをとっていた。[90] しかし、枢軸国の奇襲や電撃作戦を受けたことで、アメリカは兵力不足や軍事技術の遅れについて認識し、戦後の軍事政策に反映させる決意を新たにした。

このため、軍指導部は、戦時中にありながら軍事態勢全般に関する戦後構想を立案しておく必要があった。この任務を担当したのが、1943年7月に陸軍省内に発足した特別計画部（Special Planning Division：SPD）であった。[91] SPDは、戦後にアメリカが直面する脅威とは何か、将来の戦争で他国のとる戦略や使用される兵器とはいかなるものか、そして、これらに対処するために陸軍はいかなる軍事戦略を策定すべきかを決定しなくてはならなかった。

SPDの作成した計画は①戦時の軍事力（対日戦に備えヨーロッパから太平洋への兵力転用と動員

解除）に関する計画、②暫定的占領部隊（枢軸国の占領と平和の維持にあたる部隊）に関する計画、③恒久的部隊の創設に関する計画の三つから構成されていた。

内容的には大きく動員解除と戦後計画に焦点を当てたもので、そのうち、戦後計画はＵＭＴの導入と軍事技術の調査・開発に重点を置いていた[92]。この時点で陸軍は、戦後の陸軍兵力として１５０万人の正規軍とＵＭＴによる４５０万人の予備軍を議会に対し要求していたが[93]、陸軍が検討課題の中心にしていたのは正規軍の増強ではなく、ワシントンの時代から幾度か提唱されてきた予備制度の導入であり、平時における大規模な予備軍の確保を実現させ、有事に備えることを目標にしていた。

---

87 "Survey of Demobilization Planning," Formerly Top Secret Correspondence of Secretary of War Stimson（"Safe File"）July 1940- Sep. 1945, RG107.

88 "Statement of Brigadier General William F. Tompkins," Report of Proceedings Hearing Held Before Select Committee Post-War Military Policy, April 24, 1944.

89 岩島『アメリカ国防・軍事政策史』71頁。

90 Cohen, *op. cit.*, p.442.

91 Memorandum for the Director, Special Planning Division: Organization and Functions, Special Planning Division, RG165; Jim Dan Hill, *Man in Peace and War*, The Stackpole Company, pp.492-497.

92 Report on the Status Demobilization and Postwar Planning 30 June, 1944, The Special Planning Division, WDSS（War Department Special Staff), RG165.

93 Memorandum from Director, SPD, WDSS, 14 July 1943, RG165. and OPD, WDGS, RG165. １５０万人の内訳を50万の地上軍と１００万の航空隊要員としている。

3. 戦時中のUMT論争

兵力不足はアメリカにおいて深刻な問題であった。それを解決し得なかったことで陸軍は1941年に215個師団の動員を見込んでおきながら、結果として動員できたのは、わずか90個師団でしかなかった。また、1944年のアルデンヌでの戦いにおいては予備兵力が底をついたことで、陸軍は歩兵の採用基準を大幅に下げ兵士を徴用しなくてはならなかった。これにより陸軍の戦力は大きく低下し、作戦にも影響を及ぼした。

慢性的な兵力不足を解消できるUMT構想の実現に向けて、戦時中も議会で審議が継続された。1944年3月28日に設置（下院決議465号）された下院議員ウッドラム（Clifton Woodrum）を委員長とする「下院戦後軍事政策選抜委員会（House Select Committee on Post-War Military Policy）」、別名「ウッドラム委員会（Woodrum Committee）」において、戦後の軍の任務や基地の配置、軍種間における指揮の統一のあり方等、他の軍事問題とともに1945年6月まで多くの公聴会を通し審議された[94]。

その過程において陸軍は、戦後の軍事力計画を並行して作成した。しかしながら、戦局の見えない戦争中の計画作成は、将来の平時がどのようなもので、どれだけの兵力が必要とされるのかまったく見当がつかず困難を極めた。もともと戦後兵力を決定するには時期尚早であったことに加え、計画の基盤となる外交上、戦略上の確固たる上層部の指針がなかったことは、計画作成を一層困難にした。このように戦時の長期予測が浮動状況下にあったことなどから、SPDの調査や計画は仮説に基づいた大胆なものにならざるを得なかった。

最も重要な戦後の陸軍計画および政策の基本的構想（規模・構想・任務）は、終戦の段階においても完成にはほど遠かった。戦時中の軍の主任務はあくまで作戦遂行であり、軍部内においてＳＰＤには権力も地位もなく、作戦部門に比較し評価されなかった。[95]そのため、戦後計画がいかに重要であっても、多くの将校は昇進の早い作戦部門を希望し、１９４４年4月のＳＰＤ要員は、わずか20名でしかなかった。ＳＰＤは戦後のための計画立案者というより、コーディネーターにすぎなかったのである。[96]

しかしながら、ＵＭＴの支持者は多かった。力強いロビーの支援もあり、ＵＭＴの実現には楽観的期待も寄せられていた。１９４４年9月12日付のニューヨーク・タイムズ紙（*New York Times*）には、「キャピトル・ヒル（Capitol Hill）には、すでにＵＭＴの敵なし」と記載されている。ヨーロッパ戦線における枢軸国の劣勢が見え始めた１９４４年11月、ＳＰＤは、戦後兵力構成の見直しを行ったが、結果としてできた計画では、陸軍兵力を１９４３年と同じ地上兵力50万人、航空兵力１００万の総計１５０万人とし、ＵＭＴの導入による３００万人の予備兵力の保有を含んでいた。[97]

94　ウッドラム本人または委員会の記事は、*The Roanoke World-News*, March 19,1944.; *Washington Post*, March 31, 1944; *Newsweek*, April 3, 1944; *St. Louis Globe-Democracy*, April 21,1944 等で取り上げられている。ウッドラム委員会の議題は、①兵力の獲得およびその訓練、②陸・海軍の予備の組織、地位、配分、③指揮の統一についての研究、④装備、補給、物資の維持、⑤戦後の軍の任務等であった。

95　１９４４年4月になっても20名の将校のままであった。

96　Sherry, *op. cit.*, p.12.

ウッドラム委員会では、UMTの是非を巡って政府の役人、軍部、一般市民等、様々な関係者が公聴会において発言した。なかでもグルー（Joseph Grew）国務次官は、UMTが外交政策に及ぼす影響度の高さを主張し[98]、熱狂的にその必要性を支持した。

パーマーとワズワース下院議員は、終戦になった段階でUMTが制定されていないことを憂慮し、1942年からUMTの実現に向け政治運動を開始していた。彼らはUMTが軍国主義につながると誤解されるのを恐れ、軍事的要求からの説得は努めて避けていた。17歳から20歳までの青年を年間120万人訓練することは、アメリカ社会・青年を健全にするとして社会的立場から国民を説得しようとした[99]。

また、軍指導者たちは、新聞・雑誌記事、ラジオ放送等を利用しUMTを宣伝するとともに、UMTの反対者と頻繁に私的会合を持つことにより説得を図った。

マーシャルは1944年8月の段階で大規模な正規軍保有を諦め、UMTにすべてを託していた[100]。ところが、UMTの大攻勢は、アルデンヌやバルジでの苦戦とともに、すぐに頓挫した[101]。この頃の議会では、UMT法案の審議よりも、すべての復員者の雇用保障を定めた国家兵役法（National Service Law）の見直しなど、戦禍の影響を受けた他の議題が中心となり、UMTに関する公聴会は延期されたままであった[102]。

1945年1月、ローズベルト大統領は一般教書演説において将来の平和維持のためにはUMTの導入が不可欠であることを述べ、UMTの実現を急いだ[103]。同年春、ローズベルト大統領の死によって、UMTの制定が遅れることを懸念した軍指導者たちは、新大統領トルーマンにUMTについて躍起になって説明し、大統領をUMT陣営に取り込もうとした[104]。

また、議会において国連の話題が中心となりUMTの決定がさらに遅れることを恐れた軍は国務省の協力を得て、UMTが将来、国連活動の一環として平和維持の任務を担うことを強調しようとしたが、UMTについての公聴会での反応はなかった。[105] 戦後に国民の軍事に対する関心が減衰すると予測

---

97 Marshall to Acting Director, SPD, November 13, 1944, SPD, RG165.
98 *The Washington Post*, June 5,1945.
99 Memorandum for the Director, Special Planning Division: Organization and Functions Special Planning Division, War Department, RG165.
100 Huntington, *The Soldier and the State*, p.376.
101 Cohen, "The strategy of innocence? The United States, 1920-1945," p.450.
当時、米陸軍兵力は完全に欠乏していた。特に歩兵は不足が著しく、採用基準を下げ徴兵したため、兵士の質の低下を招いた。Robert R. Palmer, "The Procurement of Enlisted Personnel: The Problem of Quality," in Robert R. Palmer, Bell I. Wiley and William R. Keast, *The Procurement and Training of Ground Combat Troops*, Washington,1949, p.3.
102 Formally Top Secret Correspondence of Secretary of War Stimson（"Safe File"）July 1940-Sept. 1945, RG107.
103 Franklin D. Roosevelt, "State of the Union Address," Jan. 6, 1945; Rosenman, *op. cit.*, Vol.13, pp.483-519; *Congress and the Nation 1945-1964*, p.241.
104 Merrill Dennis, *Documentary History of the Truman Presidency*, Volume 4, University Publications of America an Imprint of CIS, 1996, pp.254-259.
105 Hearing Before the Woodrum Committee, House Select Committee on Universal Military Training,78th Congress,2nd sess., Washington, D.C.: U.S.GPO, 1945, p.294.

図表2-1　UMTに関する世論調査

（対象人員等不明、単位：％）

		UMT 賛成	UMT 反対	回答なし
市民	1943年10月	63	29	8
	1944年7月	69	21	10
軍部	兵　士	69	24	7
	将　校	82	13	5
全米高校校長（比率）		3	対	2

出典：Remarks on Universal Military Training Made by Major General William F. Tompkins Before the National Defense Committee of the American Legion on 18 September in Chicago, 1944.

していた軍は、終戦前にどうしてもUMT法案を通過させたかったが、国民の心を捉えていなかった。[106]

軍部、アメリカ在郷軍人会（American Legion）、商工会議所（Chamber of Commerce）等がUMTの早期立法化を訴えた。それに対しアメリカ労働総同盟（American Federation of Labor：AFL）、産別会議（Congress of Industrial Organization：CIO）[107]、農業、教育、宗教等の団体が、UMTは世界平和の脅威になると標榜し抵抗した。ウッドラム委員会では、他の議題であった軍の統一問題で軍内部および議会にコンセンサスが得られていなかったことなどにより、UMTに対しても統一された強い支持が得られなかった。

このような状況下でウッドラム委員会は、1945年の第78回議会第2会期および第79回議会第1会期において審議内容について報告した。報告資料だけでも約9立方メートルと膨大な量におよび、本審議がいかに熱心に行われたかがうかがえた。最終的には、メイ（Andrew May）下院議員およびガーニー（Chan Gurney）上院議員が、18歳以上の青年に1年間の訓練と年間の予備役義務を課すことを定めた法案（May-Gurney Bill）を提示し、ウッドラム委員会のメンバー22名の内16名がUMTを支持し署名した。このことは、かえって反対派の勢いを助長することになり、ウッドラム委員会は明確な結論を出すことなく閉幕した。[108] トルーマン大統領は、1945年9月から翌年1月までに議会においてUMTの実現を3回にわたり勧告したが、議会は受け入れなかった。

このように戦時中は、UMTへの高い支持が得られた（図表2－1）一方で、実現に向けての審議は進展しなかった。そして、この遅れに追い打ちをかけたのが「平常への復帰」ムードに押され予想以上に急速かつ徹底して行われた戦後の動員解除であった。

4. 戦後の動員解除

第2次世界大戦中から戦後初期に提唱されたUMT構想には、その時代的背景からそれまでのUMT構想とは異なる意義があり、その制度化を巡り、従来にも増して最も盛んな議論が全米で行われた。陸軍は第1次世界大戦後における動員解除に配慮が足りず、兵員の復員が遅れたことを反省し、早期から動員解除計画を立案した。1943～44年には特別調査チームを世界中に派遣し、世論調査を通し効率的な復員方法を研究した。また、1943年10月、ローズベルト大統領は、復員軍人の市民生活への復帰を容易にすべき法律の必要性を議会に対し提案し、議会は敏速にこれに応えた。11月の議会では給料を除隊日に支払う法律を通過させ、1944年6月には市民生活へ復帰する復

106 *Quarryville Sun*, June 5,1945; Memorandum for the Chief of Staff Testimony before the House of Representatives Select Committee on Post War Military Policy, June 12, 1945, RG233.
107 1955年にAFLとCIOは合併した。
108 *Congress and the Nation 1945-1964*, p.241.

図表2-2　1945年の動員解除数

（人）

	見積り	実　際
9月	45万	54万9,000
10月	55万	124万2,000
11月	75万	134万4,000
12月	75万	116万8,000

出典：Jack. S. Ballard, *The Shock of Peace, Military and Economic Demobilization after World WarII*, University Press of America, 1983, p.92.

員軍人の援助を「兵卒権利条例（G.I. Bill of Right）」に定めた。復員および再雇用を計画し、計画に含まれる様々な機関を調整するため、再雇用・再訓練管理官（Administrator of Reemployment & Retraining）が戦時人員動員局内に設けられた他に、２７００以上の復員軍人斡旋所が設立された。

戦時人員動員局は、動員解除に主要な役割を果たす二つの機関、復員局（Veterans Administration）と合衆国雇用局（United States Employment Service）を強力なものにしようとした。ブラッドレー（Omar Bradley）将軍は、１９４５年８月15日に復員軍人管理官に任命され、この機関の計画と職員の拡張をなすとともに大々的な再編成を開始した。[109]

ヨーロッパでの勝利が近づきつつあった１９４４年９月６日、陸軍省は動員解除計画を公表していた。これにより軍需産業に採用された２８００万人の男女および軍の１２００万人の将兵のうち、１１００万人までが短期間に復員または解雇されることになった。[110] 復員についてはポイント制が採用された。兵役・海外任務期間、戦闘経験、子供があることなどをポイント化し、復員には85ポイントが必要とされた。[111] 海軍も１９４４年11月には動員解除部（Demobilization Division）を設置して、ポイント制を採用した復員計画を立案した。[112]

軍の動員解除は戦時生産がピークに近い１９４４年冬からゆっくりと

始まり、ＶＥ Ｄａｙ（ヨーロッパ戦勝記念日）の１９４５年5月8日以降促進された[113]。それでも、動員解除の進展が遅いとして兵士、水兵、家族、両親等の抗議の手紙が議会に対し１週間に8万通も殺到した。ミネソタ州セント・ポールには"Bring Back Daddy Club"ができ、"Bring the boys home"の圧力は、世界の歴史上最も急速な動員解除を生んだ[114]。ＶＪ Ｄａｙ（対日戦勝記念日）の前から陸軍は必要ポイントを85から80に下げたが、マッカーサーはベテランの戦闘員を一挙に喪失するとして反対した。しかし、１９４５年9月には、予定通り80ポイント制になり復員が促進され、９月末には55万人近くが動員解除された[115]（図表２－２）。

予想以上に動員解除が進む一方で、戦後の軍事力の規模をどの程度にするか十分な議論がなされて

109　米国予算局戦争記録課・戦時行政記録委員会監修『米国の戦時行政（第六巻）』国立国会図書館、１９５２年、19～26頁。

110　James A. Huston, "Industrial Mobilization and Demobilization," in Jessup and Ketz ed., *Encyclopedia of the American Military*, pp.1911-1912.

111　*War Department Press Release*, May 5, 1945.
子供１人12点、戦闘１回５点、海外勤務１カ月で1点とされていた。John Sparrow, *History of Personnel Demobilization in the United States Army*,DA,1952, pp.302-310 も参考になる。

112　海軍の場合は戦闘経験ではなく勤務年数がポイントとなった。海兵隊は陸軍のポイント制度を採用。

113　*The Army Navy Journal*, May 12, 1945. 1年間に１３０万人を解除すると陸軍省が発表。

114　J. S. Ballard, *The Shock of Peace, Military and Economic Demobilization after World War II*, University Press of America, 1983, p.88.

いなかったため、解除した人員の補充をどれだけ採用すればよいのか軍部は確信を持てなかった。また、復員は部隊レベルではなく個人単位で行われたため、特殊技能者が復員したことで、部隊としての機能の維持が困難になるケースが多くなってきた。人員で10％の削減は部隊能力の50％削減に匹敵し、全般として部隊能力は50〜75％低下した[116]。

ポイント制度は、漸次緩和されつつも残されていたが、人員の削減速度はさらに速まり、部隊への影響はさらに強まった。しばしば重要な占領任務の補充要員不足が生じ、装備の維持が不可能になり、規律の弛緩も生じた。補充された兵士は訓練不足であり、陸軍、ＡＡＦともに軍隊としての機能が低下していた。

このような状況で、陸軍の戦後のための兵力整備は事実上、実行し得ない状態になりつつあった。占領軍を含め戦後に必要な兵力は、大まかに80万人と計算されていたので、陸軍は志願兵を募るキャンペーンを実施し、この方法で30万人は募集できると予想していた。しかし、残りの50万人は徴兵に頼らざるを得ない状況になっていた。

予想以上の動員解除によって、陸軍兵力はＶＪ Ｄａｙには８０２万人であったが、１９４６年の１月には、約半数の４２２万８９３６人に、７月には１８８万９６９０人となった。ＡＡＦはＶＪ Ｄａｙに２１８個飛行隊を保有していたが、１９４６年の１月には、１０９個飛行隊となった。海軍兵力はＶＪ Ｄａｙで３４０万人だったが、１９４６年３月には半分の１６０万になり、多くの艦船はスクラップになるか同盟国に移管された。１９４５年から１９４７年には空母は28から14隻、戦艦は23から4隻、巡洋艦は73から32隻、駆逐艦は７３７から１６２隻、潜水艦は２３４から80隻へ削減された[117]。

総じて１９４５年時点での米軍の総兵力１２００万人は、１９４８年までに12％の１４４万６００

0人に、陸軍に限れば7％の55万人に落ち込んでおり、この状況は復員ではなく解体に匹敵し、どの程度の規模で安定し、どこまで回復し得るのか誰も確信できなかった[118]。

このようにアメリカ国内の圧力による急速な動員解除は、新たな軍の建設および外交政策の阻害要因として作用し、米軍の兵力基盤を揺るがすものとなった。しかし、アメリカ市民の動員解除要求を無視するわけにはいかず、ましてや第2次世界大戦に参戦した市民を新たに始まった冷戦のために再び徴兵することはできなかった。

115　*Ibid.*, pp.95-97.
海外の米兵は1945年6月で520万人、1946年6月で80万人であった。1946年1月6～7日、8000人から1万人の兵士がマニラでデモ行進、1月9日、ホノルルで2万人、1月13日、パリで500人が集会。ベルリン、横浜、リンツ、ロンドン、ワシントンでも起きた。

116　1944年2月の段階で、日本降伏から米軍が平時態勢に復帰できるには3年を必要とするであろうと考えられていた。Memorandum to Director, SPD, WDSS, from OPD., WDGS, February 12, 1944, RG165.
(Sparrow, *History of Personnel Demobilization in the United States Army*, DA,1952, p.20-210. 参照)

117　Richard S. Kirkendall, *The Harry S. Truman Encyclopedia*, G.K. Hall & Co. Boston,1950, pp.89-90.

118　米ソともに大規模な動員解除をしたが、1946年にソ連が75％の解除率のとき、アメリカは87％であった。より重要なのは、アメリカが海外における占領軍を削除し弱体化させている間、ソ連は中・東ヨーロッパからソ連へ急速には兵員を戻さなかった。この政策が東ヨーロッパ、北朝鮮を手中に収めさせた。

3　軍事戦略的要求と戦後のＵＭＴ構想

1. 軍事戦略的背景

陸軍がＵＭＴを支持しなければならないもう一つの重要な要因は、その背景となった軍事戦略にあった。陸軍が財政面や徴募手段の利点からＵＭＴを強く支持したとしても、そこに安全保障と結びつけられた何らかの戦略的理論が根底になければ、議会や国民を説得することはできなかった。

第２次世界大戦の最中から軍部が計画していた戦後のための軍事行動計画は、１９４３年の「戦後陸軍の概要（Outline of the Post-War Army）」および１９４４年の「戦後軍事制度の概要（Outline of the Post-War Military Establishment）」に根拠があり[119]、そこにおいて戦後の軍の役割が示された。

その役割とは、①アメリカが負う国際的義務の支援、②制海・制空権確立のための戦略基地の保有、③有事に際しての迅速かつ完璧な動員であった。同時に、軍の構成を恒久的な正規軍（permanent establishment）、ＵＭＴによる予備役（one-year trainees）、現役予備（active reserve）および非現役予備（inactive reserve）、州兵（National Guard）に規定し、市民兵を中核とした小規模な正規軍の保有を謳っていた[120]。

戦後間もない１９４５年９月には、ＪＣＳ１５２０（統合参謀本部の文書）「合衆国陸軍の平時配置についての暫定計画」が出され[121]、ここに戦後におけるアメリカの「国策」と「軍事行動」が列挙された。「国策」には、①広範な諜報機構の整備、②強力な科学技術体制の維持、③新兵器の材料となる資源の確保・管理、④UMTの法制化により、有事には450万人規模まで兵力を拡大し得る訓練体制を整備することとあった。

「軍事行動」には、①西半球内において国際的平和に脅威を与える国家への反撃、あるいは制裁行動、②フィリピンの安全を確保するための行動、③国連の原則に則り、国際平和に脅威を与える国家に対する制裁行動、④大国との間に抗争が起こり国連による解決が困難な場合に、その大国と戦うための軍事行動とあり、軍事力とその配備を計画にしたものであった。[122]

JCS1520には、陸・海軍を合わせた150万人の正規軍と、これにUMTを加えた大規模な兵力要求も含まれていた。同時に出されたSWNCC282（国務―陸軍―海軍調整委員会の文書）には、米軍の存在理由を「国策」の実現を支援する手段と位置づけ、平時における軍事力の拡大を謳っていた。[123]

119 John, M. Palmer, "Outline of a Post-War Military Establishment," June 29,1943.（Monthly Progress Report on Demobilization Planning, March, 1944, SPD, pp.1-10.）
120 "Principles and Assumptions to be Applied by the Army and Navy in Connection with a Program of UMT," Special Planning Division War Department Special Staff, Monthly Progress Report on Demobilization Planning, March, 1944, Tab b., RG165.
121 JCS1520, Sep.19,1945, CCS, RG208.
122 紀平英作『パクス・アメリカーナへの道』山川出版社、1996年、160頁。
123 SWNCC282, "Basis for the Formulation of a U.S. Military Policy," September 19,1945,（Etzold and Gaddis eds., *op. cit.*, pp.39-44.）

問題は、ここにおいて列挙された「軍事行動」をUMTによる予備役を主体に構成された軍が遂行できるかにあった。これに対する陸軍の主張は、「将来戦は第2次世界大戦型の全面戦争であり、その様相は長期消耗戦になるであろう。動員の即応性と平時から十分に訓練がなされた兵士を確保しておくことが不可欠になる」ということであった。以前と比較し、アメリカに対する脅威のスピードが増していることから、時間をかけて兵士を訓練し兵力を準備することは不可能な状況となっていた。そこでUMTによる訓練が行き届いた予備兵力を平時から確保し、有事には急速動員できる手段を持つことが必要とされた。[124]

動員のスピード・アップと膨大な予備兵力の確保は戦闘への加入を迅速にし、継続的戦闘を可能にするのみでなく、アメリカがそのような能力を保有することを侵略国が認識することで侵略を躊躇させる抑止力にもなり得ると陸軍は期待していた。正規軍の存在だけが抑止力となるのではなく、大規模な予備軍の編成能力を保有することが将来の敵の攻撃を抑止することを、パーマーは次のように主張している。

「UMTを本土防衛の手段として正当化できるが、敵の攻撃を駆逐するだけでは本土の破壊は免れない。本土での防衛は馬鹿げており、国境の数千マイル先で敵の攻撃を防ぐ必要性がある。そのため、侵略者を攻撃前に抑止し破壊する能力まで高めなくてはならない。UMTがあれば、第2次世界大戦は防げたのだ。UMTは敵の攻撃意思を挫く強力な影響力を持っている」[125]

そして、抑止が破れて敵の攻撃を受けるような場合になっても、敵が戦略目標を奪取する前にUMTにより召集した戦力により、これを迎え撃ち、敵を撃破すればよかった。UMTの導入を審議する議会の公聴会では、「アメリカは2回の大戦で戦争準備をしていないことで惨めさを味わった。敵国の攻撃に対処するためにＵＭＴは必要だ」[126]「将来の戦争は技術力が発展し、第１次・第２次世界大戦のように甘くはない。アメリカに対する奇襲は可能であるし、両大戦ではアメリカが戦争準備をする間、同盟国が戦ってくれたが、次回からはＵＭＴがなければ、大戦中のワルシャワ、ベルリン、東京のようになる。すぐに航空攻撃を受けるであろう」[127]といった意見がＵＭＴ支持者から出された。

新しい陸軍力には防御能力のみでなく、迅速な攻撃能力を保有することも期待された。これは戦後、陸軍が世界的規模での活躍を期待されていたことと、将来、ソ連へ侵攻しなければならない事態を想定していたからであった。[128]また、陸軍は、ＵＭＴを国際協力の象徴的な制度にしようとも考えていた。ＵＭＴはアメリカが孤立主義に戻ることを防ぎ、世界の平和愛好国に安心感を与えるべきもので、兵

124 Weigley, *op. cit.*, p.369.
125 John Palmer, *op. cit.*, pp.1-10.
126 Hearing, Post War Military Policy, Woodrum Committee, April 1944: Tab A, Principles and Assumptions to be Applied by the Army and Navy in Connection with a Program of UMT, p.526.
127 Memorandum, "The National Defense," Chairman of the General Board to the Secretary of the Navy, June 7,1940, General Board No.42, Serial 1963, General Board-Secretary of the Navy Files, Naval History Division; Committee Against Jimcrow in Military Service and Training from A. Philip Randolph to Mr. Harry S. Truman, December 28,1947; Denfeld to Forrestal, January 17, 1945, Sec. of Navy; Woodrum Committee Hearing, UMT, p.529; National Security Program: Universal Military Training, Washington D.C., War Department, 1947, p.1.
128 Handy to Marshall, October 28, 1943, The Papers of George C. Marshall Selected WWII Correspondence, University Publications on America, Bethesda, Maryland.（Microfilm Reel 6）

力増強の手段のみならず、アメリカの外交解決能力を向上させる手段ともなり得ると考えられていた。

このようにUMTの根底となった戦略理論は、従来型の総力戦を前提に多角的に考えられていた。しかしながら、動員を主体とした軍事制度の範疇から抜け出たものではなく、どの理論をとっても議会や国民を説得するだけの斬新かつ決定的な説得力を持っていたわけではなかった。陸軍にとっては、兵力の確保と財政的配慮が第一優先で、戦略と安全保障は第二義的考慮事項にすぎなかった。そして、この戦略理論の軽視が、後にUMT構想が廃案になる原因の一つになったのである。

2. 戦後初期のUMT論争

戦時中から行われた急速かつ膨大な動員解除は、戦後、軍の規模を予想以上に縮小し、さらには制約された軍事予算のなかで大規模な正規軍を望むことは、とてもできそうになかった。このような条件下でUMTの価値は、戦後、ますます高められたように思えた。

当時、ソ連の残存兵力と動員能力を過大に見積もっていたアメリカは、[129] 共産主義およびソ連の軍事力という未曽有の脅威を目のあたりにしていた。UMTは、これらの脅威に対抗するために必要な手段であり、単に正規軍不足を補うための消極的な妥協策として提唱されたわけではなかった。しかしながら、予想に反してソ連の脅威の高まりとともに、正規軍の増強が優先されるようになり、UMTの必要性が次第に薄れていったのである。

終戦が間近になるにつれ、UMTの導入は動員解除とともに陸軍の大きな課題となった。陸軍は終戦の段階で、その後の兵力として77万8548人の現役兵とUMTを、[130] AAFは70個飛行隊と95万8548人の現役兵を要求した。[131] 海軍は5万人の将校と50万人の兵員、11万人の海兵隊員を要求した。

しかし、予想以上の復員の影響もあり、これだけの兵力を志願者だけで集めるのは財政的にも非現実的であり、UMTを導入するしか実現の道はないと思われた。[132]

トルーマン大統領は、UMTを導入するためにマサチューセッツ工科大学学長コンプトン（Karl Compton）博士をUMT研究委員会の長に指名し、兵力についての調査を命じた。これに応えたコンプトン博士は正規軍を削減し、大規模かつ訓練度の高い急速動員ができる予備兵力を保有することの必要性を説いた。[133] このコンプトン博士の報告によりトルーマン大統領は議会に、UMT法案の審議を

129　Phillip A. Karber and Jerald A. Combs, "The United States, NATO, and the Soviet Threat to Western Europe: Military Estimates and Policy Options,1945-1963," *Diplomatic History*, Volume 22, Number 3, Summer, Blackwell Publishers, Boston, Massachusetts & Oxford, UK, 1998.

130　この頃のUMT構想は18歳以上の青年に対し1年間の訓練を課し、半年予備役に登録されるMay-Gurney Billを採用していた。*Congress and the Nation* 1945-1964, p.243.

131　Statement of Hon. W. Stuart Symington, Secretary of Air Force, pp.380-390, Hearing Before the Senate Committee on Armed Services, Universal Military Training, 80th Congress,2nd sess., 1948, U.S. Government Printing Office, Washington, D.C.

132　"Interim Plan," JCS 1520, November 2,1943, OPD, RG.165; Statement of Dr. Karl T. Compton, Chairman, The President's Advisory Committee on Universal Military Training, House Armed Service Committee,1947, Congress of House of Representatives, 1947, pp.4173-4194.

133　Statement of Dr. Karl T. Compton, President of the Massachusetts Institute of Technology and Chairman, President Advisory Committee, pp.61-62, Universal Military Training, Hearing Before the Committee on Armed Services, United States Senate 80th Congress 2nd sess., 1948.

勧告した。[134]

「私は、閣僚に新しい軍事政策をつくるときが来たと言った。もし、アメリカが引き続き列強のなかで主導権を握ろうとするならば、われわれは軍事において永久に強くなくてはならないと語った。……そして、10月22日、私は議会に私の計画（国民全員の軍事訓練）の必要なことを勧告した。それは、アメリカが次の三要素を持つ戦後の軍事組織をつくり出すよう勧告したものである。

1　比較的小さな陸軍、海軍、海兵隊

2　強化された州兵と陸軍、海軍、海兵隊のために組織した予備部隊

3　軍事訓練を受けたすべてのアメリカ市民（男子）からなる一般予備部隊

この計画は完全に民主的なものであり、選抜徴兵制に代わるものとして意図されたものではない」[135]

1945年9月19日に、戦後の国策と軍事行動の目標について定めたJCS1520「合衆国陸軍の平時配置についての暫定計画」が統合参謀長会議から出され、軍においてもUMT実現に向けての指針が明確に謳われた。議会でのUMTに対する態度は相変わらず冷ややかであったが、UMTに関する審議が下火になるごとに、UMTを支持する上・下院議員から年齢や訓練期間に変更を加えた新たなUMT構想案が議会に提出された。[136]

ところが、1946年2月21日、第79回議会において上院軍事委員会議長のメイ議員がUMTに関する公聴会の終了を宣言したことで、議会におけるUMTの審議は、事実上消滅した。これに対し陸

軍省は、UMTの実現を強く支持するアメリカ在郷軍人会等の支援団体に後押しされ、UMTの内容を見直し訓練期間と予備役の義務期間を半年に短縮した修正案を、同年の第80回議会に再提出した。

軍部は、UMT実現の信念を貫くため猛烈な宣伝活動を繰り広げた。1947年から翌年には、ケンタッキー州フォート・ノックス（Fort Knox）にUMTを試すための小規模な体験部隊を設置した。[137] 陸軍省の宣伝は、UMTに反対する者はすべて共産主義者だと決めつけたものであり、度を越えていた。1948年のUMT運動の場合、陸軍は支持団体として370に及ぶ全国的組織を列挙していた。

これらの軍の行き過ぎた行動を見かねて、ハーネス（Forrest Harness）下院議員を委員長とする委員会は、軍が宣伝目的のために、政府資金を必要以上に流用していると糾弾し、宣伝活動をやめさせようともした。[138]

軍の勢いに押されてか1947年夏から翌年にかけ、議会においてUMTに関する公聴会が再開さ

134　*New York Times*, September 7, 1945.

135　ハリー・S・トルーマン（加瀬俊一監修）『トルーマン回顧録1』恒文社、1966年、263～284頁。

136　Views Pro and Con on Extending Period of Training and Service to 27 Month and Induction of 18-years-olds, Hearing Before the Senate Committee on Armed Services, Universal Military Training, 82th Congress,1st sess., 1947-, U.S. Government Printing Office, Washington, D.C.
1945年上院議員ノーランド（William Knowland）は21歳で正規軍に1年勤務、その後、10年間予備、同じくカーヴィル（Edward Carville）とジョンソン（Edwin Johnson）は18～26歳で1年間訓練、毎年3カ月の訓練、下院議員ブルックス（Overton Broocks）は18歳で4カ月の訓練、3年予備等の修正案を提出した。

137　Flynn, *op. cit.*, p.1883.

れたが、翌年6月に選抜徴兵制度が復活すると、UMTが議会の議題として取り上げられることはなくなった。またしてもUMT構想は水泡に帰すことになった。

1947年3月31日、議会は1940年以来有効であった選抜徴兵法の終了を許可した。選抜徴兵制度が1947年7月に廃止になった理由は、航空機（空爆）や原爆の効果が絶大になった以上、大量の兵士を集めるのは時代錯誤であると判断されたことと、UMT構想がまだ存在していたので、これを実現させることで兵力を補えると一部の議員が思っていたからであった。[139]

この時点で陸軍も徴兵制の廃止には賛成していた。なぜなら、陸軍長官のパターソン（Robert Patterson）は、志願者のみで十分な正規軍を集められると予想していたからであった。陸軍は正規軍をやる気のない徴兵者の集団より、やる気のあるプロ集団にしたかったのである。しかしながら、予想に反し志願者を思うように募ることができず、80万人の所要に対し、志願者は30万にすぎなかった。

この失敗は、トルーマンや議会が再び徴兵制を復活させるための説得材料にはならなかったが、1948年2月、チェコでの共産主義者のクーデターおよびベルリン封鎖が徴兵制を復活させる契機となった。[140]また、1948年6月のヴァンデンバーグ決議により、アメリカは伝統的孤立主義外交に別れを告げ、西ヨーロッパの防衛義務を条約で負うことになり、米軍をヨーロッパに駐留させる必要も出てきた。

陸軍の状況を調査したブラッドレー将軍は、人員確保のため唯一の方法として、選抜徴兵制度の再開を求めるよう上層部に提案した。そして、UMTは必要な人員数を短期間に供給できない長期計画であるため、選抜徴兵制度とは区分して審議することを示唆した。

ブラッドレー将軍の文書は、統合参謀長会議および国務長官が軍の役割および任務を検討していたキー・ウエスト会議で取り上げられ、選抜徴兵制度再開の必要性は直ちに合意された。第80回議会は、選抜徴兵制度を再法案化し、[141] １９４８年６月19日にトルーマン大統領はこれに署名した。

　この選抜徴兵制度は、徴兵を制度として残すことで志願者数を一定の水準に維持することを目的と

---

138 Investigation of War Department Publicity Propaganda in Relation to Universal Military Training, Hearing Before the Subcommittee on Publicity and Propaganda of the Committee on Expenditures in the Executive Departments House of Representatives 80th Congress 1st sess., 1947, 1948.

139 Report of the Secretary of War Respecting Certain Aspect of the Present's Legislative Program, Oct.5, 1945, RG107.

140 大島良行『忘れられたアメリカ史』丸善出版、１９９９年、２１８〜２１９頁。
アメリカの徴兵制度の変遷
○１９１７年５月18日　選抜徴兵法　２４００万人の男子が登録され３００万人が入隊
○１９４０年９月14日　選抜徴兵訓練制度、平時の徴兵制度　くじ引きによる1年間の軍務の選別　21歳から45歳の全男子の登録
○１９４１年８月　軍務期間が1年に延長、真珠湾攻撃後更に戦争継続期間に6カ月加えたものに延長　18歳から64歳までの全男子の登録必要　１９４７年３月に消滅
○１９４８年　徴兵復活
○１９５１年　国民軍事訓練徴兵法18歳から26歳までの全男子に8年間の現役および予備役の義務
○１９６９年　くじ引きによる選抜制度復活
○１９７３年６月　徴兵制度の廃止

141 *United States Statutes at Large 1948*, Volume 62, Part I, pp.604-643, Part II, p.1531. Hanson Baldwin, *The Price of Power*, New York: Harper, 1947, pp.18-20.

した。徴兵されるぐらいなら先に志願して将校になった方がましだと考える青年も少なくはなかった。選抜徴兵制度が再開されたことで、陸軍は83万7000人、海軍および海兵隊は66万6882人、空軍は50万2000人を維持できることになった。[142]

他方、議会での審議が打ち切られたUMT構想を巡る動向は苦戦状態にあった。トルーマン大統領はUMTの熱烈な支持者となっており、大統領就任以降、UMTについて特別メッセージを繰り返し行い、法案化に向け議会に勧告を行ってきた。[143]

1948年6月にコンプトン博士の行った報告では、アメリカは1955年までに核攻撃または生物兵器による攻撃を受け絶滅の危機を迎えることが述べられており、これらの攻撃に対抗できるのはUMTしかないことが力説されていた。[144]

この報告は、ますますトルーマンに拍車をかけることになった。1949年4月にはNATO（北大西洋条約機構）も設立され、これに乗じてUMT案を議会に勧告したが、新しい民主党支配の議会に無視され公聴会も開かれなかった。この頃になると、ソ連には兵力では対抗できないといった風潮が表れ始めており、UMTは過去の話題となりつつあった。

その後、1950年、朝鮮戦争が勃発したことでトルーマンは、UMTに関する審議の再開を議会に対し要求した。[145] この時点でのUMT構想案は、17～20歳の青年に対し半年の訓練を課すものと変更されていたが、それには約8億ドルのコストを必要とするという理由で、議会は再度、拒否したのであった。

同時期、米陸軍は、ジョンソン（Louis Johnson）国防長官の「筋肉のないデブは削減しよう」のキャンペーン下で志願兵の募集まで停止していた。必要以上に共産主義の脅威を主張した大統領の努力は功を奏さず、陸軍兵力は１９４９年の67万７０００人から１９５０年半ばには59万１０００人まで落ち込んでいた。

アメリカは徴兵なしで朝鮮半島では戦えなかった。このため、参戦兵士の補充は、第2次世界大戦の復員者で満たされた。１９５０年9月1日までに６００以上の予備部隊が召集されたが、ほとんどの部隊は戦闘準備がなされておらず、徴兵者には再訓練が必要とされた。国防総省は１９５０年9〜10月に5万人、11月に7万人、12月には4万人を要求した。これにより１９５１年には、58万７０００人が徴兵された。議会やホワイトハウスには、軍がこのような復員者を徴集することに対する苦情が多く届けられた。１９５０年11月、中国の介入後、マッカーサーはさらなる増員を望んだ。[146]この要求がされた頃は、朝鮮戦争問題を優先する理由で、トルーマンは自ら、ＵＭＴの審議を延期するように議会に対し要請した。[147]

翌年の１９５１年1月、第82回議会でトルーマンは「一般軍事訓練勧告書」を議会に提出したが、

142 Huntington, *The Soldier and the State*, p.133.
143 Harry S. Truman 1949, United States Government Printing Office,1 964, pp.55-56.; Alonzo L. Hamby, *Man of the People, A Life of Harry S. Truman*, New York, Oxford, 1995, pp.340-369.
144 *Congress and the Nation 1945-1964*, p.250.
145 Donald R. McCay, *The Presidency of Harry S. Truman*, University Press of Kansas, 1984, pp.117-118.
146 Flynn, *op. cit.*, pp.1865-1893.
147 *New York Times*, August 11,1950.

これは5カ月後に兵役法改正と抱き合わせの形で議会の承認を得て、[148] 一般軍事訓練徴兵法（Universal Military Training and Service Act）として法制化された。この法律は、選抜徴兵制度の拡大を狙いとし、19～26歳の成年男子全員に対し21カ月の兵役と8年間の予備役義務を課すものであった。[149]

全面戦争の危険性が最大と予想される「危機年度（the year of maximum danger）」を1954～55年と見立てた現役軍急増計画のための措置であり、将来、UMTが実行できる可能性があることを包含していた。[150] しかし、実際は選抜徴兵制度と変わりはなかった。

その後、1969年3月、ニクソン（Richard Nixon）大統領は、ゲーツ（Thomas Gates）元国防長官を長とした委員会に完全志願兵制の実現を目標とした兵役制度の検討をさせた。その結果、1973年には完全志願制へと切り替えられ、選抜徴兵制は姿を消した。

だが、2年後にはフォード（Gerald Ford）大統領が選抜徴兵制度の再考について言及し、その後、ソ連がアフガニスタンに侵攻したことで、1980年にカーター（Jimmy Carter）大統領は、18歳に達した男女の兵役登録制度（draft registration system）を議会に対し提案した。そして議会がこれを承認したことで、選抜徴兵法（Selective Service Act of 1980）が制定され、有事にはいつでも徴兵が行われる体制が準備された。

ソ連という明確な敵が存在しなくなったのにもかかわらず、兵役登録制度を廃止にしない理由としてクリントン（Bill Clinton）大統領は、徴兵の準備態勢ができていることは、国家安全保障を確実にするばかりでなく、政軍関係もより良い状態にすると述べている。[151]

また、アメリカ合衆国憲法修正5条では、「何人も正当な法律の手続きによらず生命・自由・財産を奪われない」と定めており、兵役登録制度は条項に違反するという訴訟に対してアメリカ最高裁判所は、違反しないとの判決を下している。

実現はしなかったが、１９６０年代の終わりから70年代の初め頃には、アメリカのみでなく、英・仏の先進国でも一般訓練構想が話題になった。そのうち、デーヴィス（Vincent Davis）が提唱した「全国民役務（Universal Service）」は、アメリカの18～20歳のすべての青年男女に一定期間、軍隊、国際開発隊、国際教育隊、都市奉仕隊、農村奉仕隊、技術訓練隊、環境奉仕隊等に入り活動することを義務づける構想であった。

先進国においてこれに類似した構想が次々と出されたのは、第２次世界大戦後、25年の長きにわたって、自国を戦場とする戦争を経験したことがなく、兵役に対する青年の関心が薄れる状況にあったからである。[152]

148　Semiannual Report of the Secretary of Defense, Jan.1-June 30, 1951, p.79; Universal Military Training and Service Act of 1951, Hearings Preparedness Subcommittee of the Committee on Armed Services United States Senate, 82nd Congress 1st sess.,1951.

149　Riker, *op. cit.*, p.102.

150　*Congress and the Nation* p.266. および *United States Statutes at Large*, Volume 65, United States Government Printing Office, 1952, p.78.

151　Doug Bandow, "Draft Registration: The Politics of Institutional Immortality," *Policy Analysis*, No.214, August 15, 1994, pp.1-13.（http://www.cato.org/pubs/pas/pa-214.html）

152　藤牧新平『現代軍隊論――いかにして生きのびるか』東海大学出版会、１９７７年、１０９～１１０頁。Vincent, Davis "Universal Service: An Alternative to the All-Volunteer Armed Service," p.222 より引用。

ＵＭＴについて話を戻すと1952年3月、ヴィンソン（Carl Vinson）下院軍事委員会議長が再び修正案を議会に提出したが、議会はまたしても審議を拒否した。[153] そして、1952年以降、ＵＭＴが議会の議題として取り上げられることはなくなった。特に核兵器による抑止戦略を確立した「ニュールック政策」が1953年に採用されてからは、兵力主体のＵＭＴ構想は時代遅れのものとなった。[154] そして、朝鮮戦争後、核抑止戦略に適合した正規軍兵力の増強が図られるようになった。

浮き沈みはあったものの、比較的長期にわたり議会で審議されてきたＵＭＴ構想は結局、実現しなかった。これについて、1952年、3月14日の「U.S.ニュース＆ワールド・リポート（U.S. News and World Report）」誌は、ＵＭＴ法案が打倒された理由として、「ＵＭＴ構想が、決して選抜徴兵制の代替とも補完ともなり得ない計画であったからだ」と述べている。[155]

ＵＭＴ論争と法案化の失敗は、人々が認識する以上にアメリカの安全保障政策に打撃を与えることになった。また、アメリカの国防態勢の遅れを露呈することにもなり、ソ連に好ましくないシグナルを送ることになったかもしれない。[156] 後にトルーマン大統領は次のようにも回想している。

「1945年、私が初めて（ＵＭＴ構想を）勧告したとき、議会がこの計画を完全に進めていたならば、基礎訓練を受けた人員を十分に保有でき、ソ連に世界の戦略要地を拡張させる計画を躊躇させることができたと確信している[157]」

153 Ernest R. Dupuy and Trevor N. Dupuy, *The Encyclopedia of Military History*, McDonald and Jane's London, 1970; Bernardo and Bacon, *op. cit.*, p.451.
朝鮮戦争の動員では多くの問題が露呈した。この初めての限定戦争でのアメリカの動員は、みすぼらしくだらしのないものであった。朝鮮動員は第2次世界大戦とは異なり、国家に総動員の時間はなかった。州兵はすべて召集されず、徴兵者が戦闘に従事し、１９５２年には１００万人が徴兵された。１９５３年７月の休戦協定時には急速な動員解除はしなかった。アメリカは世界の警察官としての役割にコミットし、アメリカの兵士は朝鮮のみでなく世界70カ国以上の国に駐屯するようになった。１９５３年までの陸軍兵力は３５５万５０６７人であり、選抜徴兵制度で約１５０万人を徴兵した。

154 Dwight D. Eisenhower, *The Eisenhower Diaries*, ed., Robert H. Ferrel, New York: Norton, 1981, pp.137-139; Aaron L. Friedberg, "Why Didn't the United States Become a Garrison State?," *International Security*, Spring, 1992, Vol.6, No.4, Harvard University, pp.127-128.

155 Bernardo and Bacon, *op. cit.*, p.452.

156 Samuel R. William Jr. and Steven L. Rearden, *The Origins of U.S. Nuclear Strategy*, 1945-53, St. Martin's Press,1993, p.54.

157 トルーマン『トルーマン回顧録１』２６３〜２８４頁。

第3章 戦略的合理性と反軍的文化により廃案となったUMT構想

はじめに

ワシントン・ノックス計画にしても、第1次世界大戦後のUMTにしても、建国期から予備役の増強構想があったにもかかわらず、議会に受け入れられることはなかった。アメリカの伝統的文化からすれば、正規軍の増強はUMT構想の採用よりも危険であると判断されるべきであった。しかし、実際はUMTの導入が否決され、正規軍の増強が議会で承認されたのであった。それは一体なぜだろうか。

冷戦期を迎えたアメリカは、否応なしに世界規模でソ連の軍事力と対峙しなければならない状況に置かれていた。その状況下で第2次世界大戦後のUMT構想は、それまで以上にアメリカにとって極めて重要な意義を持っていた。ソ連の脅威が間近に迫ってきたことに加え、戦争形態が長距離爆撃機やミサイル等の登場により変化し、戦争のテンポが速まったことで、周到に訓練された兵力およびより即応性のある動員が要求されてきたからである。そして最も大切なことは、アメリカ人がそれらの脅威を身近に自覚し、戦争準備や安全保障に対する態度を改めなくてはならないと認識したことであった。

アメリカの地理学者であるスパイクマン（Nicholas Spykman）は、軍事技術と輸送力の発達によって、太平洋や大西洋はもはや障壁ではなく、逆に脅威を運ぶ高速道路になったと指摘し、戦中からアメリカがヨーロッパとアジア諸国の脅威に包囲された状態にあることを警告した。西半球の防衛が困難になると考えたスパイクマンは、アメリカが包囲される前に、大陸国家と海洋国家が接するユーラシア大陸沿海の広大な緩衝地帯にあるリムランド（rimland）の国々を取り込み、大陸国によるハートランドの勢力拡大を封じ込めるべきであると主張した（リムランド理論）。

もはや、アメリカにとって孤立主義の選択肢はなく、ランド・パワーを封じ込めるための介入主義しかないと力説したものであった。そして、勢力均衡を重視した戦後の国際秩序の構築を念頭に、対ヨーロッパ・アジア戦略の未来を洞察し、ランド・パワーに対抗するには、すでに激戦を交え誰もが敵視していた日本との同盟が不可欠であると主張したのであった。[1]スパイクマンの戦略は、まさに「慧眼の士」と呼ぶにふさわしい、当時としてはスケールの大きい奇想天外な発想であった。

スパイクマンの諸説が、実際にアメリカの外交・安全保障戦略にどれだけ影響したかは不明である。しかし結果として、戦後から現在にかけて行ってきたアメリカ政府の同盟政策とユーラシア大陸における基地網の構築、そして前方展開戦略はスパイクマンの戦略を具現化したと言っても大げさではな

1　Nicholas J. Spykman, *America's Strategy in World Politics: The United States and the Balance of Power*, New York: Harcourt, Brace, 1942. 他にニコラス・スパイクマン（奥山真司訳）『平和の地政学――アメリカ世界戦略の原点』（芙蓉書房出版、2008年）参照。

かろう。

冷戦時代は米ソ双方が同じような軍事戦略の下、ヨーロッパから極東まで水平的にリムランド近傍で対峙していた。大きく戦域はヨーロッパ、中東、アジアに分かれ、米ソ両国が同じ論理で全世界に軍事基地を配置していた。アメリカの外交政策を一手に引き受ける選りすぐりのメンバーが、「封じ込め政策」やドミノ理論の正当化のためにマッキンダー（Halford Mackinder）のハートランド理論[2]と対極にあるリムランド理論を必要としたのもそのためであろう。[3]

いずれにしても、かつてのように、アメリカがヨーロッパ諸国の第二線として、ゆっくり行動できた古き時代は過ぎ去ってしまった。国際秩序や安全保障基盤を構築するためにも、UMT制度が存在することは、冷戦期のアメリカの安全保障をより確実にするはずであった。

このように追い風が吹いたにもかかわらず、UMTが実現しなかったのはどうしてであろうか。第2次世界大戦中および戦後に行われたUMTに関する議会の議事録等をたどっていけば、UMTが実現に至らなかった理由が理解できよう。結論を先取りして述べると、その理由は、UMTの提唱者であった軍内部自体にUMTに対するコンセンサスがなかったことや戦略的合理性が欠落していたからであった。すでに技術戦に突入した時代においてUMTのようなマンパワー主体の制度は時代遅れとなった。だが、何よりもアメリカ社会に予想以上に強く根づいていた反軍的文化がUMT実現を妨げたのである。

1　UMTの挫折と新たな戦略要求

1. 軍内部における戦略観の相違

(1) 空軍優先論と即応常備軍の重要性

第1次世界大戦後のUMT論議では、陸軍の努力に対して海軍の協力が得られなかったが、第2次世界大戦中および戦後のUMT構想に関しても、軍内部において統一されたコンセンサスがとれていなかった。陸軍の推進するUMT構想に海軍は同意していたが、空軍の前身であるAAFは、[4] UMTで戦後の国防は達成できないとしてUMT構想に反対し、正規軍主体の即応常備軍（force in being）の保有を主張した。

UMT構想を最も推進していたのは陸軍であり、その中心となっていたのはパーマーやマーシャル等の有事における即応動員力を重視した老兵たちであった。将来戦において動員を迅速に推し進めるためにはそれなりの兵力基盤が必要であったことは既述したが、大規模正規軍を保有できないと認識

2　ハルフォード・ジョン・マッキンダー（曽村保信訳）『マッキンダーの地政学――デモクラシーの理想と現実』原書房、2008年参照。
3　Saul B. Cohen, *Geopolitics: The Geography of International Relations*, Rowman & Littlefield, 2009, p.25.
4　David MacIsaac, "The Airforce" in Jessup and Ketz. ed., *Encyclopedia of the American Military*, p.429.

した彼らは、政治的に政策を進め、初めからコストの安い大規模予備軍の創設を目標としてUMT構想を打ち立てたのであった。

海軍も戦後の任務が世界的規模になることを予期していたため、海軍長官ノックスやフォレスタル（James Forrestal）は、UMTに同調していた。[5] しかし、海軍にとってのUMTの価値はそれほど大きいものではなく消極的であった。

だが、AAFはUMTにあくまで反対であった。[6] AAFおよびその後の空軍は陸軍の将来戦予測やUMTに否定的であり、空軍戦力の優先と正規軍の増強をあくまで要求した。AAFは、第1次世界大戦で空軍力が都市や民間人に多大な損害を与えたことから、将来戦では航空戦力が決定的な意味を持つことを独自の戦略理論として正当化しようとした。[7]

第2次世界大戦の兵器体系は衰退し、将来戦は従来とは異なる戦争形態になるであろうと予測したAAFが主張した戦略は、敵の侵略意思を攻撃前に挫くことであった。この先制攻撃を可能にするためには、戦略爆撃を主体にした戦略空軍力を保有することが必要であった。さらに望ましいのは、世界中に分散された空軍力が敵の侵略を思いとどまらせる抑止力となることであった。[8]

例えば、AAFの司令官であったアーノルド（Henry Arnold）将軍は「空軍力は防衛のみではなく、攻撃を受ける前に敵を攻撃することに効果があるのだ。強靱な防空のみでなく抑止または先制攻撃に空軍力を使用する」[9]と述べている。また、第1次世界大戦で航空隊を指揮したミッチェル（William Mitchell）は、「戦略爆撃は、戦闘に早期決着を与え、安価で地上戦のような多くの人員の損害を回避できる」[10]と主張した。

彼らの主張に共通していたのは、強力な空軍力さえあれば日本の攻撃も抑止できたというもので、戦前から空軍の独立と航空戦力の優越性を強調していたのであった。[11] それは、空軍の独立、戦略爆撃、そして制空の重要性を説いたイタリアのドゥーエ（Giulio Douhet）の空軍戦略を多かれ少なかれ踏

---

5 King, Address Before the Governors' Conference, King Papers, May 29, 1944; Forrestal Address, May 10,1943, Forrestal Papers; Statement of Admiral Louis E. Denfeld, Chief of Naval Operation, Hearings Before the Committee on Armed Service United States Senate 80th Congress 2nd sess. on Universal Military Training, 1948, pp.372-380.
海軍の初期計画ではUMTを支持するだけの戦略的理論は確定されていなかった。

6 陸軍対空軍の論争については Perry M. Smith, *The Airforce Plans for Peace 1943-1945*, Baltimore, MD., Johns Hopkins University Press, 1970, pp.84-96 に詳しく記述。
空軍の主張については Statement of Hon. W. Stuart Symington, Secretary of the Airforce, Statement of General Carl Spaatz, Chief of Staff, United States Air Force, Hearings Before the Committee on Armed Service United States Senate 80th Congress 2nd sess. on Universal Military Training, 1948, pp.381-403 が参考になる。

7 General Vandenberg, "The Truth About Our Air Power," *The Saturday Evening Post*, Feb.17,1951.

8 Military Establishment Appropriation Bill for 1947, Hearing Before the House Committee on Military Affairs,79th Congress,1st sess., Washington, D.C.: U.S.GPO, 1946, p.402.

9 General Henry Harley Arnold, Second Report of the Commanding General of the Army Air Forces, February 27, 1945, to the Secretary of War Reports, in War Reports, p.414.

10 William Mitchell, "Air power vs. Sea power," *Review of Reviews*, Vol.63, March, 1921, pp.273-277.

11 Statement of J. Carlton Ward, JR., President of Fairchild Engine and Airplane Corporation and a Governor of the Aeronautical Chamber of Commerce of America, Inc.: Before the Select Committee on Post War Military Policy of the House of Representatives, May 17,1944.

襲したものであった。また、航空機産業界の代表者も自らの利益を念頭に空軍力の必要性を力説していた。

ＡＡＦの主張には、空軍力の強みとして、先制攻撃や侵略国に対する抑止を可能にする他に、ＭＤａｙ（動員開始日）の緒戦において、唯一、主要な防衛力として戦闘ができることがあった。[12] ＳＰＤの評価も同じであった。陸軍は、将来戦での陸軍の任務は本土防衛であり、戦争の第一段階であるＭＤａｙの攻撃行動ではＡＡＦに依存しなければならないことは承知していた。そして、将来戦が短期決戦であれば、ＵＭＴは役立たないことを認めざるを得なかった。

以上のような戦略的合理性を背景とするＡＡＦの主張には、ＵＭＴでは国防を達成できないとした強い純粋な軍事戦略理論があった。この戦略理論を成立させるために、ＡＡＦには志願制や徴兵制で募った将兵を平時から教育し訓練しておくことが要求された。ＡＡＦでは地上戦闘員とは異なり、将兵の大半が熟練を要する高度な技能を必要としたため、動員による短期間の訓練やＵＭＴで即席に養成したような兵士では、戦時には役立たなかった。[13]

このように、ＡＡＦには先制攻撃や緒戦ですぐに役立つプロの即応常備軍が必要であった。このことは陸軍も理解し、[14] アイゼンハワー（Dwight Eisenhower）も、次のように述べている。

「将来戦は60日で勝敗が決定する。平時から戦争準備をしておかなくては動員もできない。迅速な対処を必要とする将来戦には長期間常時、訓練をしている志願制のプロ集団が適している。特にＭＤａｙに戦える正規軍の確保が重要であり、将来戦の迅速な対応にＵＭＴでは戦力を発揮できない」[15]

また、ＡＡＦは、たとえ地上戦闘になっても、ＵＭＴでは動員に即応性を持たせることはできないと指摘した。なぜならば、過去に行った訓練だけではすぐに戦闘に参加するわけにはいかず、再訓練が必要とされたからであった。陸軍はこの指摘にも十分に答えることはできなかった。[16]

(2)「戦略的政策」対「構造的政策」

1945年春、マーシャルは繰り返しAAFの要求する大規模な正規軍に反対の意思を示した。彼は、「地上軍は制空権・制海権を取るための空軍力や海軍力を支え、アメリカの国益と地位を守るためにも必要だ」[17]と述べ、あくまで陸軍力の必要性とUMTの意義を訴えた。

しかし、マーシャルは、本質的な防衛よりも国内政治に目を向け理論を展開していた。政治や財政を気にした陸軍に対し、AAFは財政や政治問題に拘泥することなく純粋に安全保障の観点から自らの理論を展開していたため、UMTの主張者にはない一貫性を持っていた。

例えば、アーノルドは「議会は防衛上最小限必要な国防予算でさえカットするかもしれないが、軍が自らそれをしてはならない」[18]と述べて、あくまで安全保障のあるべき姿を追求した。つまり、陸軍

12 Hull to Tompkins, August 30, 1943, SPD, RG165.
13 Quotation from RCM to Chief of Staff, Draft Memorandum, January 14, 1945, Official Decimal, RG107.
14 A Program for National Security, Washington: U.S Government Printing Office, 1947, p.8.
15 Baldwin, *op. cit.*, p.273.
16 Walter Millis ed., *Forrestal Diary*, March 8, 1948, New York, 1951, p.388; Statement of Hon. George C. Marshall, Secretary of State, Hearings Before the Committee on Armed Service United States Senate 80th Congress 2nd sess. on Universal military Training, 1948, p.7. マーシャルは2週間で対応が可能と主張したが可能性は少なかった。
17 Tompkins To Assistant Chief of Staff, OPD, 4 August 1944, and Handy to Tompkins, August 12,1944, OPD.

が主張するＵＭＴには、ＡＡＦの主張したような戦略理論が欠けていた。

これらの事象は、ハンチントンの唱えた「戦略的政策（strategic policy）」と「構造的政策（structural policy）」モデルに当てはめることができそうである。[19] 前者はＡＡＦが優先した政策で軍事力や兵力の展開の面で国際政治に、後者は、陸軍が優先した政策で資源の動員の面で国内政治にそれぞれ深い関わりを持っていた。また、前者が大統領と行政府が立案・実施の担い手となり戦力計画、兵器開発、軍事コミットメント等を決定するのに対し、後者は連邦議会を担い手とし、予算の規模と配分、人的資源の確保、物資の調達、軍の管理方法等について決定する。[20] 安全保障は、この二つの政策のバランスがとられながら決定されていくのである。

本来であれば、当然、陸軍も前者の立場であるべきであった。しかし、なぜ、陸軍は後者の立場でＵＭＴを主張しなければならなかったのであろうか。それは、陸軍が海・空軍とは本質的に性格を異にしていたからであったと考えられる。海・空軍とは異なり、陸軍は国内での防衛任務が主体であり一般市民との接触が多く、しかも技術中心ではなく人中心の集団であった。そのため、国民の生活習慣や世論といった文化に敏感に反応し、政策に反映させなければならなかった。ＵＭＴ構想も、純粋な軍事戦略理論よりも国民が直接影響を受ける軍事予算や軍事訓練のスタイル、そして何よりも軍に対する国民の反軍的感情を考慮に入れて策定しなければならなかった。

このように「戦略的政策」に対して「構造的政策」の観点から検討されたＵＭＴは、はじめから戦略に関して理論的な脆さを秘めていた。そして、ＡＡＦの戦略理論の基盤を固めたのが、次に述べる核兵器を主体とした核抑止理論の台頭であった。

2. 戦略要求の変化

(1) 全面対処戦略から核抑止戦略へ

UMT論争が最も盛んに行われた時期は、第2次世界大戦後の全面対処戦略から核抑止戦略に移行する過渡期にあった。1947年にトルーマン・ドクトリンが出され「封じ込め政策」を基調とする外交政策が確立された。トルーマン・ドクトリンは、政治的および経済的封じ込めについて表明していたが、軍事的意味合いは含んでいなかった。

軍事に関して言えば、第2次世界大戦後から朝鮮戦争が終結するまでの8年間は、少なくとも第2次世界大戦型の全面対処戦略が軍事政策の基盤として残っていた。アメリカは、大戦末期、戦後にヨーロッパで対立があるとすれば、それはイギリスとソ連の対立であろうと予測していた。そのため陸軍は、ソ連との決戦があるとすれば主戦場はアメリカ本土でなく、西・中部ヨーロッパであろうと見積もっていた。

この時期のアメリカの戦争計画は、アメリカ空軍による戦略爆撃と第2次世界大戦時のような動員兵力により、西ヨーロッパからソ連を閉め出し解放する想定を作成していた。[21] 境界線を越えて勢力圏

18 Sherry, *op. cit.*, p.108., Lieutenant General Barney M. Giles (Chief of Air Staff) to Chief of Staff (Through SPD), January 22,1945, SPD, RG165 より引用。
19 Huntington, *The Soldier and the State*, pp.3-4.
20 花井等・木村卓司『アメリカの国家安全保障政策――決定プロセスの政治学』原書房、1993年、8～9頁。

を拡張しようとするソ連の脅威に対し、西ヨーロッパを防衛する計画は、ライン川を主要抵抗線とすることに基礎を置いていた。これを達成するためには、第2次世界大戦の基準に従えば、大戦末期にアイゼンハワーの指揮下にドイツに展開していた連合軍とほとんど同じ100個師団近くの兵力が必要であった。

平時から正規軍をこの規模のごく一部にでさえ増加することは困難であったが、危機に際しては、その過半数程度までは動員できるであろうと予想していた。これらの動員兵力の主力となるのが、前大戦に従事し当時なお予備役にあった人々であり、必要な装備の一部は前大戦で残されたもののなかから見出すことができると推定された。マンパワー（man power）が依然として軍事作戦の主軸にあり、UMTが高く評価される余地は残されていた。

しかしながら、「封じ込め政策」が要求した軍事戦略や軍事作戦は、大戦期のように受け身の戦略や作戦であってはならなかった。ソ連との世界規模での軍事対決を前提に、軍は「封じ込め政策」が必要としている新たな戦略理論を模索していたのであった。[22]これに応え新たな戦略の指針となったのが、1948年6月に国務省から出されたソ連の活動についてのペーパー「アメリカ国防計画への影響（Factors Affecting the Nature of the U.S. Defense Arrangements）」であった。[23]

この文書では常時、戦争が生起する可能性があることを訴え、「軍事組織の形成は、将来戦に備えるものではなく、政治的優越を得るために必要である」と述べられていた。また、軍の役割を「抑止力」および「ソ連の政治的侵略に抵抗するための国家の助長策」、そして「戦争が拡大した場合の保険」と分析した。アメリカが国家政策を支えるために恒久的に強力な軍隊を保有しなくてはならないことを意味しており、動員戦略から抑止戦略を生み出す根拠ともなった。[24]

抑止には、その能力を相手国に信じさせるための十分な軍事力が必要とされた。そして「封じ込め政策」においても同様に、より強い軍事力の保有が必要とされていた。しかし、厳しい財政事情は即応常備兵力の増強を許す余裕などなく、アメリカは次第に核抑止に重点を移そうとしていた。

戦後初期のアメリカでは、原爆は通常兵器の破壊能力を補う手段としか評価されておらず、原爆を抑止に使用する考えは毛頭なかった。なぜなら、アメリカは核兵器の出現が最終的に自国の安全保障を弱めることを密かに知っていたからであった。大統領の私的参謀であったリーヒ（William Leahy）提督は、原爆が将来、アメリカにとって脅威になることを広島への投下前から予想し、「原爆は将来のアメリカの安全保障に信用ではなく、不安を与えた」[25]と書き残している。

しかしながら、このような懸念は抑止理論の確立を遅らせる原因となった。その背景として、トルーマン政権が原爆の独占が密かに封じ込めに役立つと確信していたことや、当時のアメリカの原爆保有量と空軍能力では抑止効果を生むには不十分であると意識していたことがあった。[26]また、抑止体制を確立するにしては同盟国の戦力が不足していたことや、ソ連の復興のスピードを過小評価し、実際として身に迫る脅威を感じていなかったからであった。[27]

21 Steven T. Ross, *American War Plans 1945-1950*, Frank Cass London, 1996. ＰＩＮＣＨＥＲ計画として記載。
22 Millis, *Forrestal Diaries*, p.508.
23 Huntington, *The Soldier and the State*, p.39.
24 Millis, *op. cit.*, p.508.
25 David Alan Rosenberg, "U.S. Nuclear Stockpile,1945 to 1950," *Bulletin of the Atomic Scientists*, May 30,1982.

「封じ込め政策」に適応した軍事戦略理論は次第に空軍優先論を助長し、UMTを不利な状況に追い込んでいった。軍部は、核の独占は短期間で5〜15年ほどであり、他国が保有することでアメリカを核攻撃できるようになると予想していた。[28]

そうなれば、アメリカはソ連と比較して工業地帯や都市が集中しており、さらには、海上からの爆撃機による攻撃で、アメリカ本土の中心部に爆撃が行われるため、ソ連の攻撃に対しては極めて脆弱な状況に置かれる。一方、ソ連は工場や都市が分散しているのに加え、アメリカが海上から行う攻撃では、航空機の航続距離の制約によりソ連中心部まで届かないため、アメリカに比較して核戦争で生き残る可能性が高い。さらには、アメリカは奇襲攻撃、特にロケットで発射される核爆弾に対して防衛または報復ができない状態にあった。このことは、原爆での先制攻撃の必要性を高めることになり、原爆と先制攻撃は、抑止としてだけではなく戦勝を早める効果があると統合参謀本部も是認するようになった。[29]

こうなると先制攻撃を可能にする手段は、空軍の所有する航空機に限られていたため空軍優先論が確立された。しかも自国の奇襲効果を高め、敵の奇襲効果を局限化するためには、アメリカ本土より遠方に基地を設ける必要があった。これらのことは、空軍力のみがソ連の地上軍に対し効果的でありソ連を攻撃できると考えてきたAAFの主張と一致し、戦後の国際環境や軍事情勢は、AAFの主張に一段と合致するものになっていった。[30]

1947年12月、空軍政策委員会は、「アメリカの防衛は、航空戦力にその基礎を置かなくてはならない」と報告した。他国が原爆やその運搬手段を保有するであろう1952年までに、アメリカは70個飛行隊（6869機の作戦機）で構成される現役空軍、27個飛行隊（3212機の作戦機）で構成される予備役空軍および８１００機の配置予備を維持すべきであると委員会は考えていた。その他、５７９３機の海軍航空機およびその支援機として５１００機を必要としていた。[31] 特に空軍はソ連への攻撃を可能にする大陸間爆撃機Ｂ36の装備化を要求した。海軍は大型空母の艦載機で原爆攻撃の使命を担うことを要望していた。海軍にとって艦隊決戦をするだけであれば大艦隊を維持する必要がなく、海軍削減につながったはずだが、空母の重要性が海軍を救うことになった。[32]

このように戦後の約8年間は、第2次世界大戦の経験に支配され、統一した全般戦略を確立できない曖昧な時期となった。核兵器が抑止の究極兵器であることは、政策立案者にも認識されるようになったが、核抑止理論が定着するにはもう少し時間を必要とした。

米ソ間の軍備競争は、１９４９年9月に、予想より早くソ連が原爆実験に成功し、アメリカの核独占が終わりを告げた頃に始まったが、１９５０年に出された「国家安全保障会議報告第68号（National

---

26 Alexander L. George and Richard Smoke, "Deterrence in History," *Deterrence in American Foreign Policy: Theory and Practice*, Columbia University Press, 1974, pp.51-59. １９４６年にブローディ（Bernard Brodie）は保有核兵器の数を20発と推定しながら、実際にはもっと少ないかもしれないと予想していた。実際の保有量は9発であった。１９４７年7月までは13発に達したにすぎなかった。

27 Papers of William D. Leahy, August 8, 1945.

28 Arnold, "Third Report," *War Reports*, p.463. アーノルドは将来、Ｖ2のようなロケットや大気圏外からのロケットにより核兵器が運搬されるであろうことを予想していた。

29 JCS 1496/3, September 20, 1945, RG208.

Security Council Report 68：NSC68)」では、核抑止ではなく、依然として全面戦争（All-out War）での勝利を軍事目標に置いていた。[33] それは、軍部が限定戦争を理解していなかったことや、核抑止による究極的効果に未だ疑問が持たれていたからであった。したがって、軍事戦略構想の全般的性格は、全面戦争をいかに戦うかという従来の対処戦略の性格から抜け出してはいなかった。核戦略の定着は、朝鮮戦争終結まで待たなくてはならなかった。[34]

(2) 軍事戦略的に時代遅れになったUMT構想

いずれにせよ、核抑止戦略が確立されていく過程において、動員の即応性向上と戦闘の持久力の保持を目的にしたマンパワー主体のUMT構想は、その意義と絶対的必要性を失いつつあり、UMT支持者はそれを覆す一貫した戦略理論を確立できなかった。

UMTの多角的必要性はどれも曖昧で考え抜かれたものではなく、心理的なことや戦争防止に重点が置かれ、実際、戦争が起きたときUMTが本当に効果を発揮するか否かは疑問だった。

UMTに対する軍の主張には「予備兵力は電撃戦に対応できるほど迅速に動員できるのか、より精巧な技術が陸・海軍には要求されるのではないか、空中戦において彼らは重要な役割が果たせるのか、攻撃に対し迅速な警察行動がとれるのか」といった多くの疑問が投げかけられた。これらの疑問はどれ一つとして解決されずに残された。

さらに、陸軍が予測したような総力を挙げての全面戦争が本当に起きない限り、UMTは無駄な制度となるのであった。陸軍の兵力増強政策は、ソ連の脅威への対抗手段ではなく、戦前・戦中の理論、すなわち予備兵力の拡大による即応力の高い動員を骨幹とした対処戦略の継続に重点が置かれていた。

そのため対ソ戦略には適合しなかった。
対ソ戦や現代戦はマンパワーではなく、核兵器や技術力の戦いであった。新たな戦略に要求されたのは、動員を前提にした大規模な予備軍ではなく、大規模な即応常備軍の保有であった。そして、UMTのみでなく、核戦争における陸上部隊の役割を見つけ出さなければ、陸軍の将来も危うい状況になりつつあった。[35]
しかしながら、このような変化を察知できなかった陸軍は、相変わらず動員を戦略構想の中心に置きUMTを信奉していた。
陸軍が軍事戦略に関して発想の転換を柔軟にできなかった理由として、すでに述べたように、陸軍が「構造的政策」を優先したことがある。他方、グレイは、アメリカ人が元来、戦略には無関心であったことを指摘している。アメリカの政治家や官僚は、戦略策定を重要な任務とは受け止めていなかった。過去、アメリカは戦略不在で困惑したことはなく、中央が指揮・統制すべき戦略は存在しなか

30　この論争に関しては、United States Defense Politics since World War II, House Documents, No.100, US. Government Printing Office, 1957, pp.21-23 参照。
31　防衛研究所『統合参謀長会議と国家政策　第二巻』１９９８年、１４２頁。（Kenneth W. Condit, *The Joint Chiefs of Staff and National Policy*, 1947-1949, Wilmington, Del, 1979 の邦訳。）
32　Davis, *Postwar Defense Policy and the U.S. Navy*, pp.147-150, 163-166.
33　NSC68, April 14, 1950.
34　岩島『アメリカ国防・軍事政策史』１５１頁。
35　ミルズ『パワー・エリート（下）』29頁。

図表3-1　陸軍および陸軍航空隊(AAF)の考え方の相違

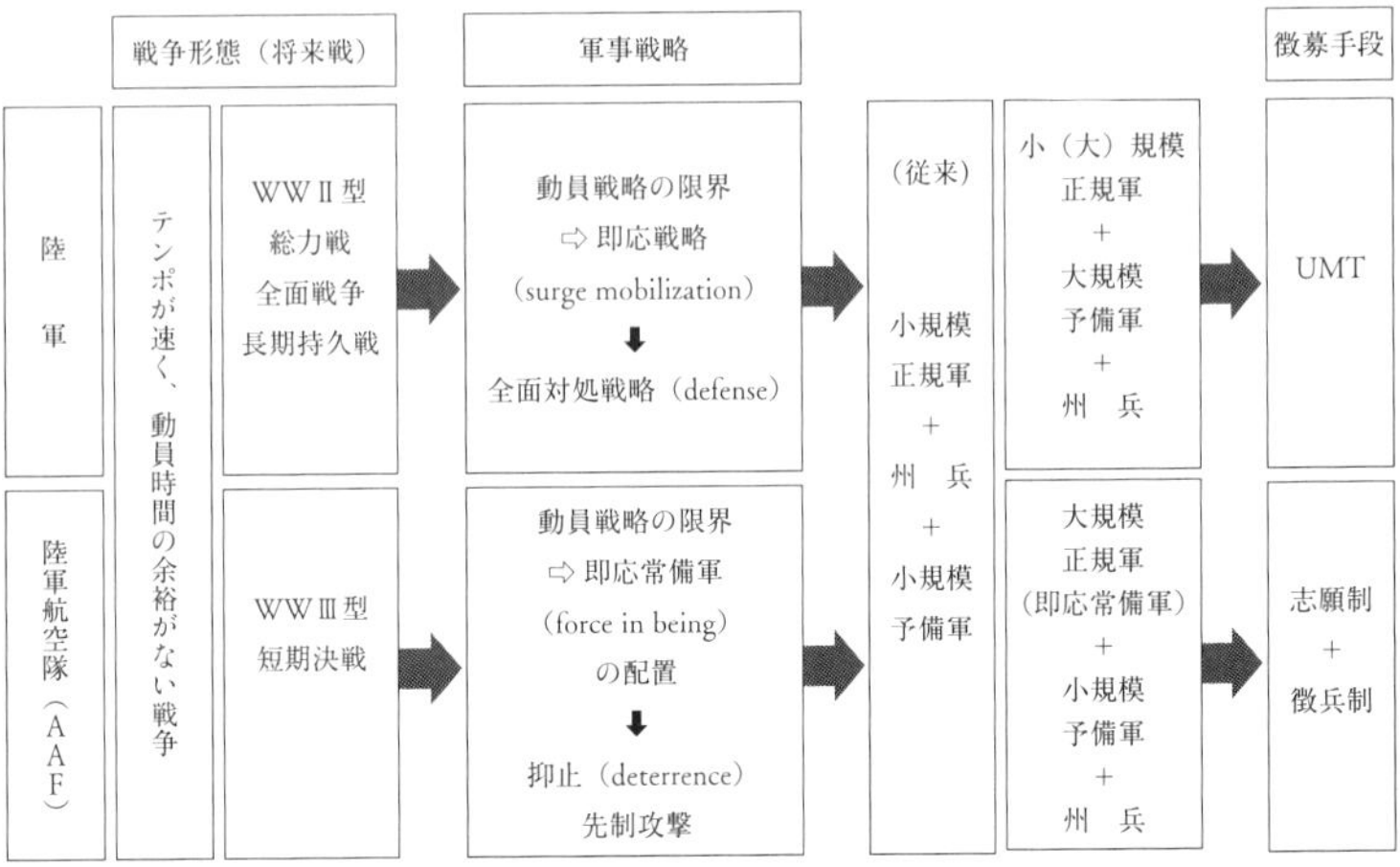

出典：筆者作成

った。アメリカは建国後、武力の使用について緻密かつ機敏である必要がほとんどなかったのである。「封じ込め政策」確定後もポリティコ・ミリタリー理論（politico-military theory）が盛んに議論されたわけではなく、アメリカは包括的な戦略策定システムを保有していなかった。

このような土壌にどっぷり漬かってしまったのが陸軍であり、UMTはこれらの安全保障観を温床に計画されたものであった。また、元来、アメリカが陸軍国ではなく、海・空軍力を主体にした戦略環境にあったことも、人を主体とした大陸の軍事思想に馴染めなかった理由として挙げられよう。[36]

UMT支持者は最終的に即応常備軍優先論を覆すことはできなかった。それでも軍内部でのUMT論争を1950年代初期まで長引かせた理由は、空軍力の熱烈な信奉者たちが、その優越性を自賛しすぎたことにあった。爆撃機は常に敵地に侵入できるわけでなく、アメリカ国民は軍人たちが予想した以上に、爆撃機に対して強い抵抗感を示し、また、多くの空軍基地保有がアメリカの負担になることを懸念した。空軍力は、戦力を損耗させるうえでは破壊的な力を持つ手段であるが、それだけでは、必ずしも決定的な衝撃を与えることはできず、確実に勝利をもたらせるわけではなかった。[37]

抑止一辺倒や先制攻撃にも危険性はあり、ＡＡＦも陸軍同様、確固たる軍事戦略を確立したわけではなく、[38]このような軍事戦略確立の遅れがＵＭＴ論争を長引かせる原因となった。このため、「封じ込め政策」に適合した軍事政策の確立に遅れが生じ、朝鮮戦争のような局地的抑止にも失敗したのであった。

36 佐藤徳太郎『大陸国家と海洋国家の戦略』原書房、１９７３年、２９６頁。

37 Lawrence Freedman, "The First Two Generations of Nuclear Strategists," in Peter Paret ed., *Makers of Modern Strategy from Machiavelli to the Nuclear Age*, Princeton University Press, 1986, p.736.

38 戦後初期の戦略計画作成が困難であったことについては、ウイリアム・カウフマン（桃井真訳）『マクナマラの戦略理論』（ぺりかん社、１９６８年）22頁も参考になる。

２―戦略文化と廃案となったＵＭＴ構想

1．アメリカ市民社会と反軍的文化の影響

(1) ＵＭＴに対するアメリカ市民の評価

ＵＭＴの基盤となる軍事戦略理論が脆弱であったことは疑いようのない事実であろうが、過去、幾度となくＵＭＴが否定され続けた理由を、その時々の戦略理論の弱さのみに求めることはできない。18世紀末のワシントン・ノックス計画、戦間期のＵＭＴ構想、そして戦中・戦後のＵＭＴ構想と、ＵＭＴはしばしばアメリカ史上に出ては否定されてきた。

これは、ＵＭＴが否決される原因に、ある種の歴史を貫く一貫性があることを示唆しているのではなかろうか。この一貫性とは「伝統」とも「文化」とも言い換えることができ、ＵＭＴに関してもアメリカ社会に根強く残っていた反軍的文化が作用していたことが予想される。

人類学者のミード（Margaret Mead）は、アメリカ人がアメリカらしい戦争をどのようにしたらよいのかについて研究している。ドイツ人や日本人と比較して、アメリカ人が全面戦争を戦い抜くうえで最も大事なのは、自分たちはアメリカという文化に育まれた独特の国民性を持った国民だとアメリカ人が意識することであり、これが戦争遂行上、最大の武器なのだと説いた。[39] また、グレイは「一国の軍隊は、ある種の気風、制度、資源、平和的生活習慣を持っている。……アメリカの戦争様式は、アメリカの生活様式のようなものだという真理を忘れてはならない[40]」と述べている。

マーシャルやパーマーが、アメリカの反軍的文化を考慮に入れ、純粋な軍事戦略よりも財政や一般市民の動向を優先していた理由は、ミードやグレイの主張から読み取ることができる。このような傾向は海・空軍に表れることはそれほどなく、社会とのつながりが比較的強い陸軍に強く見出された[41]。アメリカ社会のUMTに対する評価とは、いかなるものであったのだろうか。1944年から1950年代初頭にかけて、政府指導者や将軍たちは、戦時の徴兵よりもUMTを盛り上げることを徹底した。そして、戦後にUMTの反対派に回ることになった教育界の指導者ですら、戦時中にはUMTを高く評価していた。

例えば、図表3－2「教育関係者へのUMTに関するアンケート集計」は、まだ戦時中であった1944年9月に全米の大学学長、高校校長および教育長に対して行われた世論調査の結果をまとめたものである。

世論調査を子細に見ると、全般的にUMTには賛成し、特に18歳の青年を訓練に送り出さなければならない高校校長、教育長の支持率が66％と高いことがわかる。平時には兵力がわずかに増強される

39　入江『二十世紀の戦争と平和』149頁。Margaret Mead, *And Keep Your Powder Dry*, New York: Marrow,1942 より引用。
40　Gray, “Strategy in the nuclear age: The United States, 1945-1991,” p.613.
41　伝統については、マーシャル、パーマー等の書簡中においても、しばしば登場する。The Papers of George C. Marshall Selected WWII Correspondence, University Publications on America, Bethesda, Maryland.（Microfilm, Reel 1-26）参照。

質問内容	大学学長		高校校長・教育長	
	（人）	（%）	（人）	（%）
5　UMTの年齢　18歳	27	3.0	41	2.1
高校卒業 :17-20歳	304	34.1	1,218	63.8
17-21歳で選択	300	33.3	462	24.2
6　代替案				
すべての男性に対し軍事訓練と労働経験	239	26.6	619	32.4
選別した男性に軍事訓練と労働経験	148	16.4	295	15.5
国家奉仕計画に女性を含む	186	20.7	411	21.5
7　UMTに反対するのであればいかなる手段で国家を守るか？				
世界機構と協力	125	13.9	86	4.5
ROTCの拡大	121	13.4	50	2.6
志願者による軍の拡大	155	17.2	149	7.6
一般教育の改善	61	6.8	74	3.9
統合教育軍事計画	61	6.6	100	5.2
集中的体力向上訓練計画	52	5.8	72	3.8
軍の地位をより魅力的に	47	5.2	57	3.0

出典：Statement Requested by Chairman Clifton A. Woodrum, House Select Committee on Postwar Military Policy, From Aaron. J. Brumbaugh, Vice President, American Council on Education, *Statements Select Committee on Postwar Military Policy, House of Representatives, 79th Congress, 1st sess. 1945*, p.615

ことにさえ敏感であったアメリカ市民のこのような態度から、アメリカ社会が平時と戦時をいかに厳格に区分してきたのか、その伝統的戦争観の一端がうかがえる。

終戦が間近に迫った頃、UMTについて新聞や議会公聴会においてアメリカ市民の声が大きく取り上げられるようになり、UMTは軍内部のみではなく、アメリカ社会全般が関心を寄せる問題となっていた。しかし、彼らの純粋な軍事的要求は、戦後になると一転して軍事力を解体するように議

図表3-2　教育関係者へのUMTに関するアンケート集計（1944年9月）

質問内容	大学学長		高校校長・教育長	
	（人）	（%）	（人）	（%）
1　回答者合計	900	100.0	1,909	100.0
2　UMT に賛成であるか？				
はい	416	46.2	1,260	66.0
よくわからない	113	12.6	219	11.5
いいえ	355	39.4	366	19.2
無回答	16	1.8	64	3.4
3　コメント				
賛成派：熱狂的支持	24	2.7	105	5.5
青年に規律心	11	1.2	44	2.3
民主主義精神の発展	8	0.9		
反対派：国防に不必要	104	11.6	83	4.3
軍国主義への発展	88	9.8	48	2.5
戦後にも延長される	73	8.1	46	2.4
ROTC がある	53	5.9	99	5.2
教育経歴の遮断	62	6.9	22	1.2
年間通し訓練	135	15.0	85	4.5
1年は長すぎる	66	7.3	50	2.6
反民主主義的	48	5.3	62	3.2
長期的価値なし	32	3.6	45	2.4
4　条件に不同意				
教育の中断	9	1.0	8	0.4
適正年齢は17-21歳	45	5.0	11	0.8
1年訓練は21歳まで	79	8.8	56	2.9
年間訓練は軍統制	197	21.9	187	9.8
訓練の例外認めない	119	13.2	57	3.0
現代戦への幅広い訓練	62	6.9	43	2.3
選抜徴兵制度が決定した後に法制化	26	2.9	15	0.8

図表3-3　UMT支持・否定グループ一覧

◎UMT 支持グループ

American Legion
AMVETS（American Veterans）
Disabled American Veterans
Jewish War Veterans
Veterans of Foreign Wars
Chamber of Commerce of the United States
Junior Chamber of Commerce
Rotary International
Kiwanis International
Business and Professional Women's Clubs
National Council of Women
Daughters of the American Revolution
Sons of the American Revolution
Air Force Association
Military Order of the Purple Heart
Reserve Officers Association
Reserve Officers of the Naval Services
Regular Veterans Association
Benevolent and Protective Order of Elks
Moose Foundation

◎UMT 否定グループ

American Veterans Committee
Catholic War Veterans
Federal Council of Churches of Christ
Northern Baptist Convention
Presbyterian Church of the U.S.A.
Methodist Church, House of Bishops
American Unitarian Association
Synagogue Council of America
Mormon Church
National Catholic Welfare Conference
American Farm Bureau Federation
National Grange
National Farmers Union
AFL
CIO
Brotherhood of Railroad Trainmen
National Association for the Advancement of Colored People
American Civil Liberties Union

出典：*Congressional Quarterly VolumeIII*-1947

会に圧力をかけてきた。[42] そして、UMTに関する議論が活発化し、社会はUMTに対し明確な態度を示すようになった。

例えば、1948年安全保障委員会における支持・否定グループは、図表3-3の通りである。ウッドラム委員会の公聴会では様々な職業や団体の代表者が熱弁をふるい、公聴会に立てないアメリカ市民からは、UMTの賛否を論じた多くの手紙が寄せられた。

UMTを支持する側は、憲法に掲げられているアメリカ市民の国防義務を表に出し、アメリカ青年が兵役に就くのは当然であるといった意見を述べた。彼らの意見は、市民防衛を民主主義の中核に置き、十分な戦争準備は戦争を防止する手段になるということに集約された。何よりも、UMTによる健全な青年の育成やアメリカ社会の秩序維持に期待をかけていた。

VE Day後間もない1945年6月の段階で国民のUMT認識は早くも悪化した。当時の世論調査によると、それ以前とは打って変わって全米大学学長の47%がUMTに反対、38%が賛成、12%が不明、3%が未回答という結果を出している。[43] 数字の点では極端に反対者が多いわけではなかったが、肯定派に比較し、反対派はよく組織化され、しかも決心が固く、反対意見にも一貫性と説得力があった。[44]

UMTを否定する側は、第1次世界大戦後のUMT構想が否決されたときと同じように、UMTをアメリカの自由民主主義に反するものと非難してUMT肯定派に応戦した。UMTには国家防衛のための利点はあるが、アメリカを軍国主義、帝国主義、ファシズムに導き、世界に不信感を与えるばかりか、平和の促進を逆行させかねないという意見を数限りなく挙げた。[45] 宗教、教育、反戦団体の指導者たちは、教育システムが変更され、アメリカの青年に軍隊の画一化された価値観が注入されることを恐れた。[46] また、黒人も新たな人種差別を引き起こしかねないと危惧して、UMTに反対した。農業・労働界の指導者は、UMTによる労働者不足を恐れた。[47]

公聴会での意見や議会に宛てられた手紙の内容から、UMT否定側の主張は次のように整理できる。

42 Sparrow, *History of Personnel Demobilization in the United States Army*, DA,1952, pp. 20-210.
43 *The Washington Post*, June 4, 1945.
44 C・A・ビアード（斎藤眞・有賀貞訳）『アメリカ政党史』東京大学出版会、1968年、257頁。

第1は、UMTがアメリカの伝統的文化に反するという点である。UMTは、反アメリカ的かつ非民主主義的であり、アメリカをドイツのような軍国主義に導きかねないという危惧の念が、否定側から出された最たる主張であった。[48] さらには、多感な青年全員に画一的な訓練が施されることには抵抗があった。これに関して全体主義について研究したアーレント（Hannah Arendt）は、アメリカのような大衆社会では、画一主義が全体主義を生み出す危険性を内在させると指摘している。[49]

第2は、UMTの導入がかえって平和を乱すという点である。UMTの導入は世界平和に対し悪影響を与え、平時からの周到な戦争準備は、アメリカを余計な戦争に導きかねないとした主張である。UMTは、アメリカが主導して築こうとしていた国際連合での平和的活動にも反するものになると批判された。

第3は、UMTの軍事的価値を国民が過小評価した点である。他国の徴兵制度を例にとっても平時の徴兵で戦争を防止できた国はどこにもなかった。さらには原爆の破壊力を認識したアメリカ市民は、多額の予算を必要とするマンパワー主体の軍事力を軽視する傾向にあった。原爆を独占していたことで、将来戦では大規模な兵力を必要としないであろうと多くの国民は判断していた。

第4は、既存の社会制度の障害と考えた点である。UMTが導入されることで、アメリカは教育、労働、農業といった多くの分野で、システムや組織および法律等を変更する必要があった。[50] これらの一般社会にも各々、築かれてきた制度や伝統があった。そして、雇用の促進、税の削減、友好国への救済支援等、UMTの他にしなければならない事業がたくさん残されていた。それらを放棄してまでUMTを導入することの意義が問われた。

そして、第5は宗教上の問題点である。アメリカは多宗教、多宗派国家でありUMTが教義に反してしまう宗派も少なからずあった。

UMT構想に対するこれらの否定的意見の大半は、第1次世界大戦後にあったUMT構想に対する

---

45 "Statement to the House Select Committee on Postwar Military Policy by Bernard De Voto," Cambridge, Mass; "Statement from Rev. Warren E. Jackson," Connecticut Council of Churches, Hartford, Conn, Statements filed with Select Committee on Postwar Military Policy House of Representatives 79th Congress 1st sess., 1945, p.631, pp.638-640; Henry L. Stimson, and McGeorge Bundy, *On Active Service in Peace and War*, New York: Harper, 1948, p.596; *The Baltimore Sun*, June 8,1945: Charlotte（NC）News, June 7, 1945; *Philadelphia Inquirer*, June 12, 1945. その他多数に記載。

46 Hearing Before the Woodrum Committee, House Select Committee on Universal Military Training,78th Congress,2nd sess., Washington, D.C.: U.S.GPO, 1945.

47 Hearing Before the House Committee on Military Affairs, Universal Military Training,79th Congress,1st sess., Washington, D.C.: U.S. GPO, 1946; War Department Publicity and Propaganda Relating to UMT, Hearings Before the House Committee on Military Affairs, Universal Military Training, 80th Congress, 1st sess., Washington, D.C.: U.S. GPO, 1947, p.31, 38; Hearing Before the Senate Committee on Armed Services, Universal Military Training, 80th Congress,2nd sess., Washington, D.C.: U.S. GPO, 1948; Hearing Before the House Committee on Armed Services, Universal Military Training, 82nd Congress, 1st sess., Washington, D.C.: U.S.GPO, 1951.

48 Statement of Dr. Ralph McDonald, House Subcommittee on Publicity and Propaganda, *Investigation of War Department Publicity and Propaganda in Relation to Universal Military Training*, 80th Cong., 1 st sess., June 20 and July 16, 1947.

49 川崎修『アレント――公共性の復権』講談社、１９９８年、１９２～２６８頁。

50 Hanson Baldwin, "UMT's Value Weighed," *New York Times*, May 4, 1947.

図表3-4　UMTの修正案支持グループ一覧

American Farm Bureau Federation	Sigma Chi Fraternity
American Association of Junior College	Catholic War Veterans of the U.S.
Texas Association of Public Junior Colleges	Southern California Junior College Association

出典：*Congressional Quarterly Almanac,*1951, p.287.

反対意見とほとんど変わらなかった。しかし、UMT否定派のすべてが徹底的にUMTに反対したのではなく、条件次第で支持する者もいた。彼らは、訓練期間や徴兵年齢等の修正案や代替案を提示して、UMTの規定を緩和させようとした。例えば、自然科学を専攻している学生等の訓練猶予を願い出る者や、18歳という対象年齢を引き上げて、平時ではなく緊急時のみの制度化するという意見、1年の訓練期間は長いため夏休みのみ訓練してはどうかという意見もあった。

これらに対し軍は、短い訓練期間では高度な現代戦に対応できないとして、当初は断固として反対していた。[52]しかし、その後UMT実現の雲行きがあやしくなると、陸軍はこれらの意見を受け入れ、訓練期間や予備役の義務期間を短縮した修正案を出している。

いずれにしても、反対意見の大半は、連邦政府がUMTにより大規模な兵力を保有することではなく、UMTによりアメリカの一般社会と軍隊との間の敷居が取り除かれることに対する不安や抵抗を内容とするものであった。

(2) 変わらなかった反軍的文化

UMTが実現されるためには、何よりもアメリカ市民に理解され受け入れられることが第一条件であった。しかし、UMTはその条件を満たすことができなかった。とはいえ、UMTが否決された理由をもう少し子細に考察すると、UMTに反対するアメリカ市民のすべてが、徹頭徹尾UMTに反対していたわけではなかったこと

図表3-5　アイダホ州の成人および高校生に対する UMTに関しての世論調査

（単位：%）

	男　性	女　性	合　計
今、法案を通過させるべき	41	43	42
戦争終了まで待つ	52	45	48
わからない	7	12	10
UMTを経験すべき	72	76	74
UMTは経験すべきでない	16	13	14
わからない	12	11	12

出典：*The Des Moines Register*, 19 June, 1945

がわかる。

例えばアイダホ州のUMTに関する世論調査では、UMT法案をただちに通過させるべきだと支持する者が42%と低調な割には、青年はUMTを経験すべきであると答えた人は74%であった。（図表3－5）。州の特性や世論調査が対象とする年齢層によって結果は異なるものだが、本世論調査から判断すれば、UMT反対者もその意義を一貫して否定していたわけではなかったことが理解できる。

もともと、UMTの特性は民兵制度と国民皆兵制度に類似した二つの制度の折衷案のようなものであり、アメリカ市民には受け入れられやすいはずのものであった。アメリカ民兵は、本来的に

51　"Statement of Owen J. Roberts, Chairman, Citizens Emergency Committee for Universal Military Training," Publications of the Federal Government, Congress, Committee of Congress, House Armed Services Committee, 1947, pp.4239-4262.

52　War Department Statement on Universal Military Training Prepared by Asst. Chief of Staff G-3, WDGS, Dec.6, 1944, RG.165. 陸軍は、最小限訓練期間は52週必要と主張した。

大衆的軍隊（Mass Army）であったと言われ、強い警戒の念が払われてきた常備軍に対して、大衆的軍隊には強い親愛感が抱かれてきた[53]。UMTも強制的訓練であり民兵制度に類似はしているが、訓練内容は一般教養の習得まで含み、さらに、訓練後は現役兵としての兵役義務もなかったために、むしろ好ましく理想的な制度であった。UMTによりアメリカ青年の精神と身体は鍛えられ、社会に秩序をもたらしたかもしれなかった。したがって、図表3－5の世論調査が示すように、UMTの意義を認める結果が出されてもおかしくはなかった。

それでは、このようにUMTの価値を認めながらも、なぜアメリカ市民はUMT構想の実現には反対したのであろうか。

この問いに答えるための糸口は、UMTそのものの特性にあると言えよう。それは、UMTが完全な軍事的領域でもなく社会にも属さない特性を備えていたことである。アメリカでは、既述したように平時と戦時、そして軍と社会を伝統として峻別してきた。しかしながら、UMTを制度化することは、この明確な区分を曖昧にしてしまうことを意味した。そうなると一般市民に軍事的色彩が加わり、民主主義国家であるアメリカが軍国主義に傾倒し兵営国家になる恐れがあった。

また、軍隊とは社会から隔離され、文民の統制下に置かれていなければならないものであったが、UMTはアメリカ市民に軍事的価値観を植えつけ、軍の統制下にアメリカ市民を置くことになった。このように伝統的に敬遠してきた軍事が、日常生活の一部として取り入れられることを、アメリカ市民は断固として拒んだのであった。歴史的に幾度となく浮上してきたUMT構想が、一度も実現することなく廃案に至った事実が、それを証明している。

以上のような理由によってアメリカ市民は、社会とは異なる純粋な軍事の領域にある正規軍の増強やそのための徴兵制度には一向に反対しなかったが、日常生活にまで軍の影響が及ぶことには断固として反対したのであった。ハンチントンは次のように述べている。

「……軍事化された社会に引き続き生きるよりも、破壊の方がましであろう。戦争準備によって自由な制度を掘り崩すことは、第3次世界大戦よりも『一層重大な脅威』である。たとえこれが、『未曾有の規模で人間とその諸活動を荒廃させる』としても、『戦争という究極的な事実は永続的な戦争準備よりも、より害悪が少ないように思われる[54]』」

ＵＭＴは伝統的な文化の障壁を回避し、兵力を増強するための手段として生み出された兵役構想であった。確かにこれが制度化されれば、正規軍を増強することもなく兵力を確保できるため、反軍的文化を根底にした正規軍を小規模にとどめることには適合する。ところが、ＵＭＴは常に兵力増強の手段として認識されていたため、他の伝統的軍隊観、例えば社会と軍隊の峻別等については軽視しているように受け取られた。

ＵＭＴ推進者は、ＵＭＴにより社会と軍隊の調和を図ろうと努力してはいたが、その基本とするところは、やはり兵力の確保にあった。それに対し社会と軍隊の峻別という伝統的軍隊観は予想以上に強くアメリカ市民に根づいていたのであり、軍が理想としていた社会と軍の融和はとても受け入れられそうにはなかった。ＵＭＴは軍事と社会との境界上に置かれていたがゆえに、かえって伝統的軍隊

53　阿部斉「アメリカ民主主義と戦争」『アメリカ研究』3号、１９６９年、13頁。
54　Huntington, *The Soldier and the State*, p. 350.

観を重んじる国民に受け入れられ難い原因ともなったのである。この論点については「政軍関係」でも、文民統制のあり方として、しばしば話題に上っている。[55]

しかし、UMTの提唱者は、このような理由でUMTが否決されることをまったく予期していなかった。UMTの支持者たちは、完全に平等とは言えない選抜徴兵制による正規軍の増強こそ、アメリカの平等主義や反軍国主義の抵抗に遭遇するであろうと予想していたからであった。例えば、ジョージア大学学長のサンフォード（Steadman V. Sanford）博士は、ウッドラム委員会公聴会において「UMTは、民主主義的制度であり、アメリカの伝統を最も固守している」[56]と発言している。また、クリスチャン・ヘラルド紙（Christian Herald）の編集者ポーリング（Daniel Poling）博士は、下院軍事委員会で次のように述べている。

「UMTは、アメリカの伝統とアメリカ精神に反するものと議論されている。これは、兵役を逃れるための言い訳ではないか。確かに、ヨーロッパでの国民皆兵制度は専制独裁政権の下で行われた。それは王権神授説（divine right of kings）の下、上から課せられた。しかし、アメリカでは異なる。アメリカでのUMTは、民主主義の下で、人民のために行われるものだ。それは、建国の父たちから継承された伝統に則っている。現存の世界情勢から判断して、UMTは国防に不可欠であり、同時に世界平和を推進するものだ[57]」

ポーリング博士は、スイスにおいて調査活動を行い「国民軍人訓練がスイスの国防を強化し、繁栄をもたらしている」とも述べている。そして、アメリカもスイスの国防制度を見習うべきだと強調している。

UMTが実現されなかった理由をアメリカ社会に求める限り、アメリカ市民が平時と戦時、すなわち日常生活と軍事の間に一線を引く伝統的軍隊観を固守してきたからであったと言えよう。戦後、孤立主義という外交的伝統を放棄したアメリカも、国民に根づいた反軍的文化までは放棄できなかった。

2. 国内では力を抑制された連邦軍

歴史が浅い建国期のアメリカに特徴的な文化が根づいていたかと言えば疑問であり、それは本国イギリスをはじめとするヨーロッパ諸国の文化にある程度由来するものであった。アメリカは本国の文化を踏襲し、一つのまとまった文化として構成し、反軍的であることの旗幟を鮮明にしたのであった。少ない常備軍の保有や社会と軍隊の峻別が定着したことに言及して、ハンチントンは、「もともと、

---

55 例えば、軍隊を統制する手段として「客体的文民統制（objective civilian control）」のように軍隊と一般社会の価値観が交わることを否定する文民統制や、反対に「主体的文民統制（subjective civilian control）」のように軍と一般社会を融合化し軍を統制する形態にするのか、議論が分かれるところである。ハンチントンは「客体的文民統制」派に立ち、軍隊の社会からの隔離を優先しているが、ジャノヴィッツ（Morris Janowitz）などは、後者の立場を優先し軍隊と社会を融合させた文民統制を強調している。

Huntington, *The Soldier and the State*, pp.189-192, 260-263 および Morris Janowitz, *The Professional Soldier: A Social and Political Portrait*, A Free Press, New York,1971, pp.418-419 参照。

56 Hearing Before the Woodrum Committee, House Select Committee on Universal Military Training,78th Congress,2nd sess., Washington, D.C.: U.S.GPO, 1945.

57 Statement by Dr. Daniel A. Poling Before the House of Representatives' Select Committee on Post-War Military Policy, Washington, D.C., June 15, 1945, p.1.

自由主義は、軍の機構や機能を理解せず、軍に敵対的であった」[58]と指摘している。ヨーロッパでは貴族制的保守主義、革命的民主主義、ボナパルティズム、教権主義、君主政治、自由主義、社会主義、共産主義とイデオロギーに多様性があったのに対し、アメリカ人は、建国期から一貫して自由主義しか知らなかった[59]。

この自由民主主義一点のアメリカでは、市民を結集させるような強い対立的思想を持ち合わせておらず、一本調子ですべてを包容してしまうため、自由主義体制が安泰である限り一度できた軍隊観のような文化も変化せずに、「伝統」として定着することになった。「伝統」が守られることについては、アメリカが移民の国であり、諸州から形成された連邦国家であることが影響している。

建国以来、アメリカを悩ませてきた課題は、専制へと傾きがちな巨大な中央政府をつくることなく、いかにして多くの州が対外的には一つにまとまっていくかにあった。自由民主主義の国アメリカでは、国民統合の思想的な装置として、伝統に依存するところが大きく、それが連邦の一体性を維持する働きを果たしてきたのである。アメリカ史上、最も惨烈を極めた南北戦争は、この課題の処理の悲劇的な困難さを物語るものであった。

そのアメリカ的伝統も軍隊に限って言えば、連邦制の強化を抑える機能を果たしたのである。つまり、中央政府＝専制政治＝大規模正規軍という図式がアメリカ人の心のなかに生き続けている以上、連邦の正規軍が市民生活に脅威を及ぼさないように、絶えず気を配らなければならなかった。

有事に際しては、アメリカの中央政府は外に対しては強くなくてはならなかったが、国内では強すぎてはならなかった。すなわち、有事には外敵が、平時には強大すぎる連邦政府が自由な市民社会にとって脅威なのであった。そのためアメリカの兵力政策は、建国以来いかなる戦略環境においても、常に中央権力の象徴たる連邦制と、共和制の基礎とされてきた州権制の間の緊張のなかで立案されなければならないという宿命を負ってきたのである。対外的に圧倒的な実力を誇る米軍は、対内的には猜疑と建国以来の理念の制約に苦闘を余儀なくされるという逆説のなかで存在し続けた。

このように米陸軍は「二重規範（ダブルスタンダード）」の影響を受けつつ、反軍的文化のなかで発展した。幾度かの戦争を経験したとはいえ、建国から第2次世界大戦まで自国の生存を揺るがすような大きな脅威に遭遇しなかったことで、もう一つの基準である建国の理念に伴う社会的規範・信念が表面に強く映し出されてきたのであろう。孤立主義の間は、反軍的文化が軍に作用したが、介入主義をとるようになると、対外的脅威を強調することで、軍は国民の信頼を得た組織となった。

領土と市場の拡大および勢力均衡の維持に軍事力が果たしてきた役割は大きく、アメリカとはいえ、リアリズムに基づく国策は無視できず、同時に軍隊は強くなくてはならなかった。アメリカは地理的条件から、比較的に安全を確保しやすい。軍事力は多くの場合、国外で行使され自国本土防衛のために使用する公算は他国に比較して小さい。したがって、いつでも文化を基調とした軍隊に戻ることも可能なのだ。

このような社会と軍隊の関係は、一般的に「政軍関係（civil military relations）」の文脈で述べられ

58　Huntington, *The Soldier and the State*, pp.143-148.
1915年に、軍統帥部がドイツとの戦争計画を練っているとの噂が流れた。ウィルソン（Thomas Wilson）大統領は、事実の調査を命じ、もし事実であれば全幕僚を免職にし、ワシントンから追放すると指示している。

59　ルイス・ハーツ（有賀貞訳）『アメリカ自由主義の伝統』講談社学術文庫、1994年、21、27頁。

ている。しかしながら「政軍関係」では政治がいかに「暴力の管理者」である軍を統制、管理するかといった文民統制（civilian control）のあり方にもっぱら関心が集中されてしまいがちであるため、国民の軍隊観、または草の根レベルの社会と軍隊の関係といった文化的命題の追求が手薄になりやすい。そのため、社会とは価値観が異なる軍隊を隔離して管理するか、または軍を社会に融合させて管理しようといった文民統制のあり方しか表面に表れてこなかったのである。

その点、UMT構想を巡る多様な論争は、アメリカでは比較的等閑視されてきた軍隊と文化の関係を、そして反軍的な文化を鮮明にしたのであった。UMTに限らず徴兵制等、人々の暮らしに直接関わる兵力制度に対する社会の反応は敏感であり、その国の文化を表出するのではなかろうか。

このような視点から見れば、一度たりとも実現することがなく、アメリカ史からも忘れ去られようとしていたUMT構想にも、見過ごすことのできない重要な価値があり、外から見れば圧倒的な軍事大国である戦後のアメリカですら、国内では軍隊と建国以来の理念の歴史的な葛藤に、依然として苦闘を続けてきたという興味深いアメリカの戦略文化を示している。それをアメリカの弱点と考えるか、本質的な強さの源泉と考えるかは、21世紀の世界を考えるうえでも、意味深い問いであろう。

第4章

日本軍と戦略文化

――「脅威」との戦い

はじめに

明治維新から第2次世界大戦が終わるまでの日本は、戦争に明け暮れていたようなイメージが強い。しかし、悠久の日本の歴史からすれば、それはごくわずかな期間における例外的な出来事にすぎなかった。したがって、日本軍の歴史も建軍から解散まで70余年と短く、その形に影響を与えたであろう何らかの文化を見出すことは容易ではない。

近代を迎えた日本は、常に列強の脅威にさらされてきた。まずは富国強兵により国家の生存を守らなければならなかった。もとより、その主役ともなる近代軍の形成に文化的要因が介在する余地などあったのであろうか。

脅威と文化のバランスにおいて脅威の比重が重かったのは歴然たる事実とはいえ、軍の形に日本的文化がまったく反映されていなかったというわけではない。アメリカのように自由・平等・民主主義といった確固とした建国の理念を明文化している国とは異なり、日本人は情緒的な曖昧性に優美や風情を感じる文化を持っており、自らの個性を明確に表面に打ち出さない民族である。相手への忖度や行間を読むことによって大切なことを分かち合う感性を持っている。それらの「日本らしさ」は、何かしら日本軍の形に影響してきたに違いない。

西洋の社会では、公に対する自己犠牲の崇高さはキリスト教の倫理が強く支えているが、日本の場合は、意識の根底に国民性や風土、文化が色濃く潜んでいる。民族としての思惟や情念、そして文化の基層が不変である限り、時代は移り変わろうとも「日本らしさ」に変化はなく、旧軍と自衛隊の形には、何らかの一貫性が保たれているのではなかろうか。

では、日本人の脅威感や国防観および軍の形に影響を与えた文化的要因とはどのようなものなのだろうか。まず筆頭に挙げられる特色の一つは、地理的特性とそれがつくり出した民族性と自然観にある。日本は、ユーラシア大陸東端に位置する島国であることで、有史以来、積極的に外国の文化を摂取しつつも、在来の文化と融合させて独自性のある文化を育み、日本としてのアイデンティティを確立してきた。また、「和」を大切にしてきたことで、難事には一致団結して解決していく国民性を備えていた。

何よりも大きな恩恵は、他国の侵略から比較的守られてきたことにある。それによって、異民族、異文明に対し寛大である一方で、鎖国政策が示しているように、努めて対外との関わりを断ち、秩序を維持しようとする内向的で閉鎖的な戦略思考と平和性が育まれた。

他方で日本では、中国やロシア等の大陸の動きに、映し鏡のように常に反応しなければならず、脅威に対する敏感性も自然と備わった。平和的な文化の陰で、安全に対する強い意識と繊細な感性が培われてきたのは、日本が海洋で隔てられ外敵からの侵略を阻みやすい地理に置かれていたとはいえ、大陸とは一衣帯水の距離にあったからである。

日本人は平和的な民族であるかもしれないが、悠長に構えて安堵しているわけではなかった。脅威に対しては鋭敏に反応し、「いざ鎌倉」とばかりに、国家の生存が危ぶまれると国家の総力を挙げて脅威に向かっていく民族でもあった。

江戸時代までの日本人にとっては村や藩が国のようなものであったが、外寇による危機が強まるにつれて、「日本」という国家意識が高まるようになった。ロシアの脅威にいかに対処していくかは、明治維新を迎えた日本にとって宿命的課題であった。同時に、条約改正を前提とした富国強兵を国是として強い近代軍を創設する必要があった。

列強の脅威が押し寄せて、否応なく戦争準備に奔走しなければならなかった日本において、国家の生存と繁栄を担った立役者は軍であり、日本の国力を高めるための主役を担っていた。何よりも幕末から明治において、西欧並みの知識や技術、財力、そして情報能力を持たなかった日本が、緻密に戦略環境を把握・予想し、短期間で精強な軍隊と国防体制、そして国防戦略をつくり上げることができたのは、日本人が切迫した脅威に対して敏感に対応し、自らの犠牲も厭わず、一丸となって立ち向かう文化を持ち合わせていたからに他ならない。そこには、日本の生存をかけたリアリズムと国民の共感、そして国防に価値を置く正当な軍事への理解があった。

アメリカとは異なり、日本社会には国防を担う軍を敬う素地がもともとあった。長期間にわたる武家社会が存続したことで、自然と「尚武の文化」が根づいていたことに加え、「武士道の精神」がその文化の中核に据えられていた。一種の宗教的な道徳観、社会規範として定着していた「武士道の精神」は、明治になって「大和魂」として昇華し日本民族の精神的アイデンティティの神髄となった。

このように、戦前の日本社会と軍には共有された「魂」があり、軍には日本国民の期待と武士道の精神がつくり出した「魂」が宿っていた。日本軍は日本でしか生まれ得ず、日本人の総意と日本文化を受けての軍であったのだ。

近代日本は島国であることの利点を徹底的に活かして「海洋国家」となったわけではなく、むしろ「大陸国家」として立国する道を選択した。それは、明治の指導者たちが、国家の大戦略的選択を意識しつつ決断したゆえの進路ではなく、むしろ、具体的な状況のなかで、やむを得ざる対応を懸命に行い、戦い、そして勝利した結果、受け止めたものであった。[1]

日本の大陸政策には、国防上の戦略的理由だけではなく、日本独自の国学やナショナリズムが反映されていた。その萌芽は、国家存亡の危機に直面した幕末に、賀茂真淵、本居宣長など国学の学統による日本固有の文化を見直す国学運動においてすでに見られていた。国学運動が、幕末の志士たちの尊王攘夷および討幕運動の原動力となった。[2]

日本陸軍は大陸への「外征軍」となったことで、目覚ましい発展を遂げ、島国にはそぐわない規模と権限を有するようになった。ところが、日露戦争の勝利によって、日本人は国民的目標を見失い、個人主義や社会主義思想が蔓延し、伝統的な道徳感との間に矛盾をきたすようになった。古い道徳や倫理観は急速に崩壊し、日本人の良心や誠実さが失われ、虚偽に満ちた浅薄な社会が生まれた。[3] その頽廃は軍隊においても例外とはならなかった。大正デモクラシーの時代には、社会の不満が軍に向けられるようになった。

そして、昭和に入り日本の国際的地位が高まると、諸外国からの圧力が増し、日本社会には、西洋に対する精神主義の優越、「和魂洋才」と戦勝でつかんだ民族の自負、対外膨張を支える不敗神話等が際立つようになった。やがて、それらは視野狭窄なファナティックな精神主義を誘発し、本来の「武士道の精神」は薄らぎ、軍と国民に共有されていた「魂」も朧気になっていった。尚武の思想に代わって軍国主義思想が国民に注入されるようになった。服従を基盤として成り立つ軍紀は乱用・悪用されるようになり、軍隊の日常生活に暴力が蔓延するようになった。軍隊内では軍閥が発生し、非立憲的行動が国民の不信を買うようになり、軍閥と政党の対立は年とともに深刻となった。

日本軍が生まれ発展した19世紀後半から20世紀前半にかけては、欧米列強が世界各地で植民地を争奪し合い、勢力範囲の拡張争いを繰り広げる帝国主義という特殊な時代であった。日本は自ら帝国主義を採用することで時代に適応しようとした。しかし、それが行きすぎて列国と対立し、敗戦という憂き目を見てしまった。

敗戦の衝撃によって、日本人の間には土着的な平和文化が復活した。だが、平和的な文化の陰で培われていたはずの安全に対する強い意識は、少なくとも対外的脅威に関する限り、しばらくの間、戻ってはこなかった。

総じて、戦前の日米両軍の発展過程は真逆にあった。恵まれた地理的条件と強い反軍的文化を背景に、極めて小規模に抑えられ社会と隔絶した米軍と、元来、内向的な平和的文化を持ちつつも、その文化が反映される余裕もないほど差し迫った脅威に対峙し、社会との融合が自然となされていた日本軍とでは、国内での位置づけが正反対に置かれていた。

1　五百旗頭真編『戦後日本外交史』有斐閣、1999年、10頁。
2　黄文雄『大日本帝国の真実――西欧列強に挑んだ理想と悲劇』扶桑社、2005年、97頁。
3　吉田茂『日本を決定した百年』日本経済新聞社、1967年、48～50頁。

第1章および第2章で既述したように、確かにアメリカは常備軍の保有には否定的であったが、好戦的で武力の行使に躊躇しない文化を持ち合わせていた。他方、日本は脅威対応と近代化のために強い軍隊を持ったが、本来、対外的には非好戦的で平和的な文化を持ち合わせていたことも事実であった。だからこそ、野心的で攻勢的な大陸および南方への進出は日本に馴染まなかったし、戦後の日本に簡単に平和主義が根づいたのである。それらの文化性を顕在化することができないほど、戦前の日本は圧倒的な脅威に対峙しなければならなかったのであった。

1―日本固有の戦略文化

1. 日本の平和的文化の原型

日本ではどのような文化を背景として軍が形成されたのであろうか。日本の戦略文化を抽出する手始めに、日本人の脅威観や国防観を知る必要があろう。まず筆頭に挙げるべき前提は、地理という物理的特性とそれがつくり出した自然的条件である。日本が、ユーラシア大陸東端に位置する「島国」であることは、日本の戦略文化を構成する重要な要素の一つであり、その影響から逃れることはできない。

島国にあることで、日本は大陸と適度な距離をとりつつ外国の文明を摂取すると同時に、在来の文化と融合させて独自性を持った日本文化を育むことができた。この隔離性と吸引性から得た何よりも大きな恩恵は、他国の侵略から比較的容易に守られてきたことであり、それが日本の平和的文化を増長させた。確かに国内での権力闘争はあったが、大陸民族であれば経験する民族大移動やそれに伴う対外的な戦乱、生存競争の激しさを日本民族は経験していない。現在の日本が安全保障に対する関心が低いとすれば、まさにこの地理的特性によるところが大きいのであろう。

日本に平和性を醸し出したのは、このような地理的離隔に加えて、自然との調和を大切にする日本の風土と仏教、儒教の影響があったからである。日本の農民は寒暑の別なく田畑を耕し、風水・干ばつ・氷害・河川の氾濫・火山灰・雑草・病虫害など、自然との苦闘を通して自然観を身につけた。有史以来、日本人は笑顔の絶えない平和的民族であると言われてきたように、豊かな自然観は、自然の恵みを共有し、平穏な共生を好む日本人の感性を磨いた。寺田寅彦は、「地震や風水の災禍が頻繁で、しかも全く予測の難しい国土に住む者にとっては天然の無常は、遠い祖先からの遺伝的記憶となって五臓六腑にしみ渡っているからである」[4]と述べている。

また、江戸時代は鎖国政策により世界に背を向けて、一国平和主義を目指したが、これが200年以上も続いたのは、日本が島国という地理的条件に恵まれ、しかも内輪の平和を志向する民族性を持っていたからに他ならない。

日本文化のルーツには仏教の教える「和」がある。日本は国土面積が小さく資源に乏しい割には人口が多かったことで、食料・エネルギーは繁栄のためではなく生存のための最低必需品であった。希少な資源を多くの人々で分配し、平和的に共存するためには、個々の構成員が私益を抑制することが

4　小宮豊隆編『寺田寅彦随筆集（第五巻）』岩波文庫、1993年、245頁。

重要であった。その点は、アメリカとは対極にあった。アメリカでは自然の富が豊かであり、開発の余裕が大きかったことで、富を分配するより、富を生産する方が容易であった。

一人ひとりが全体の利益に従属し、協調して働かなくてはならなかったために、日本社会では「和」が尊重され、「和」を乱す個人主義が排除された。聖徳太子の定めた「十七条憲法」の書き出しに、「一に曰く、和《やわらぎ》を以て貴しと為し……」とあるように、日本では、仲良くすることが大事にされた。また、所属する共同体から孤立する恐れと家、氏族、村、地域社会にある暗黙の掟の恐怖が、メンバー間の一体感と調和を守ってきた。

２０００年以上続いてきた稲作文化は、日本の「和」の象徴であろう。田植えや収穫祭、冠婚葬祭等は稲作を続けるための共同作業であり、その延長線上に律令国家や武家社会が成立した。「和」の重視は、難事に際して一致団結して解決していく文化を生み、自己中心的で内向きの戦略を志向する国民性をつくり出した[5]。

ただし、日本人もアメリカ人と同じく好戦性を秘めていたことは認めざるを得ない。対外的な戦闘は少なかったが、それは地理的抑制によるもので、国内における日本人同士の争いの歴史はかなり長い。聖徳太子前後の氏族闘争から戦国時代に至るまで、日本人は争い続けた。島国内部の生活地域の小規模性とこれに呼応する共同体的団結が政治権力争いと結びつくとき闘争は生まれた[6]。

2．島国と内的志向

類似した地理的特性を持ちながら、イギリスが早くから海洋に乗り出した海洋国家であったのに対し、日本は内向的な島国であった。日本人には「秋津島」の島民という自覚はあっても、大海原を駆け回る海洋民族という意識は薄く、内に籠もった平和を維持し続けた。

歴史をさかのぼると7世紀初頭から9世紀にかけて派遣された遣隋使と遣唐使の航海は、気象条件等に阻まれ、無事に往来できる可能性は8割程度でしかなかった。天智2年（663）に日本は百済《くだら》救済のために400隻の水軍を白村江に派遣したが、唐、新羅《しらぎ》軍に敗退した。このような苦い経験が、日本人が海洋へ乗り出すことを妨げたのであった。[7]

その点、和辻哲郎は『鎖国――日本の悲劇』（1950）において、「日本に欠けていたのは航海者ヘンリ王子の精神であり、冒険心の欠如と精神的怯懦にある」[8]と指摘している。同じ島国でも、イギリスが海洋を十分に活用して外の世界で活躍した海洋国家であったのに対し、日本は閉じこもった島国であり、安全保障面でも外交面でも硬直した時代を続けた。[9]

日本人にとっての主な生活空間は陸であり、少数の沿岸部航海従事者を除けば、未熟な航海技術を保有した国にすぎなかった。日本の為政者が海上の交通を自国の経済発展のために欠くことのできない手段と意識するようになったのは、19世紀後半になってからであった。[10]その切っ掛けをつくったの

5　Naoko Sajima, "Japan: Strategic Culture at a Crossroads," in Ken Booth and Russell Trood eds., *Strategic cultures in the Asia-Pacific region*, New York: St. Martin's Press, 1999, p.70.
6　高山『日本民族の心』33頁。
7　遠山美都男『白村江――古代東アジア大戦の謎』講談社現代新書、1997年、197～216頁。
8　和辻哲郎『鎖国――日本の悲劇（下）』岩波文庫、1982年、304、317～318頁。
9　高坂正堯『海洋国家日本の構想』中公クラシックス、2008年、163～164、171頁。

が嘉永6年（1853）のペリー（Matthew Perry）来航であり、陸の民は広い大洋へ目を向けざるを得なくなった。

しかし、明治から昭和というごくわずかな時代に行われた大陸政策を除けば、日本は長期的に見て対外的に内向き傾向が強く、それは日本の国防意識や安全保障観にも影響した。自己中心的な内向きの戦略をとっていた日本にとって外的脅威は常に大陸にあった。その主対象は西欧列強の脅威が出現するまでは中国に向けられた。しかし、中国との距離を適度にとれたことにより、安全を確保できただけでなく、独自の日本文化を発展させることができた。[11]

日本は自国を中国の外縁と見なしながらも、朝鮮やベトナムのように支配下に置かれることを受け入れなかった。中華文化圏に内包されていると自認しつつも、中国を覇権国ではなく、政治文化秩序の中心と認識していたからであろう。そして、中国文化をむやみに受け入れるのではなく、有用な部分を選択し、日本独自の文化に適合させた。[12]例えば、科挙を受け入れなかったのは、競争や個人主義が日本人の文化と合わなかったからであり、中国の行政モデルを取り入れつつも独自の行政システム（内政）を発展させた。

高坂正堯は、文明の交渉史を通じて、日本と中国の交渉ほど特異なものは存在しないと指摘した。両国の関係は、ヨーロッパとイギリスの関係にある程度まで類似している。イギリスはあまりにもヨーロッパ大陸に近接していたため、シーザーによって征服され、ノルマン人によって征服された。しかし、日本はほぼ完全に孤立しながらも、自らの文明の発達に必要な程度の文明は取り入れることができた「東洋の離れ座敷であったのだ」と高坂は述べている。[13]

日本の文化的発展について、東アジア哲学を専門とする小倉紀蔵は、「大陸国家」と「海洋国家」

という分類ではなく、文明論的な観点から「大陸」と「群島」という概念を提起し、日本の文明は「群島文明」であると規定している。[14]

3．脅威に対する敏感性

海で隔てられた島国であったことで、他国の侵略から阻まれてきた日本は、内的志向と平和への執着を強めた。硬直的な外交と、自己中心的で内向きの戦略を志向するようになったとはいえ、脅威に対して鋭敏で生存と安全に対する執着は強かった。それは、島国よりもむしろ大陸にありがちな文化的特性に近似していた。

大陸国家は、陸の国境で隣国と接することで、過去に幾度となく地上侵攻を受けてきた。ドイツにしてもロシアにしても、国境に自然障害や緩衝地帯の少ないヨーロッパ大陸諸国にとって安全の確保は最重要課題であり、国家の生存を問うリアリズムの論理も、このような大陸の環境のなかで生まれ

10　曽村保信『海の政治学――海はだれのものか』中公新書、1988年、8頁。
11　吉田『日本を決定した百年』28頁。
12　Sajima, "Japan: Strategic Culture at a Crossroads," p.71.
13　高坂『海洋国家日本の構想』142頁。
14　小倉紀蔵『群島の文明と大陸の文明』PHP新書、2020年、31～42、240～244頁。庄司潤一郎「21世紀日本の安全保障環境と進むべき道――今蘇る梅棹忠夫の生態史観」防衛研究所『NIDSコメンタリー』2020年12月15日、2頁において引用。

支えられてきた。特にリアリズムの中心課題である勢力均衡は、このようなヨーロッパ大陸の地理的特質と陸軍をパワーの中心にする議論であった。

他方、海洋国家では海が自然の防壁として作用し、イギリスは１０６６年以降、アメリカも１８１２年の米英戦争以降、外敵から両国本土への大規模な地上侵攻を受けていない。[15] これらの海洋国家は、領土の支配や拡張よりも植民地政策や通商を優先し、海洋貿易の主役である商船隊と海上交通を守るために、陸軍力よりも海軍力を重視するのが常であった。[16] したがって、海洋国家ではリアリズムよりも、むしろ公海や航行の自由をルールとして制度化することに価値を置く、今日言うところの国際政治のリベラリズムが発達した。[17]

ところが、日本の場合は、通常の海洋国家に当てはまる地理的条件とは異なっていた。日本は、大陸に近接していたことで、大陸の動きに常に敏感に鏡のように反応しなければならない国であった。脅威の対象となる他国への地理的近接性（proximity）は、脅威感や国防意識に大きく影響する。[18] 例えばユーラシア大陸から遠く離れたアメリカやオーストラリアと、大陸に近接しているイギリス、日本、台湾等では、同じ島国でも脅威観に大きな隔たりがある。いつでも日本への侵略を可能にする近接性から、日本ではいつの間にか大陸国にあるような安全に対する繊細な感性が培われたのであった。キーンは、エスキモー（イヌイット）や中南米の原住民とは異なり、日本人は、遠い昔から世界があり外国があることを知っていたと指摘する。なぜなら、日本にはアジア大陸からの移民が多く、また、朝鮮半島との関係も密接で深く、日本人以外の人々が存在することをよく知っていたからである。[19]

また、アジアでは諸国家間において地理的・文化的同質性が乏しく、しかも華夷秩序が機能していたことにより勢力均衡体系が構築されなかったため、同じ島国であるイギリスよりも、日本は大陸からの脅威に敏感に対応し自助に努め、古くから外的脅威への備えを独自に講じてきた。

ペリーが来航するまで日本と外国との交流は、太平洋側よりも日本海側に向けられ、脅威と安全保障の対象も、そして交易も必然的に日本海、東シナ海方向に限定されていた。日本と大陸の交通路は、壱岐・対馬を経て朝鮮半島とを結ぶ線と、九州南端から南西諸島、琉球列島を経て台湾・大陸とを結ぶ二つの線があった。特に後者は、日本と中国大陸を結ぶ唯一の交通路であり、古くは遣唐使船の航路となり経済・文化交流のルートとなっていた。そのため、南西諸島および琉球列島は、壱岐・対馬同様に日本の防衛上最も重要な地域となった。[20]

15　1941年12月8日、日本軍はオアフ島真珠湾を攻撃したが、北米大陸への地上侵攻には該当しないので本内容から除外した。

16　ミアシャイマー（John Mearsheimer）は、アメリカを西半球唯一の大国であり、島国家（insular power）と評している（John J. Mearsheimer, *The Tragedy of Great Power Politics*, University of Chicago, 2001, p.126.）。翻訳本として、ジョン・J・ミアシャイマー（奥山真司訳）『新装完全版　大国政治の悲劇』五月書房新社、2019年。

17　坂口大作「日米　対立から共存への論理」庄司潤一郎・石津朋之編著『地政学原論』日本経済新聞出版、2020年、301～302頁。

18　ウォルト（Stephen Walt）は「脅威の均衡論（balance of threat theory）」において、脅威の度合いを「国家の規模、人口、経済力などの蓄積されたパワー」「攻撃能力」「攻撃意思」、そして「地理的近接性（geographic proximity）」の4つの要因で測ることができると説明している（Stephen M. Walt, "Alliance Formation and the Balance of World Power," *International Security*, 9 (4), Spring, 1985.）。

19　ドナルド・キーン『ドナルド・キーン著作集　第九巻　世界のなかの日本文化』新潮社、2013年、15～16頁。

日本古代の防人《さきもり》制度は、日本人が大陸からの脅威を警戒していたことの原初的実例であろう。防人制度は、６４６年の「改新の詔《みことのり》」において孝徳天皇によって定められた。６６３年の白村江の戦において、倭軍は百済救済のために出兵したが、唐・新羅の連合軍に大敗した。唐が追撃してくるのではないかと憂えた日本は、都を奈良から内陸の近江《おうみ》に移し本土決戦に備えた。そして、律令体制を整備して九州沿岸の防衛のために設置されたのが防人であった。８世紀末から10世紀の初めにかけては、新羅の海賊が九州を襲っており（新羅の入寇）、その後も数回繰り返されたが防人が対処した。

防人は大陸との交流が衰退した10世紀には、対外危機意識も低下し事実上消滅したが、１０１９年に沿海州地方に居住していた女真族の軍数千名が、壱岐、対馬、博多湾を襲った刀伊《とい》の入寇に際しては、九州の武士が撃退した。また文永の役（１２７４）では、元・高麗軍の兵力約３万５０００名が、弘安の役（１２８１）では約10万名が来襲し、壱岐・対馬・肥前沿岸の多くの民衆が殺戮され捕虜にされたが、鎌倉武士により平定されている。

このような外敵への対応と経験が、内向的で平和的な文化の陰で、安全に対する強い意識と警戒心、そして「尚武の文化」を日本人に自然と植えつけたのであった。

4．鎖国と安全に対する敏感性の衰退

戦国の内乱時代を経て徳川幕府が国家を統一すると、約２６０年間にわたる平和が継続した。日本は民族エネルギーを外部に対して積極的かつ開放的に伸ばしていく時代と、内側で閉鎖的に熟成させる時代を繰り返してきた。閉鎖的エネルギーの時代には、飛鳥・奈良文化、平安文化、そして江戸文化といった成熟した社会、文化がつくり出されている。[21]

鎖国体制下の日本は「四海波静」で、入港が許可されていたオランダ船と中国船を除き、日本の近海に傍若無人に入ってくる外国船はなかった。キリスト教の禁止や鎖国政策もある意味では、外的脅威に対する強い警戒感の表れであった。しかし、泰平の世にあった江戸時代は、脅威への備えと戦略的思考の発展が一時的に抑制された。鎖国や海禁政策によって外国の影響力を回避し、国家建設を優先したことで、対外的戦略思考と軍事への関心は低下してしまった。

鎖国を肯定的に評価するとすれば、それによって戦争が生まれなかったことである。長崎出島に滞在していたドイツ人のケンペル（Engelbert Kämpfer）は「日本には戦争がなかったために生活の水準が上がった。どうして戦争がなかったかと言うと、鎖国というありがたい制度があったからだ」と書き残している。[22] 他方で鎖国がつくり出した安泰が、脅威に敏感な日本人の特性を衰退させたことも事実であった。それは、武士だけでなく町民や農民等の一般民衆にも当てはまった。

江戸幕府が創設した長崎海軍伝習所の第2次オランダ教師団の司令官であったカッテンディーケ（Ridder Huijssen van Kattendijke）の回顧録『日本滞在記抄』では、次のようなくだりが紹介されている。

「長崎にイギリスといった大きな国が軍艦を一隻入れただけで占領できる。そのときあなた方はど

20　茂野幽考『皇国海防秘史』新興亜社、1942年、3頁。
21　黄『大日本帝国の真実』52頁。
22　キーン『ドナルド・キーン著作集　第九巻　世界の中の日本文化』32〜33頁。

うしますか」と質問したら「それは幕府のなさることで、私どもの仕事とは関係ない」と、大商人が答えた。[23]

国防は武士の仕事であり、一般民衆には関わりないとする姿勢は、戦後における日本人の安全保障観を彷彿させるものがあるのではなかろうか。

武士も豊臣秀吉による刀狩令（1588）以降、階級化が進み単なる武士ではなくなっていた。武士には文武両道の精神が求められていたが、武力の相対的価値は低下し、武家社会は、表面上は文で人民を統治する官僚組織となっていた。[24]

そのため武士階級は軍機を失い、戦略思想も等閑期となりほとんど進展しなかった。平和な時代において、幕府の対外政策には内向きかつ自己中心的文化が如実に表れ、世界的に孤立した。その結果、江戸時代末期に近代化された欧米の脅威と出合ったときに、それらに対応する準備ができていなかった。

5．ペリー来航前の脅威と戦略思想

日本人には、地理的特性や風土等が生んだ平和的で内向的な戦略文化とともに、脅威や安全に対する鋭敏な感性や直観も培われてきたはずであった。だが後者は、鎖国時代に喪失し対外的脅威には無頓着となったと考えるのが一般的な見方であろう。

徳川幕府は、200年余り鎖国政策をとり続けてきたが、その主目的は国内治安の維持にあり、対外防衛は副目的にすぎず不熱心であった。対外的脅威がまったくないわけではなかった。第3代将軍家光から第11代将軍家斉の間、7人の将軍がポルトガル船、イギリス船、唐船等の異国船問題に直面している。第4代将軍家綱のときには、すでに長崎に台場を設けているし、その後、イタリア人宣教師の密入国や唐船による密入国などがあり、幕府は武力で対応している。[25]

18世紀末以来、日本の漂流民がロシアで多く保護されたこともあって、ロシアの対日関心が強まり、オホーツク海域への進出が活発化した。[26] ラクスマン（Adam Laxman、１７９２年来日）やレザノフ（Nikolai Rezanov、１８０４年来日）は、アラスカへの入植と北方開発を推進する目的で来日したが、幕府が半年も時間稼ぎをした末に使節団の要求を拒否したため、ロシアは樺太の一部を襲撃（１８０６）した。翌年には択捉島の番所を襲い利尻島近傍の海域で幕船を焼き討ちにしている。幕府はこれを受けて蝦夷地全体を幕府の直轄下に置いた。[27]

ロシアとの接触は、領域としての国家を認識する新しい国家観を日本にもたらした。だが、幕府は対露防衛については、どちらかと言えば消極的な対応をとらざるを得なかった。当時の日本の防衛力は外敵に対する緊張と警戒から逸脱し、武力によってロシアの侵攻を駆逐できる状況にはなかったか

23　同上、４０２頁。
24　Sajima, "Japan: Strategic Culture at a Crossroads," p.72.
25　松尾晋一『江戸幕府と国防』講談社選書メチエ、２０１３年、８頁。
26　塚本政登士『日本防衛史』原書房、１９７６年、２０４～２０５頁。
27　北方問題については、菊池勇夫「海防と北方問題」『岩波講座日本通史第14巻近世４』（岩波書店、１９９５年）参照。

らである。儒学者である中井履軒は、蝦夷地を開拓するとロシア人が侵攻してくるので、無人のまま放棄すべきであると主張した。杉田玄白はロシアと交易するか、撃退するかの二者択一しかないが、当時の武士が泰平に慣れて役に立たないと判断し、防衛力が整うまで一時は交易を許すべきであると述べた。[28]

幕府はとりあえず江戸湾の防衛等、海防の強化に踏み切った。しかし、ロシアとの一件が落ち着くと幕府の国防に対する熱意は急速にしぼみ、全蝦夷地を松前藩に返還し、海防体制は大幅に縮小された。[29]

天下泰平を謳歌していた日本において、自国の国防を憂慮していた人物は僅少であったように思われるが、実際のところ日本の安全と国防に対する敏感性は失われることなく水面下で温められていた。江戸時代の日本文化の成熟は、人口の10％に満たない武士だけによるものではなく、勤勉な国学者、地方の志士、農民および商人の知恵の融合によってなされた。人々の世界事情に対する知識欲は旺盛であり、海外の事情を的確に捉え、日本の安全を講じていた。なぜなら、既述したように日本は、鎖国の最中においても異国船問題に苦悩してきたからである。

国際情勢を鋭敏に捉え、日本への脅威を認識し、国防について真摯に策を講じていたのは幕府の役人よりも、むしろ儒学者や国学者、地方の志士などであった。兵法家の平山行蔵《こうぞう》や蒲生君平《くんぺい》は、武士が役立たなくなった以上、罪人・死刑囚等を兵にしてロシア人を駆逐すべきだと提案した。数学者そして経世家である本多利明は『西域物語』（1798）や『経世秘策』（1798）において、日本もヨーロッパの植民地政策をとって北辺に進出する必要性を主張した。[30]

日本の国防強化を先見的に叫んでいたのが、林子平であった。子平は『三国通覧図説』（1785）

において、国防のために日本周辺の地誌に習熟する必要性を訴えた。同じく天明6年（1786）に成稿した『海国兵談』では、ロシアだけでなくヨーロッパ列強と清を脅威と見なし、対外勢力に目を向けさせようとした。

日本が経験してきた主な合戦は日本国内を戦場とし、国内の勢力が敵味方に分かれ攻防を繰り広げてきた。しかもそれは陸戦がほとんどであったため、兵学も大陸戦術が使われた。皮肉なことに、江戸時代の兵学が体系的に形成されたのは、実際の戦争をまるで知らない世代が思想史の表舞台に登場してからのことであった。[31]

封建時代の日本の兵法は、外部からの脅威によって発展し、古代中国の武経七書（『孫子』『呉子』『尉繚子《うつりょうし》』『六韜《りくとう》』『三略』『司馬法』『李衛公問対《りえいこうもんたい》』）から学んだ思想を日本独自の兵法に取り入れたものであった。戦国武将は、武田信玄の「風林火山」に象徴されるように『孫子』をはじめとした兵法書をよく学び研究したと言われている。

しかし、林子平は日本が海国である以上、海からの侵略に備えることに着目した。[32] 国防上の観点から蝦夷や琉球と並んで朝鮮を緊要の地と位置づけた。そして、ロシア脅威論と朝鮮領有論は、その後

28　塚本『日本防衛史』160～259頁。
29　高橋典幸・山田邦明他『日本軍事史』吉川弘文館、2006年、230頁。
30　池井優『日本外交史概説』慶應通信、1973年、10頁；塚本『日本防衛史』160～259頁。
31　野口武彦『江戸の兵学思想』中央公論社、1991年、14頁。
32　林子平（村岡典嗣校訂）『海国兵談』岩波文庫、1939年。

展開された大陸侵略思想の原点ともなった。[33]

文化5年（1808）には、オランダ国旗を掲げてイギリス艦フェートン号が長崎に侵入し、オランダ商館員を拉致し、水と食料を要求した。これに応じた長崎奉行・松平康英は責任をとり自刃した。文政8年（1825）には、日本に接近する異国船を有無を言わさず撃退することを諸藩に命じた「異国船打払令」を発令した。

漢学者の古賀侗庵は、林子平と同じく天保9年（1838）に『海防臆測』によって日本の海防の急務と充実を主張している。二人は日本の海戦能力が世界に大きく立ち遅れていることを熟知していた。[34]古賀は、日本の地形は狭く長い島国であるため、海防こそ日本防衛で一番重要であり、早急に戦艦を建造し、沿岸部の築城を強化すべきことを主張した。

実際、外国船が頻繁に日本沿岸に出没すると海軍力を持たない日本の警備は混乱した。当時、武士は城下町に集められていたため、城下町から遠く離れた海岸に外国船が出没すると対応に遅れが生じた。しかも船が移動すると、それに対応するための機動力を持っていなかったため、農民兵を設ける建議がしばしばなされた。[35]漢学者である大槻磐渓《ばんけい》のように、沿海の要衝に西洋式の城塁を構築することを主張した者もあった。

砲術も相当の後れをとっていた。19世紀はじめに砲術の未熟を指摘し西洋砲術を取り入れただけでなく、私財を投じて西洋の武器を購入した高島秋帆《しゅうはん》や彼を支持した韮山《にらやま》代官である江川太郎左衛門のような人物もいた。彼らは大砲の製造や砲術の普及に尽力した。その努力が実り、江戸湾の防衛も外国船の出現が増えるとともに逐次強化されていった。[36]

佐久間象山の唱えた海防論は、西洋諸国との交易・通商による経済的利益が目的ではなく、西洋諸国の有益な学問、軍事、人材を取り入れ、国の防備を充実させ西洋諸国と対等な地位を確保することを目的とした。国内外の情勢を察して無謀な開戦を避け、造船、戦艦購入、有能なオランダ人招聘などの具体的方策を掲げ、国防の完備を唱えたところに象山独自の国防論があった[37]。

アヘン戦争（１８４０－１８４２）により清がイギリスに破れたことは、日本の支配層にとって大きな衝撃となった。幕府はイギリス・ロシア・フランスなど西欧列強の外圧を深刻に意識するようになり、諸藩に海防の強化を命じた。

熊本藩出身で福井藩の政治顧問となる横井小楠《しょうなん》は、将来、ロシアとイギリス両国が極東において覇権を争うようになり、日本は存亡に関わる厳しい状況に置かれると予見した。事実、彼の危惧したことが、文久元年（１８６１）に「ロシア軍艦対馬占領事件」となって現実のものとなった[38]。このような時勢を背景にして小楠は、海軍力の強化を説いた。

幕末に見られる脅威観や国防思想は、日本の地理的特性と能力を的確に捉えたものであった。日本

33　纐纈厚『侵略戦争——歴史事実と歴史認識』ちくま新書、１９９９年、19頁。
34　塚本『日本防衛史』１６０～２５９頁。
35　同上、２０８頁。
36　同上、１９９～２０４頁。
37　笠井和広「佐久間象山の思想と国防論」『国際経営論集』No.28、２００４年11月、１０６頁。
38　日野清三郎『幕末における対馬と英露』東京大学出版会、１９６８年：三上一夫「横井小楠・佐久間象山の海防論——両論の異同性を中心に」『福井工業大学研究紀要』第23号、１９９３年３月、51頁。

が当時の国力を鑑み消極的に脅威に対応しようとする限りにおいて、国防の要は海軍力の強化と沿岸防衛と考えるのが自然であった。[39] 日本の国土全体を戦場にするような国防論を唱えた者は一人もいなかった。その後、明治中期を通じて日本が弱勢であった時期でも国防論の骨格が海防論だったことは、当時の日本人がいかに正しい国防認識を持っていたかを証明するものである。

幕末から現れた西欧列強の脅威に対し、日本の国防能力の劣勢を見抜き、とるべき国防策について多くの志士や国学者が侃々諤々と意見を論じ合った。明治維新を迎えた日本が短期間において近代軍を整備し得たのは、泰平の世においても脅威や安全に対する日本ならではのＤＮＡと戦略文化が生き残り、それらが再び芽を吹いたからであろう。

それらは、他国からの押し付けではない日本ならではの文化が反映された国防思想であった。日本民族は伝統的な既成価値に固執せず、絶えず外来の新文明を受容し、融合することで、さらに新しい価値を創出してきた。このような民族性が国家危機への対応力を養い、向上させた。また、日本が地理的に孤立した島国であり、江戸時代は鎖国によって海外との交渉がほとんど閉ざされたことが、日本を極めて均質な社会にし、異質な外国人との差異に敏感にさせた。[40]

２―国民と一心同体の近代日本軍

1．国家の原動力となった日本軍と徴兵制度

慶応３年（１８６７）の王政復古により、源頼朝以来約７００年にわたり武家が治めた国家体制は

天皇に帰した。西洋型の近代主権国家の制度的模倣と古来の政治的伝統を強調する国体論という二重の基盤を持って出発した明治政府にとって優先すべき課題は、近代国家型の軍事機構を組織することであった。

建軍において対外防衛を鑑みた場合、理論的には海軍力の整備と日本近海の制海権の確保が最優先すべき目標であった。しかし、海軍を優先することで陸軍の整備が後回しになり、既存の封建的諸藩兵が温存されたままで、新しい政府軍の編成が困難になる恐れがあった。したがって、まず陸軍を優先的に整備することで、少なくとも敷居の内だけは守ることができると判断されるようになった。[41]

当時の軍は「御親兵」を除き天皇に直属せず、天皇は各藩を通じその藩兵を指揮し得るにすぎなかった。新政府は独自の軍隊を持たず、旧士族を集めた軍隊とするか、新たに国民軍を創設するかという選択に迫られたが、財政基盤の弱い新政府は、国民皆兵による天皇の軍隊を創設することを決定した。特に政府直轄軍創設の必要性を強めたのは、次々と起こり拡大した農民一揆と士族の反乱による社会秩序の乱れであり、新政府にとって治安を維持する国民軍の創設は必須であった。その点は、建国期のアメリカも同じであり、フェデラリストが常備軍の必要性を訴えたことに類似している。[42]

中央政府軍を創設したことで、各藩がそれぞれ軍隊を持ち領地に割拠していた封建制度が解体され、

39　原剛の研究では、明治維新までに台場は全国で1000箇所あった（原剛『幕末海防史の研究――全国的にみた日本の海防態勢』名著出版、1988年）。
40　黄『大日本帝国の真実』52、97頁。
41　原『幕末海防史の研究』4頁。

封建士族から武士としての特権を奪い「万民平等」が具体化された。一部の士族が軍事を担う近世的な軍隊から、国民皆兵制に基づく近代的な軍隊への移行は、陸軍を藩閥から離脱させ、社会、国民と軍の絆を強めることになった[43]。

国軍建設の功労者である大村益次郎の大志であった徴兵制は、軍と社会をつなぐ連結装置であり、国防に必要な戦闘訓練や軍事知識を国民に習得させるだけでなく、人民の「国民化」を促すものとなった[44]。権力の分散を図り、常備軍が中央権力の象徴になることを阻んできたアメリカとは対照的に、徴兵制による国民軍の創設は、天皇中心の中央集権国家体制を築きたかった明治新政府に好都合であった。スメサースト（Richard Smethurst）は「徴兵制は、軍事的な価値基準で文民を教育することを通じて、統一と国家目標へのコミットメントを築き上げるひとつの方法であった[45]」と述べている。また、地方で頻発する士族の反乱を鎮定するためにも、一般国民の徴兵は必要とされた。

しかし、実際はすんなり徴兵制が整ったわけではなかった。明治3年（1870）に徴兵規則が定まり徴兵令の制定が約束された。しかし、この徴兵規則は徴兵の選定を各府藩県に任せ、国家機関がこの選定されたものを無条件で受け取る仕組みであったので、国家としての徴兵政策は意のままにならなかった。さらには徴兵に要する費用を、国家と地方が分担したために、国家の発言権が弱められることになった。その結果、徴兵規則は実行されず、自然消滅した[46]。

陸軍は明治4年（1871）に、薩摩、長州、土佐の藩兵1万人をもって創設され、東京、大阪、鎮西（熊本）、東北（仙台）の4鎮台が設置された。鎮台制になって軍の任務は国内警備から国土防衛型に変じ、御親兵は、翌年、近衛兵と改称された。

明治5年（1872）2月には、兵部省陸軍部・海軍部がそれぞれ陸軍省・海軍省に改組された。

同年11月には「全国徴兵の詔」が発せられた。そこには「古昔郡県の制、全国の丁壮を募り、軍団を設け、もって国家を保護す」と記され、全国皆兵制度が日本の兵制であることを明らかにした。[47] そして、明治6年（1873）に「徴兵令」を布告し、鎮台は名古屋と広島にも増設され6鎮台となり、総兵力も3万1680名に拡大した。

1873年の徴兵令は国内の治安維持のためであったが、10年後の1883年に改正された徴兵令の目的は、明らかに大陸との戦争に備えるためであった。[48] 徴兵は、1945年までの70余年にわたって実施され、17歳から40歳までの男子は服役義務を負っていた。20歳になると徴兵検査を受け、適格者は抽選で3年間、軍に編入された。それまで武士が担っていた軍役は兵役と名を変え、国民がその義務を負担するようになった。[49]

42　ハミルトン、ジェイ、マディソン『ザ・フェデラリスト』第24～26、28篇、114～129、133～136頁参照。
43　大江洋代『明治期日本の陸軍――官僚制と国民軍の形成』東京大学出版会、2018年、240～241、276～277頁。
44　田中雅一『軍隊の文化人類学』風響社、2015年、6頁。
45　カッツェンスタイン『文化と国防』77頁。Richard J. Smethurst, *A Social Basis for Prewar Japanese Militarism: The Army and the Rural Community*, Berkeley: University of California Press,1974, p.335 より引用。
46　松下芳男『明治の軍隊』至文堂、1963年、28頁。
47　同上、29頁。
48　E・H・ノーマン（陸井三郎訳）『日本における兵士と農民』白日書院、1947年、20～21頁。

徴兵制度が制定されたことで、国家は一方的意思により兵の増員と補充ができるようになった。また、資質の高い兵を徴集できただけでなく、地方と軍隊の関係を密にし、兵の精神的戦力を強化できた。また、兵を平等に取り扱った軍隊は、国民の階級的封建思想を打破することに貢献した。何よりも、軍隊での規律正しい日常生活と厳しい訓練は、国民の耐久力を増強し、忠君愛国、信義、礼儀、武勇、質素、節操、廉恥などの精神徳目を身につけた軍人は、社会からの高い信頼を得るようになった。[50]

日本陸軍は明治末年には常備19個師団、兵員30万の規模に達した。わずか40年でこのような大規模な軍に発展したのは、明治政府の富国強兵策によるところが大きいが、その背後には日本民族の生存に対する強い気魄と「和」を重視する団結力が作用した。

2. 尚武の文化と武士道の精神

世界に立ち遅れてしまった日本の国防に、近代軍の創設は必須であった。日本が直面していたのは、アメリカの民兵で対応できるような脅威でなかったことは、日本社会に自然と日本軍を受け入れる文化をつくった。元来、日本社会には国防を担う軍を敬う素地があった。長期間にわたる武家社会が存続したことで、自然と「尚武の文化」が根づき、必然的に軍を賛美する文化を育んでいた。

そして、日本陸軍の発展に欠かせなかったのは、「尚武の文化」の中核にあった「武士道の精神」であった。新渡戸稲造は著書『武士道』のなかで、日本人の道徳的特性の原点に武士道があり、義・勇・仁・礼・誠・名誉・忠義等の規範を尊ぶことが日本人の証しであると著した。[51]

本来、武士制度は、「御恩」と「奉公」、すなわち主人と家来の主従関係から生まれたシステムであ

った が、日本の歴史のなかで、より大きな社会、ひいては国家に忠誠を尽くし、秩序を乱す外敵や侵略者から国家・国民を守ることの大切さと、そのためにはあらゆる困難に抗して命を懸けて戦い、任務の完遂のために全力を尽くすことを尊ぶ信条をつくり上げた。

武士道の精神の神髄は、攻撃的ではなく防衛的なことにあった。武力は侵略のためでなく、あくまで自国防衛のためにあるとされた。武士道とは、武士すなわち戦闘者の精神の道義性を強調したものであったが、そこでは、敵対する者に対する惻隠の情が重視された。武力を持ち特権を与えられることの裏返しとして、徹底した自己抑制、厳しい規律、謙虚さや他者への思いやりなど、人間としての生き方に高い精神性を求められたのである。

武士道の精神は日本社会に脈々と受け継がれ、やがて武家社会に限らず大衆にも一種の宗教的な道徳観、社会規範として普及されるに至った。その意味で、武士道は、日本文化の不可分の一部ともなった。

明治国家が国際社会の荒波に乗り出し、近代的な軍事組織をつくったとき、武士道は軍人たちの行動を律する規範として、あらためて強調されるようになった。武士の「魂」であった武士道は、日本軍人の「魂」とされた。そして、国民皆兵の徴兵制の下で、四民平等の一般庶民が軍人となる道が開かれるようになると、武士道の精神は、武士から国民全体の倫理的規範として内在化された。「主人」

49　秋山博志「徴兵制の成立と変遷」『地域のなかの軍隊8　日本の軍隊を知る』吉川弘文館、2015年、10頁。
50　松下『明治の軍隊』31頁。
51　新渡戸稲造（須知徳平訳）『武士道』講談社インターナショナル、1998年。

に対する「奉公」は、国家・天皇に対する忠誠へと変換された。国家に忠誠を尽くし、外敵から国家・国民を守ることの大切さと、そのためにはあらゆる困難に抗して命を懸けて戦い、任務の完遂のために全力を尽くすことを尊ぶ信条が教え込まれ、一種の文化として浸透していった。

日本軍人は、武士道を内面的な規範とし、「魂」として日清・日露戦争を戦った。1905年1月、旅順を攻略した乃木希典大将が、降伏を申し入れてきたロシア旅順要塞司令官ステッセル（Anatoly Stessel）将軍と水師営で会見したとき、敗軍の将を辱めることのないよう手厚く配慮したことを、世界は日本の武士道が発揮されたものとして称賛した。もちろん日清・日露戦争においても武士道の規範に反する例がなかったわけではない。ただ、それらは例外的事例にとどまったと言えよう。

しかし、日本社会の近代化が進むにつれ、社会の伝統的な紐帯が弱まり、伝統的な道徳もその規範としての力を弱めていった。その傾向は、軍隊においても例外とはならなかった。「武士道の精神」は薄らぎ、昭和期の戦争で武士道にもとる行為は、例外にとどまるとは言えなかった。ただ、それでもなお、武士道こそ日本軍人の大多数にとっての道徳的規範であり、「魂」の拠り所であったことは否定できないであろう。その後、武士道の精神は、武士から国民全体の精神として「大和魂」へと昇華し、日本民族の精神的アイデンティティの神髄となった。

このように、戦前の日本社会には共有された文化としての「魂」があり、外敵脅威から国を守る軍にも、日本国民の期待と武士道の精神がつくり出した「魂」が宿っていた。軍に対する抵抗がまったくなかったわけではないが、それが一部の弱い抵抗にとどまって、強い反軍文化に及ばなかったのは、そのためであった。[52]

3. 日本社会と軍の一体化

日本社会における軍と言えば、多くの人々が想像するように強権力を持った軍が国政を支配し、国民を戦争に引きずりまわしたような印象を受けるが、実態はそうではなかった。軍隊の成長・近代化の大部分は、社会との接触、社会との関わりを通してなされるもので、[53]軍隊はどこまでも国民の縮図であり、その時代の国民意識や文化の影響を受けてきたのは軍の方であった。

1867年の大政奉還をもたらし、国家イデオロギーの台頭を促進した同じ勢力が近代日本軍をつくり出したことで、軍人的価値と政治家的価値との間に緊張がなかった。そのため日本の将校団は専門職業的精神に欠け政治的性格を帯びるようになり、いつまでも大衆イデオロギーに支配され続けた。[54]日清戦争開戦前には自主的な義勇兵が大勢出て政府が沈静化させるほどであったし、三国干渉の屈辱はおとなしく平和的な日本人を憤激させ、国民は「臥薪嘗胆」をスローガンとして一丸となり、軍事の強化に邁進した。

転じて、第1次世界大戦後に世界的な平和主義が蔓延すると、日本国内にも厭戦・反軍ムード、拝金主義が広がり、軍人は卑下され、制服で街を歩けないほど軍隊は冬の時代を迎えた。ベルサイユ・ワシントン体制の成立は、明治維新から富国強兵に邁進してきた日本に閉塞感をもたらすようになっ

52　松下『明治の軍隊』1～7頁。
53　戸部良一『逆説の軍隊』中央公論社、1998年、21頁。
54　Huntington, *The Soldier and the State*, pp.125-134.

た。そして、昭和恐慌で農村が窮乏し、都会に失業者があふれるようになると、社会は政党や財閥への不信と不満を募らせ、軍部に急速に信頼を置くようになった。

二・二六事件は軍隊に対する国民の信頼を失墜させたが、後の日中戦争は景気拡大をもたらし、国民は軍を歓迎した。日中戦争の長期化は日本国民に屈託感をもたらしたが、真珠湾攻撃の成功と南方作戦における連勝は国民を高揚させた。

国際関係の変動や社会情勢、世相の転変に伴って、軍に対する国民の反応が変化するのは当たり前のことで、どこの国にも程度の差こそあれ存在するものだが[55]、日本の場合、軍と社会は融合し国民は軍を信頼していた。軍の行動に支持が集まったのも、社会事情の結果によるものであり、いつの時代においても軍の性格と形は社会を映し出していた。

そして軍と社会の固い紐帯を結んでいたのは、言うまでもなく国家の生存を危ぶむ脅威の存在と尚武の文化にあったのかもしれない。既述したように、戦前のアメリカでは、現在では想像もできないほど常備軍に対する不信感や警戒感が存在し、平時に大規模軍隊の保有は不要と考えられていた。その点、戦前の日本の軍隊は、日本人の共有文化遺産であり[56]、日本の文化が軍の性格・特徴を形作り、軍が日本文化の一面をつくってきた。

4．国民の学校としての軍

明治維新によって創設された軍隊は、日本の近代化を推し進める工場としての役割も担っていた。軍隊は職業を提供するだけではなく、国民の学校でもあり、読み書き、時間秩序、集団動作、衛生観念等、社会人として必要な常識が軍隊により教育された[57]。

新兵は、共同生活を通じて一人前の大人となり、また共通語（標準語）を学習することで「国民」として規格化された。軍隊はまさに人民の「国民化」を促す教育機関であった。[58] 学歴・出自に関係なく、徴兵されれば営内では平等であり、個人の才覚や要領で生きていける兵隊生活は一種の平等社会であった。また、どのように貧しく無学の者でも高い社会的地位を得る契機となるため、国民は軍を高く評価した。軍は能力主義を重視して編成されていたからこそ、兵として預けられる組織であり、国防を任せられる組織であると国民は納得し、信頼を寄せていたのであった。[59]
藩閥指導者は、薩長を主体に激しく対立したが、明治国家の建設を担う自負と責任感から協力することは拒まなかった。彼らの大部分が維新を潜り抜けてきた武士出身であり、大久保利通や伊藤博文のような文官であっても、軍事に対する偏見はなかった。[60]
明治23年（1890）の陸海軍大演習を見学した福沢諭吉は、『時事新報』において次のような社説を掲載した。

---

55 大原康男『帝国陸海軍の光と影――一つの日本文化論として』日本教文社、1982年、305頁。
56 同上、308頁。
57 西川吉光「日本の戦略文化と戦争」『国際地域学研究』第13号、2010年3月、1～2頁。
58 田中『軍隊の文化人類学』6頁。
59 大江『明治期日本の陸軍』240～241、276～277頁。
60 北岡伸一「海洋国家日本の戦略――福沢諭吉から吉田茂まで」ウィリアムソン・マーレー、石津朋之編『日米戦略思想史』彩流社、2005年、25頁。

「一般の社会が軍人に対する感情を見るに、武士は旧時の武士にあらず、軍律の下に運動する者にして、武権を濫用するなど思ひも寄らざることなれば、国民のこれに対する情感も大に趣を改めたる。ゆえに軍人も亦旧時の武士を学んで武権を弄ぶことなかるべしと信ずる[61]」

これは、この時期において「軍人」が社会に受け入れられ始めていることを記述したものであった。[62]

また、平均的日本人は、兵役、軍事教練、在郷軍人会等の組織を通じて軍隊に対する親近感があり、市民社会・地域社会と軍には高い親和性があった。[63]

明治22年（1889）の徴兵令改正により、兵については本籍地での徴集が原則化され、各連隊は郷土部隊化されることになった。日本陸軍は建軍当初から、レジメント（連隊区）制をとっていた。全国を師管に区分し、それを歩兵連隊の個数と同じく4個の連隊区に細分する。そこを本籍とする壮丁を集め入営させて各部隊を充足し、それらを編合して師団とする。そこに生まれるのが郷土部隊であったが、特に主兵とされた歩兵連隊では、郷土色が濃厚となり、郷土の名誉のために戦力が高められた。[64]日清・日露戦争では、一定数の郷土出身将校を組み込んだ連隊が戦地に投入された。日本社会に導入されて、まだ数十年の徴兵制の軍隊が対外戦争を行うためには、郷土化した団結心の強い連隊が必要であったからである。[65]

将校が同じ地域の出身であることは、兵を送り出す地域の人々が連隊を信頼する契機の一つとなり得た。軍事的意義をみれば、兵への教育責任を高めるために取り入れられた将校の出身地師団への配属は、各地において郷土出身将校を媒介とした地域と連隊の結合を生み、このことが各連隊の軍事的能力の底上げにつながった。[66]このような連隊将校団の郷土化によって築かれた将校と兵の関係は、世界的に見ても非常に特異なものであった。将校の郷土化は、人々の軍隊に対する不安や抵抗を取り払い、軍隊と人々の溝を多少なりとも埋める役割を果たしていた。[67]

だが、日露戦争中から、地域性を加味した連隊将校団は徐々に崩壊していく。各連隊が戦前の予想をはるかに超えた大きな損耗を被るなかで、将校の異動や臨時増設部隊の設置が頻発したため、互いに見知らぬ将校が中隊内に同居する事態も多く見られるようになった。[68]

在郷軍人会や国防婦人会も軍と社会をつなぐ連結装置の一つであった。日露戦争ではこれまでにない兵力動員を余儀なくされた。動員を成功させるためには国民の支持が不可欠であることを強く認識した陸軍は、軍隊と国民を緊密に結びつけようと試みた。陸軍の田中義一は「軍隊の家庭化」「良兵良民主義」を訴え、田中の主導で在郷軍人会が設立されたのであった。[69]

在郷軍人会は、１９３６年までには1万４０００の支部を持ち、２９０万人の日本人を入会させ、地方では少なくとも80％が加入していた。ストーリー（Richard Storry）は、在郷軍人会を「戦前の

61　社説「軍人と文民」『時事新報』１８９０年3月25日付。
62　大江『明治期日本の陸軍』２４０～２４１頁。
63　西川「日本の戦略文化と戦争」1～2頁。
64　藤井非三四『帝国陸軍師団変遷史』国書刊行会、２０１８年、2頁。
65　大江『明治期日本の陸軍』３００頁。
66　同上、２９９～３０１頁。
67　同上、３５３～３５４頁。
68　同上、３００頁。

日本における最重要の大衆的基盤をもった愛国的圧力団体」であったと評している。[70]
1915年には、無数の青年団が、大日本連合青年団に整理統合された。陸軍の国民的ネットワークの一翼として、連合青年団は、若すぎて予備役に入ることのできない者や徴兵検査に不合格になった者を組織化した。連合青年団は、事実上、陸軍省に統制され、在郷軍人会と協力しながら軍事訓練や災害救助、身体訓練といった活動を実施した。[71]
陸軍上層部は1926年に、文部省の管轄下で若者の訓練所を創設した。訓練所では、15歳から20歳までの若者が、4年間にわたって、800時間の教練を受けた。1934年には約100万人の若者が訓練所に入会し、陸軍と文部省が協力して青年学校を創設したことで、さらに100万人の青年男女を追加することに成功した。[72]
このような組織や施策により一部で軍に反抗する者はあっても、日本社会には軍を受け入れ、国防の任に当たる軍人に対する強い尊敬の念が育まれていた。兵営における行動規範は社会や風土の反映であり、逆に日本社会も軍隊から影響を強く受けた。軍産国家日本では軍隊が基軸となり、軍隊と社会は同心円的に回転していた。[73]
また、軍は帝国主義的な国力伸長の時代にあって対外発展の原動力であり、これに協力することは、自分たちの生活の向上につながるという意識が国民にあった。軍隊とともに地域や鉄道も発達した。米陸軍が辺境の地に追いやられたのに対し、日本では師団司令部や鎮守府が置かれた町は軍都として栄えた。[74]
将兵も一般国民も挺身的な行動を厭わなかった。それらは軍が国民に強要したものではなく、生存への未曽有の不安と安全に対する敏感な文化、そして尚武の文化が軍中心の日本社会をつくり、その社会が軍を育てていたからであった。メディア、学校教育、大衆芸能、娯楽に至るまで軍は国民の話題の中心にあり、滅私殉国の美談で埋め尽くされ、軍と国民の距離は緊密で親近感があった。軍が国力と国家の威信を高めていることを理解していた大衆は、好意的な姿勢で軍を支えていた。

昭和8年（1933）に大阪天神橋において交通信号を無視した兵隊と注意をした交通巡査が殴り合いのけんかを始め、それが陸軍と内務省との対立までに発展した。ゴー・ストップ事件として知られる本件に対して、大衆は軍側を支持した。民衆を押さえつける警察権力ではなく、皇軍に庶民は親しみを感じていたことの現れである。[75]

日本が生存と安全のために大義があった時代も、それを忘れ失っていた時代も、いずれにしても日本社会と軍事は融合しており、軍民一体は日本社会における一つの規範であったのだ。

69　高嶋航「軍隊と社会のはざまで——日本・朝鮮・中国・フィリピンの学校における軍事訓練」『軍隊の文化人類学』風響社、2015年、358頁；藤井忠俊『在郷軍人会——良兵良民から赤紙・玉砕へ』岩波書店、2009年、45〜82頁。
70　カッツェンスタイン『文化と国防』77頁。Richard Storry, *Japan and the Decline of the West in Asia 1894-1943*, New York: macmillan,1979, p.335 より引用。
71　同上、77頁。
72　同上、77〜78頁。
73　西川「日本の戦略文化と戦争」3頁。
74　林博史・原田敬一・山本和重『地域のなかの軍隊9　軍隊と地域社会を問う』吉川弘文館、2015年、1〜30頁。
75　松下芳男『陸軍騒動史』くろしお出版、1959年、304〜317頁。

第5章

「外征軍」として発展した日本陸軍

はじめに

本来であれば、島国は陸軍力よりも海軍力を強化するのが自然であった。しかし、日本は海軍力と並んで、なぜか大きな陸軍力を持つに至った。それは、日本の地政学的特性から生じる脅威への対応と対外思想という文化的影響を理由にしていた。

西南戦争を最後に、内乱対処への憂いがなくなった日本は、対外脅威から自国の安全と生存を守ることに一貫して心血を注げるようになった。明治4年（1871）時点で、新政府は軍の役割を国内警備と国土防衛に置いていたが、各地での反乱が沈静化し、国土防衛に集中できるようになった。日本がとるべき国防手段は大きく二つあった。一つは、敵を自国の本土内で撃破する「守勢防御」、もう一つは自国の領土外に存在する敵を先制的に撃破する「攻勢防御」であった。明治初期において、国力もなく近代軍の育成が整っていなかった日本は、前者の手段をとるしかなかった。[1]

一国の防衛は国土の地形に対応したものでなければならず、日本のような四面環海の国土を防衛するためには、自国領海に一定の防御線を定め、これを突破し侵攻してくる敵を沿海砲台等により撃破する「消極的守勢戦略」が妥当であった。[2] 海軍による「沿海防衛」と国土の戦略要域（主要な海峡）に設置された海峡要塞からなる陸軍の「海岸防御」と、陸・海軍の密接な協調が図られていた。[3]

その水面下において日本人は、日本の安全に死活的な影響を及ぼす地域は満州と朝鮮半島であり、それらがロシアの支配下に置かれることは、日本の生存を危めることを意味すると理解していた。日本の防衛を国境線周辺の海守ないし陸守によって図るのではなく、朝鮮半島に目を転じた積極的な防衛戦略が唱えられるようになったのは、当時の強い脅威観と前述した対外思想からして自然の流れであった。

日本には幕末、明治建国初期から一貫して列強間の対立を利用してアジア大陸に進出していこうとする大陸攻勢への志向があった。イギリスの地理学者であるマッキンダーも、大陸国家と対峙する島国は、その中間に位置する半島を大陸国家に支配されてはならないと示唆している。[4]

1　海軍については、諸藩からの献納軍艦と外国からの購入軍艦によって直属海軍を編成したが、当時、政府内において陸軍を優先整備すべきか、海軍を優先整備すべきかについて意見が分かれていた。対外防衛を考えた場合、理論的には、強大な海軍を建設し、日本近海の制海権を確保すれば外国の侵略を防止することができるが、当時においては、このような強大な海軍の建設は財政的に不可能であり、さらには海軍を優先整備することにより陸軍の改編が後回しになれば、結局既存の封建的諸藩兵を温存し、新しい直属軍の編成が困難になった。したがって、まず陸軍を優先整備しておけば、少なくとも敷居の内だけは守ることができるとし、陸軍を優先整備していったのである（原剛『明治期国土防衛史』錦正社、2002年、4頁）。

2　大山梓編「軍備意見書」『山縣有朋意見書』原書房、1966年、45頁。

3　防衛研修所戦史室『戦史叢書　大本営陸軍部（1）』朝雲新聞社、1967年、12～13頁。

朝鮮の服属を視野に入れた国策と大陸政策は明治期に発生したものではなく、すでに幕末にその萌芽が見られた。[5]日本が大陸政策を選択できた理由には、対馬海峡や日本海が、海の防壁として大陸からの侵略を防止できると安堵できるほどの距離はなく、裏を返せば朝鮮半島および大陸に進出するために、移動が比較的容易な距離にある日本の地政学上の位置が強く影響していた。

海上防衛と沿岸防衛を強化しても、海を越えられてしまうと、国土が狭く防御の縦深が浅い島国日本の防衛は不可能であった。そして大陸に利益線としての橋頭堡を築き対馬海峡の縦深を利用すれば、本土防衛も可能な地理的位置にあった。そのため、日本陸軍は「外征軍」となり利益線を遠方に延伸する役割を担うにつれ拡大していった。

明治以降の日本の国防思想は、日本の地理的特性を考慮し、不可抗力的な脅威から国家の生存を確保すべく、ある意味、純粋で正当な戦略的合理性を追求した面と、大国主義、膨張主義、そして大陸主義に陥ってしまった野心的な面とを有していた。

日本が、国の安全を確保しようとしたのは当然とも言えるし、当初、それが対岸保全論に傾いたのも無理からぬところがあった。ところが、海上権を確立した後、新しい目標を立てることができず、それまでの古い意識が慣性となり、歯止めの利かない膨張主義へと走ったのは問題だった。[6]

1　大陸政策と近代日本の戦略思想

1.「外征軍」として発展した陸軍

(1) 鎮台から師団制への転換

西洋諸国と比べてそれほど大きな脅威とならない清や朝鮮が日本の大きな関心ごととなった背景には、確かに地政学的理由があった。特に朝鮮半島の安全が近代国家として定位する日本の安全に密接に関わってくるという認識であった。[7]

軍事戦略は明治20年代になると、より積極的な戦略に変質した。明治21年（1888）1月、山県有朋は『軍事意見書』を起草して極東情勢やロシアの脅威、日本の軍事戦略、外交と軍事などについて建議した。特にロシアについては、西シベリア鉄道の完成による極東への軍事輸送力の飛躍的向上が必ず満韓に対する侵略を引き起こし、ひいては日本やイギリスとの軍事衝突に至る可能性があるこ

4　マッキンダー『マッキンダーの地政学——デモクラシーの理想と現実』38～86頁。
5　纐纈『侵略戦争』17頁。
6　三好喜太郎『海洋国家の安全保障——日本海海戦の意義を考える』朝雲新聞社、1969年、203頁。
7　中西寛「アジア主義の呪縛?——二〇世紀日本外交におけるアメリカとアジア」伊藤之雄・川田稔編著『20世紀日本と東アジアの形成1867～2006』MINERVA人文・社会科学叢書、2007年、246頁。

とを鋭く指摘した。

山県は、「対馬諸島ノ主権線ハ頭上ニ刃ヲ掛クルノ勢」と評し、国境である「主権線」防衛のために、主権線の安全と相関係する地域である「利益線」を防護する積極的な防衛戦略を説き、これが国土防衛の考え方が大きく転換していく端緒となった。[8]

同年には鎮台制を野戦で独立して戦闘できる諸兵種部隊である師団制へと改編し、兵力を6万92 2名にまで拡大した。[9]『公爵桂太郎傳』は「師団編成の創設は維新以来陸軍編成の一大改革にして将来大陸的戦闘に従事し得べき基礎を樹立したるもの」[10]と評価している。

師団制を導入した陸軍改編は、軍の機動性の要求に対応するものであった。[11]従来の国防戦術、すなわち沿海砲台に代表される要塞を用いた「固定的防御戦術」は、敵の上陸地点に機動力を駆使して圧倒的な兵力を集中し敵を撃破するという「機動的・積極的戦術」に変換された。しかし、戦略的には基本的に要港への砲兵配備を中心とし、敵の侵攻を日本の領域内で撃破するという従来の守勢戦略思想の域を出るものではなかった。[12]

山県は明治21年（1888）の訪欧時に、ウィーン大学教授であったシュタイン（Lorenz von Stein）から、日本の国防政策に影響を与えることになる様々な啓示を受けている。山県は陸軍の兵力を各軍管に1個師団、これに近衛師団を加えた7個師団で編成することを唱えた。シュタインは、敵兵が来襲する恐れがある要港として①東京湾入口、②下関、③対馬、④長崎、⑤神戸、⑥函館を挙げ、各要港に砲兵を中心として約5000（東京湾は入口両岸で1万）、中央本営兵として東京または京都に約3万の常備兵を配備することにより、常備兵力約7万で日本国土の防衛は可能であると助言をした。

シュタインは、日本はヨーロッパ大陸諸国と異なり海で囲まれているため、たとえロシアの海軍力が強大であっても、日本に上陸侵攻できる師団は、その海上輸送能力から、1回に最大2個師団程度と見積もっていた[13]。

したがって、山県は各軍管区に1個師団を事前配置して敵をくい止め、この間に鉄道を利用して2〜3個師団を集中し攻勢すれば敵の撃破は十分可能であると考えた。作戦戦略としては「攻勢防御」であり、上陸する敵を1回の上陸の都度、順次撃破していく「各個撃破」の概念が取り入れられた。これに連携して山県は、主要海峡における要塞砲兵や要塞工兵の強化による海防の重要性を強調した[14]。

8 岡義武『山県有朋――明治日本の象徴』岩波文庫、2019年、72〜73頁。
9 黒川雄三『近代日本の軍事戦略概略史――明治から昭和・平成まで』芙蓉書房出版、2003年、28頁：原『明治期国土防衛史』5頁。
10 徳富蘇峰編著『公爵桂太郎傳 乾巻』原書房、1967年：黒川『近代日本の軍事戦略概略史』28頁。
11 松下芳男『改訂 明治軍制史論(下)』図書刊行会、1978年、401〜406頁。
12 黒野耐『帝国国防方針の研究――陸海軍国防思想の展開と特徴』総和社、2000年、25頁。
13 「斯丁氏意見書千八百八十九年六月於維也納府」『中山寛六郎関係文書』6、書類137、東京大学大学院法学政治学研究科附属近代日本法政史料センター原資料部所蔵。村中朋之「山県有朋の『利益線』概念――その源泉と必然性」『軍事史学』第42巻第1号、2006年、83頁。：村中朋之「明治期日本における国防戦略転換の背景――朝鮮を『利益線』とするに至るまで」『日本大学大学院総合社会情報研究科紀要』第5号、2004年、108頁。
14 大山梓編「軍事意見書」『山縣有朋意見書』原書房、1966年、175〜185頁。

日清戦争中の明治27年（1894）に8個師団となった陸軍であったが、明治31年（1898）には5個師団を一挙に増設した。三国干渉は日本国民にとって衝撃的であり、その屈辱を晴らすために国民は「臥薪嘗胆」のスローガンの下で一丸となり、軍事の強化に邁進したのであった。そして日露戦争開戦時には13個師団となり、陸軍兵力は6～7年の間に2倍強となり、装備の改善も急速に進められた。[15]

戦略としては、明治30年代においても国土における守勢戦略が国防の基本であった。日清戦争や日露戦争の場合のように、大陸における死活的利益が侵害される場合に限って、大陸での攻勢作戦や決戦が計画された。しかし、その場合も日本の国力、軍事力とりわけ対馬海峡の制海能力への不安などから、状況やむを得ない場合は常に国土における守勢作戦に回帰せざるを得なかった。[16]最終的には国土防衛戦を覚悟しつつ、その戦争指導の基本方針は、国外情勢や国力上いずれも「攻勢による短期決戦」に置かれたのである。

(2) 攻勢戦略への転換

日清・日露戦争によって、日本は対ロシア戦略を基礎として対外膨張を遂げ世界的な軍事大国になった。同時に新たな膨張主義に拍車をかけ、日本式の軍事思想を確立した。

明治40年（1907）に制定された『帝国国防方針』では、「帝国国防の本義は、自衛を旨とし国利国権を擁護し、開国進取の国是を貫徹するに在り」と謳われた。[17]この「自衛」が、必ずしも「主権線」の防衛ではなく、「利益線」の防衛であったことは当時の国家・軍指導部の共通認識であった。[18]海軍も大陸権益防衛のための攻勢戦略への転換に同意した。大陸の権益を守るとすれば、それに脅威を与えるのは、依然として、北満州を勢力範囲とし対日復讐戦を挑んでくるかもしれないロシアであることを了解していた。

国防方針には、満州における利権を拡張していくとともに、アジアの南方に発展していく南北併進が明記された。このような国家戦略が設定されたのは、明治5年（1930）2月に陸・海軍省が誕生して以来、国防の主導権を巡って両者が対立を続けていたためであった。国家戦略を北進とすれば日本の国防の主体は陸軍となり、南進とすれば主力が海軍となるため、南北併進の戦略が必要となった。

陸軍の平時編制は22万人を超え、戦後にしては常識を逸するものであった。[19]陸軍は、対露一国戦争の場合に満州でロシア軍を迎撃して南満州を確保し、あわせて沿海州、樺太の一部を占領する目的で平時25個師団、戦時50個師団を所要兵力とした。[20]しかし、財源の裏打ちがあるわけではなかった。

明治43年（1910）の韓国併合、翌年の中国の辛亥革命の勃発によって、大陸で陸軍の果たすべ

15　山田朗『軍備拡張の近代史――日本軍の膨張と崩壊』吉川弘文館、1997年、20～21頁。
16　黒川『近代日本の軍事戦略概略史』42頁。
17　防衛研修所戦史室『戦史叢書　大本営陸軍部(1)』159頁。
18　山田『軍備拡張の近代史』42頁。
19　生田惇『日本陸軍史』教育社、1980年、92頁。
20　同上、41頁：山田『軍備拡張の近代史』42頁：秦郁彦「明治期以降における日米太平洋戦略の変遷」『国際政治』第37号、1968年、98頁。

き役割も拡大した。大正時代は、韓国、満州、そして中国本土に利権を拡大する大陸政策や中国政策を国家戦略（政略、国策）とし、「海外における攻勢戦略」が国防の基本方針となった。その結果、大正5年（1916）には、朝鮮に歩兵7個連隊を編成し、それらの兵力を基幹として第19師団（羅南）を、3年後には第20師団（龍山）を設置した。

ちなみに、朝鮮に所在した日本の軍事組織は駐劄《ちゅうさつ》部隊として、まず公使館の警護を行うことから始まり、次第に通信線の防護を行うようになった。そして満鉄付属地警備のために設置された独立守備部隊6個大隊と、内地から交代で現地守備部隊に就いた1個師団が後の関東軍となった。[21]

第1次世界大戦が勃発して、軍事戦略的には短期決戦戦略が否定され、総力戦や長期持久戦戦略を受け入れなければならない時代となった。日本においても「短期決戦派」と「長期戦派」の対立相克があったが、日本の後進的な国力や極東の軍事環境を理由として、短期決戦派が戦略思想を制した。

日本陸軍は大正10年（1921）には21個師団、陸軍総定数は約26万人となり、陸軍予算は国家歳出の20％前後を占めていた。こうして陸軍も海軍も、所要軍備要求を抑えることができなくなった。しかし、その後の宇垣軍縮（1925）により4個師団が削減され、日中戦争に突入するまでの陸軍の常備兵力は17個師団25万人となった。

昭和に入ると、大陸への発展と大陸国防を優先する陸軍と、南東アジアへの発展と太平洋正面の防衛を優先する海軍の間で、攻戦略の総合調整が果たせず、その後の日中戦争を通して、ついに「南進」を国家戦略とし、米英を主とする連合国と激突することになった。陸軍兵力は堰を切ったように大増強された。

日露戦争から第1次世界大戦までの世界的な軍拡期、大戦後から1930年代前半の軍縮期、そして第2次世界大戦へと続く大軍拡期において、日本の陸海軍も、軍拡・軍縮・軍拡へと進んでいった。そして戦略は一貫して攻勢主義をとり続けた。[22] わずか一昼夜の渡航で大陸に陸軍を派遣することが可能な地理的距離は、日本陸軍の性格を「外征軍」と変え、攻勢戦略をとる大規模な組織へと発展させたのであった。

(3) 自助に努めるしかなかった日本

日本陸軍が大陸への大規模な外征軍となったのは、地政学的要因だけが理由としてあったわけではなく、アジアには共通した文化的基盤がないことが理由としてあった。勢力均衡が機能していたヨーロッパ大陸とは異なり、東アジアでは華夷秩序の影響が居残り、西洋国家体系は形成されていなかった。大陸国と海洋国が入り交じった複雑な地理にあるアジアでは、共通の文化や価値観、そして肩を並べ侵略を競い合う大国政治が育たなかった。したがって、開国後の日本は、自助に努め独力で対峙しなければならなかった。

その点、同じ島国であるイギリスは日本よりも大陸に近接していながら、ヨーロッパ大陸における勢力均衡政策および突出した海軍力により、外敵の脅威を受ける公算は少なく、自国が奇襲される心配は小さかった。しかも、イギリスでは陸軍に対しては否定的文化が強く、大規模な陸軍力を持つこ

21　朝鮮駐箚軍の歴史については、金正明編『朝鮮駐箚軍歴史』（巌南堂書店、1967年）に詳しい。
22　山田『軍備拡張の近代史』39頁。

となく国土の防衛は民兵が担っていた。もし、イギリスが遠征軍を必要とした場合でも、敗戦色が濃くなれば決戦を避け、安全な本国に撤退することができたのだ。

イギリス社会が、しぶしぶと陸軍の存在を認めざるを得なくなったのは、18世紀中葉になってからである。なぜなら、オーストリア継承戦争や七年戦争のように、海外の植民地を防衛するために、平時から植民地に軍隊を駐屯させておかなければならなかったからである。イギリスにおいても、脅威と文化のバランスによって軍は形作られたのであったが、実態は日本軍や戦後の米陸軍と同じく外征軍であった。

2. 大陸政策と戦略思想

日本陸軍の形に最も影響を与えたのは、列強の脅威と大陸政策であった。開国後の日本は、日本海と東シナ海の先に位置する西欧列強の一国であるロシア、華夷秩序の宗主国である清、そしてその清を自らの権勢下に収めようとする列強諸国の野望と対峙していた[23]。

国策を巡っては、国論は大きく二分化した。一つは武力介入による大陸主義、もう一つは貿易重視の海洋主義であった。江戸末期から明治初期にかけて海軍強化論や海防論が盛んに謳われたにもかかわらず、富国強兵を実現していく段階で大陸主義は海洋主義を凌ぐ日本の国策となっていった。大陸政策とは、明治以降の日本が自国の安全と経済的繁栄をより確実に拡大するために、ロシアの脅威を主対象に、朝鮮半島を立脚点として満州や内蒙古地域の産業経済の利権獲得や領土の租借、さらには政治的支配を目的に日本の政府や軍部が展開した国家戦略である[24]。

日本の大陸進出論は、明治期に発案されたものではなく、幕末から志士たちの間で芽生えていた。

日本では17世紀から18世紀前半に、中国に対する日本の優位性を訴え、国学思想の成長とともに日本を中心に置く「日本型華夷思想」が登場し、「中華」と対峙し、その克服に努めた。そして、西洋に機先を制せられ、主導権がないまま受け身の対応をさせられることに危機感と屈辱を感じた日本は、それを克服するために自ら先手をとって外に出て膨張するしかないと考えたのである。[25]

林子平は、ロシアの脅威に対応するために朝鮮を領有する必要性を説いていた。水戸藩では儒学者である会沢正志斎が『新論』（１８２５）を著し、国外への積極攻勢を主張した。佐藤信淵《のぶひろ》は、支那征服論と具体的な進攻計画を述べ、中国東北部（満州地域）の奪取を提言した。信淵の長期的国家戦略は、ロシアからカムチャツカ半島およびシベリア地方および中国東北部を日本が奪取し、ロシアの脅威から解放された後、日本の国力増進のための経済的適地として東南アジアの「南進」を説くものであった。それは、後の日本陸軍の満州占領計画の背景にある動機と酷似していた。[26]

吉田松陰は、安政元年（１８５４）に『幽囚録』において「座して滅びるを待つよりはまず進取の外征を張って然る後退守防衛の基盤を固める」と記し、国家安泰の大前提として周辺の大陸や南方方面に進出する勢いが大切であり、守勢防御はその後に全うできると主張した。[27]

23　村中「明治期日本における国防戦略転換の背景」１０１頁。
24　黒川『近代日本の軍事戦略概略史』15頁。
25　石田徹「征韓論からみる日本と『中華』」『アステイオン』98号、２０２３年、41～45頁。
26　纐纈『侵略戦争』20頁。
27　古川万太郎『近代日本の大陸政策』東京書籍、１９９１年、48～50頁。

1880年代には欧米諸国の東アジア進出が強化され、東アジアの地政学的環境が変化し始めた。大陸諸国と同盟関係を築き勢力均衡政策をとる案も存在した。例えば、杉田鶉山《じゅんざん》は「東洋攻略」（1886）のなかで、西欧諸列強による侵略の対象が日本に向けられることは必至であることから、中国支援に精力を割くよりも、むしろ仲間になることにより、西欧諸列強の侵略を回避すべきだと論じた。[28]同様の考えは、橋本左内による日露同盟論や勝海舟の日鮮支同盟論など、過去の多くの論者にも見られた。

大陸主義の背後にあるのは、脅威への不安と強い国防意識であったが、日本中心主義と欧米への劣等感、そしてその裏返しとしてあるアジア諸国に対する蔑視等の文化的要因があったことも否定できない。例えば、朝鮮に対する日本優越論は、新井白石、本居宣長、山鹿素行、林子平、平田篤胤《あつたね》、佐藤信淵、橋本左内、島津斉彬《なりあきら》、桂小五郎など多くの知識人、政治家、志士たちの間に伏流としてあり、幕末期に朝鮮侵略論は時代の潮流としてあった。[29]尊皇攘夷に影響を与えた平田篤胤は、皇国史観に基づく対外蔑視観を持っていた。

日清戦争前後には、戦争を支持するための文明論が論じられた。新旧文明を代表する日本と中国の対立は、新文明が旧文明を乗り越える行為であると論じた内村鑑三の「義戦論」、また「文明の義戦」とし文明的対外論を積極的に説いた福沢諭吉の「脱亜論」、そして徳富蘇峰の『大日本膨張論』（1894）、後藤新平の『日本膨張論』（1916）など、いずれも同じような文明論による侵略思想を内包していた。[30]

陸羯南《くがかつなん》は、アジアの平和は日本抜きでは成立しないと説き、日本が中国へ侵略することを正当化した。[31]志賀重昂《しげたか》は、厳しい生存競争において勝ち抜くためには、絶えず活動し、膨張し続けなくてはならないことを日本の火山や風景に託して説いた。[32] このような膨張論は、国外においてもドイツのラッツェル（Friedrich Ratzel）が唱えた「国家有機体論」やスウェーデンのチェレン（Johan Kjellén）が主張した「自給自足論」でも謳われており、帝国主義時代における大陸型地政学の考え方に共通して見られた。

高山樗牛《ちょぎゅう》は、国粋主義者によって強調された日本文化の伝統や遺産に日本民族の一体感を求めるのではなく、西欧諸国家の侵略に対抗するため、何よりも他の諸国に優越する強大な国家・覇権国家の建設という目標のなかに民族としての一体感を求めるべきだと主張した。[33]

アジアは一つというアジア主義は、日清・日露戦争以前、日本社会のなかに少なからず影響力を持っていた。[34] 西欧列強の抑圧に対抗する手段として、日本を盟主とするアジア諸国に結集を訴える思想傾向がアジア主義だとすれば、アジア主義は国家にとって対外的危機意識の高まるときに発生しやす

28　同上、24頁。
29　金光男「幕末の朝鮮観に関する一考察——吉田松陰を中心として」『茨城大学人文学部紀要　社会科学論集』54号、2012年、29〜46頁。
30　纐纈『侵略戦争』31頁。日清戦争前の大陸政策については、安岡昭男「日清戦争前の大陸政策」『国際政治』第19号、1962年、15〜30頁参照。
31　纐纈『侵略戦争』34頁。
32　大久保喬樹『日本文化論の系譜——「武士道」から「『甘え』の構造」まで』中公新書、2003年、16頁。
33　纐纈『侵略戦争』38頁。
34　加藤陽子『戦争の論理——日露戦争から太平洋戦争まで』勁草書房、2005年、77頁。

い。明治国家にとっての国益とは、民族の独立確保と不平等条約の改正、そして国家の独立を達成することであり、その国益が侵害されそうになるとアジア主義は高まった。

初めての対外戦争である日清戦争は「日本および日本人」としての国民的自覚を呼び覚ます契機となり、この戦争を境として内向きの国家主義が外向きの国家主義へと転換した。日本は国内では「富国強兵」の軍拡路線をとり、対外的には「過剰防衛」とも言える対外膨張戦略をとった。[35] つまり、内向きの国家主義が国家や民族の伝統と文化の堅持を目的として位置づけられたのに対して、外向きの国家主義では日本が他の民族や国家との対比において絶対的な優位を確保することを目的として、他民族や他国家への徹底した差別・侮辱意識が内在化されたのであった。[36] これは東アジアでの中華冊封体制を解体させ、従来の歴史認識からの脱却を示すものであった。[37]

このように明治に拡大した大陸主義は、文明的思想問題としての「アジア問題」と、膨張主義的侵略思想の内実を含んだ「大陸問題」という二つの問題が日清・日露戦争を契機として同質化していったものであった。[38]

明治後半期から太平洋戦争の終結に至るまで、日本政府の大国主義的な対外膨張政策は官民一体の圧倒的な支持の下に自明とされ、最終的には大東亜共栄圏というかつてないアウタルキー（自給自足）的広領域を日本の勢力範囲とするようになった。[39]

国家権力の外への膨張（＝膨張主義）、軍事力による拡張主義（＝侵略主義）、民族的優越性の誇示（＝民族主義）を特徴とする日本近代化思想は、日本人のなかにいわゆる「帝国意識」を育んでいくものとなった。[40]

穏健な和辻哲郎でさえ、日中戦争勃発直後に書かれた評論「文化的創造に携わる者の立場」（19

37年9月）のなかで「ヨーロッパの文明のみを人類の文化の代表と考え白人を神の選民とする近代ヨーロッパ人の確信に、不安と動揺と脅威とを与えた」と述べ、日本の悲壮な運命を正当化している。和辻は、日本の発展は日本の抑圧に値し、発展の度が高まれば抑圧の度も高まり、それが日本の運命であると述べた。この運命は逃れられないものであるし、その運命を譲り渡すことは、東洋人の自由を譲ることでもあると説いた。[41]

大陸政策の根底にあったのは、国家の生存に対する強い思いであった。非征韓論者であっても日本の防衛に不可分な朝鮮半島や大陸に関心を抱くのは自然なことであった。[42]だが、日清・日露戦争勝利への国外からの過大評価が、日本の野心を増長させただけでなく、日本人に民族的なうぬぼれとアジア蔑視の優越感をより一層植えつけた。欧米からは「猜疑心・嫉妬心」を買い、アジア人からは「恐怖と憎悪」を招いたが、勝利への過信は、日本の戦略的発展を阻むものとなった。

35　山田『軍備拡張の近代史』8頁。
36　同上、37頁。
37　竹村民郎「〈共同研究報告〉十九世紀中葉日本における海洋帝国構想の諸類型――創刊期『太陽』に関連して」『日本研究』第19集、1999年、277〜292頁。
38　纐纈『侵略戦争』31頁。
39　同上、42〜43頁。
40　同上、18頁。
41　大原『帝国陸海軍の光と影』14〜15頁。
42　黒川『近代日本の軍事戦略概略史』29〜30頁。

日本は第1次世界大戦後、国際連盟の5大国として加入し大国の地位を獲得した。そこから離脱すると日本の国際的孤立が始まり戦争への道を歩み始めた。しかし、それらは覇権主義や軍国主義、そして最終的には大東亜共栄圏につながる慢心的な文化を生むことになった。日本の発展は次第にアジア蔑視の優越感を日本人に促した。中国人への憐憫の情は、中国および他のアジア諸国を日本流に再文明化させることに変化し、中国の覇権的地位を日本が引き継ぐという野心を増長させた。

このように日本軍を形作ったものは、純然とした脅威対応だけに偏るものではなく、日本の国体思想や対外思想といった文化でもあった。

3. 島国から大陸国家の陸軍への変貌

日本の大陸政策は、はじめは国家の生存・安全を目的とした防御的リアリズムに基づいていたが、日清・日露戦争を通じて、徐々に大国意識と様々な権益拡大の要求が加わるようになり、安全とともにパワーの増強を目的とする攻撃的リアリズムへと変化し、帝国主義的性格を隠せなくなった。第2次日英同盟（1905）は、防守同盟から攻守同盟へと性格を変え、陸軍の軍事的役割も、イギリスのインド国境における軍事行動に呼応して、極東でロシア陸軍を牽制することに変化した。

朝鮮半島は、日本の安全を保障するための利益線としての価値から、外交・軍事攻勢をかけるための陸上の根拠地にその役割を変え、後に日本が満州国を建国し、そこに地歩を固めるに及んで、朝鮮半島は満州への戦略的通路として、また前線の後方基地としての役割を果たすようになった。しかも、対馬海峡の制海権を確保した後は、海上輸送も大きなリスクを伴わなかった。

日清・日露戦争による勝利によって日本が陥ったのは、大陸政策の誤った野望であったが、それを可能にしたのは大陸への戦力投射が比較的容易であったからである。また、将来の総力戦に備えて資源を大陸に求めなくてはならない日本は、主権線を守るための利益線確保の意義を根もとに立ち返って見ることができなくなり、利益線を守るための利益線を求めるようになった。山県有朋は日清戦争の直後から、清国の復讐とシベリア鉄道の完成を警戒し、そして「東洋の盟主」となるために「利益線の開張」を主張している。[43] 海洋国家の陸軍が、まさに大陸国家の陸軍へと変質していった。

大陸における権益の拡大が陸軍の増強を必要とし、それがロシアや中国とのセキュリティ・ジレンマを高める原因となり、国境紛争を起こしたばかりか、日中戦争の泥沼に日本陸軍を引き込んでいった。

具体的には、満州国を建設したことで、日本はソ連と中国の二正面に対峙することになり、両国に接する長大な国境を警備しなければならなくなった。満州での権益を確立し強化するために、中国本土への勢力拡張を進め、結果として、日中戦争を引き起こす元凶となっただけでなく、ロシアとの間で張鼓峰事件（1938）やノモンハン事件（1939）等の国境紛争を起こし、ソ連の極東戦力の増強を煽ることになった。

小さな島国である日本の尺度で測るアジア大陸の縦深は、あまりにも深遠であった。脅威から地理的に離隔している国が「安全」の確保に優先を置く場合、国家の対外姿勢は平和的・協調的になりやすい。だが、より絶対的安全を求めようとすれば、人と領土を支配できる陸軍力を強化し、相手国に

43　岡『山県有朋』88頁。

接近して影響力を強める。

しかし、在韓米軍の存在が北朝鮮や中国との緊張を煽っているように、相手国とのセキュリティ・ジレンマを強め、戦争を起こしかねないスパイラルを生むことになる。セキュリティ・ジレンマにある国家関係は、叩かれる不安から防御戦略の利点を過小に評価し、叩かれる可能性を過大に見積もるため、攻撃の方が有利だと思う傾向が強いからである。１９３０年代の日本は、まさにこの悪循環に陥った。

日米関係では、日露戦争の前後から両国間に不協和音が混ざるようになった。明治40年（１９０７）4月に制定された『帝国国防方針』では、ロシアだけでなくアメリカも仮想敵国として据えることになり、日本はアメリカとの戦争に備えて、大陸の国土を利用した縦深とともに南方を含めた戦略資源を必要とするようになった。第1次世界大戦後に日本が太平洋へ勢力圏を拡大したことは、日本と米英を中心とする海洋国家との関係を拗らせただけでなく、大陸を優先する陸軍と、南東アジアへの発展と太平洋正面の防衛を優先する海軍の間で戦略の調整が果たせず、日本の戦略は二極化し、最終的には太平洋戦争へ向かう運命に導かれた[44]。さらには、北方と南方の二股戦略によって陸上戦力の膨張に歯止めが利かなくなり、部隊の質的低下を招いた。

確かに日本は地政学的には海洋国家であるが、戦前の日本の国家志向も国策も大陸国家と変わらず、領土的野心をもって版図を拡大した。陸軍も大陸国家の陸軍と同じような役割や規模を持った。すなわち日本は、防衛という点では大陸国家ほど陸軍力を必要としなかったが、より高い安全を求めて利益線を設け積極的防衛をとったことと、攻勢戦略による大陸政策をとったことで海洋国家の陸軍とは異なった陸軍力を持つようになった。

もともと、日本陸軍はヨーロッパの最強国であったフランス式、後にドイツ式の軍制をモデルとしてつくられた。大陸国であるフランスとドイツで発達した近代的な軍事体制を導入したことで、大陸型の戦略・戦術の影響を大きく受けた。これらのすべてが島国である日本に適応したわけではなかった。明治初期のフランス式軍制は比較的自由な軍隊であったが、やがてドイツ式と結合して精神論が重視されるようになった。また、フランス式が国土防衛限定型、ドイツ式が外征型軍隊を目標としていたために、陸軍内で対立を引き起こしただけでなく、イギリス式の教育を受けていた海軍との間に齟齬を生む原因ともなった。

日本の特性や文化を反映させずに、諸外国軍隊を模倣して教条主義をとると、後に様々な点で歪みが生じることとは、戦後になってアメリカの都合でつくられた自衛隊においても同じであった。

いずれにしても、紆余曲折を経て短期間の間に発展した日本陸軍は、攻勢戦略による大陸政策や南方進出を図ったことで、国力にはそぐわない地理的領域を防衛することとなり、結果として自国の防衛さえ不可能なオーバーストレッチ（overstretch）を起こしてしまった。

日本には幕末以来一貫してロシアの脅威に対する恐怖心があり、生存のための安全を大陸に求めたこと、そして列強と並ぶことのできるだけのパワーを日本が必要とすると考えたことが、戦前の日本が陸軍を重視した理由であった。しかし、よくよく考えてみれば日本が大陸政策を実行できた要因は、日本が国土防衛にそれほど注意を払わず、大陸に陸軍を比較的有利に輸送できる距離に位置していた

44　Jack L. Snyder, *Myths of Empire: Domestic Politics and International Ambition*,〔Cornell University Press, 1993 参照。

図表5-1　陸海軍兵力の変遷

年次		主要事象	将兵数		
			陸軍		海軍人員
			人員	師団数	
1869	（明治 2）	版籍奉還			
1871	（ 4）	廃藩置県	14,841		1,798
1872	（ 5）		17,901		2,641
1873	（ 6）	徴兵令			
1885	（ 18）		54,124		11,399
1888	（ 21）			6	
1891	（ 24）	大津事件		7	
1894	（ 27）	日清戦争（～95年）	123,000	8	15,091
1895	（ 28）	下関条約／三国干渉	130,000	8	16,596
1898	（ 31）			13	
1900	（ 33）	北清事変	150,000	13	31,114
1904	（ 37）	日露戦争（～05年）	900,000	13	40,777
1905	（ 38）	ポーツマス条約	990,000	17	44,959
1907	（ 40）	帝国国防方針		19	
1912	（大正 1）		227,861	19	59,777
1914	（ 3）	第1次世界大戦	231,411	19	60,914
1916	（ 5）			20	
1919	（ 8）		260,753	21	77,626
1923	（ 12）	関東大震災	240,111		78,800
1926	（昭和 1）		212,745		83,492
1931	（ 6）	柳条湖事件　満州事変	233,365		87,968
1932	（ 7）	満州国建国宣言	234,000		94,307
1937	（ 12）	盧溝橋事件日中戦争	950,000		126,890
1940	（ 15）	日独伊三国同盟	1,350,000		191,500
1941	（ 16）	太平洋戦争（～45年）	2,100,000		320,000
1942	（ 17）		2,400,000		450,000
1943	（ 18）		2,900,000		684,000
1944	（ 19）		4,100,000		1,296,000
1945	（ 20）	ポツダム宣言受諾	6,400,000		1,863,000

出典：内閣官房編著『内閣制度七十年史』大蔵省印刷局、1955年、565頁
山田朗『軍備拡張の近代史——日本軍の膨張と崩壊』吉川弘文館、1997年、9、22頁

海洋国家だったからである。しかし、百年戦争や第1次世界大戦において海洋国家であるイギリスが、ヨーロッパ大陸で大規模な陸軍力の戦争を行ったことがイギリスの戦略の誤りだったように、結果として日本も同じ轍を踏んだと言わざるを得ない。

2 ─ 日本に反軍的文化はあったのか

1. 陸軍への抵抗

日本陸軍は、脅威への対応から「外征軍」となることで規模も大きくなり、島国には適さない軍隊となった。しかし、軍の形に影響したのは脅威や戦略的要求だけではなく、日本のアジア蔑視や大国主義、または日清・日露戦争と大国を相手に勝利したことによる驕りといった日本の文化があったことは先に述べた。

日本では、アメリカのように市民社会が軍隊や軍人の存在自体に警戒感を抱くことはなかったが、明治新政府によって組織化された近代軍に対して当初から国民の理解が得られていたわけではなく、少なからず抵抗はあった。

その理由の第1は、徴兵の血税騒動（後述）にあったような無知的反軍運動、恐怖的反軍行為、そして戦場に赴くことを恐れる恐戦的反軍行為である。第2は、旧武士に対する庶民の封建思想的反軍運動である。第3は、軍隊生活に耐えられない苦悩からくる厭軍的反軍行為である。第4は、軍隊に入営することで社会的不利益を被る利害的反軍行為である。これらの反軍運動は、多くは内面的で消極的にすぎなかった。[45]

江戸時代までは、軍事は支配階級の証しとして機能していたが、明治政府が身分制を解体し、成年男子に徴兵義務を課したことで、一般大衆においても軍事は身近なものとなった。徴兵制は、長年の封建制度のすぐ後に生まれたものであっただけに、遠大な革命的とさえ言える制度であった。なぜなら、封建制度の下では武器を所有する支配階級が厳格に規定されており、農民が武器を保有することなど信じがたいと思われていたからである。[46] その点、封建制度を経験せず市民防衛を基本として民兵制度が確立されたアメリカとは、大きく異なっていた。

したがって、建軍に反対したのは、平民ではなくむしろ武士階級の方であった。佐賀の乱（1874）、神風連の乱（1876）、秋月の乱（1876）、萩の乱（1876）、西南戦争（1877）等、一連の不平士族の反乱は、明治新政府により士族の特権や地位を奪われたことだけを理由としたのではなく、徴兵制による平民の軍では日本を守ることはできないとする焦燥感によって起きたものでもあった。武士は、戦をするのは自分たちの務めであり、平民や農民が戦士になることなどあり得ず、最も屈辱的なことと考えた。

実際は、農民や町人出身の兵隊が極めて優れた戦力を持っていたことは、高杉晋作の奇兵隊の行動によっても知られており、明治の建軍をまつまでもなかった。また、西南戦争においては、士族から編成されていた西郷隆盛側に対して、徴兵制によって編成されていた政府軍の兵士が、勇敢、沈着な戦いぶりを示した。[47]

善戦敢闘するというのは、日本人の民族的本能であるのかもしれない。本来、日本の農民は、耐えがたい封建的圧制に抗して単独または集団で自衛のために戦う能力を有していた。土地に飢えた豪族の侵入に抵抗することもあれば、僧衣をまとって寺領を守るために戦うこともあった。[48] このような素質は、万葉時代の防人以来、巷間の一庶民に至るまで脈々と受け継がれてきた。武家政治の時代は、それが武士階級によって代表されていたが、明治以降の軍隊においては、すべての階級における日本人の戦力が、少なくともその伝統を顕現し、かつ守りぬいたのであった。国土的、民族的団結力は、秀でた連帯意識で結ばれていたのである。[49]

西南戦争の終結を機に武士の世は幕を閉じ、日本の軍隊は本格的な国民軍としての発展を遂げることになるが、明治11年（1878）8月には近衛兵連隊の兵隊260名が、西南戦争での論功行賞や俸給の減額に対する不満などを理由として反乱を起こし、上官を殺害した（竹橋事件）。同じようなことはアメリカにおいてもあり、独立戦争に参加した大陸軍の将兵に十分な年金や給料を払えなかったことで、反革命的騒乱が起きている。

旧武士階級だけでなく、平民による徴兵忌避や徴兵に対する反対闘争もあった。徴兵告諭に「血税」と記されていたために、本当に血を抜かれると誤解され、各地で徴兵反対の一揆が起きた。真相は、政府反対者が、反政府運動のために利用したことにあった。[50]

45　松下『明治の軍隊』158〜164頁。
46　ノーマン『日本における兵士と農民』25〜29頁。
47　岡『山県有朋』46頁。
48　ノーマン『日本における兵士と農民』25〜29頁。
49　伊藤桂一『兵隊たちの陸軍史』新潮選書、2019年、143頁。

徴兵制度に公平性はなく、適齢期に高等教育機関に在学する者の徴兵猶予や出国中の者への特例など、資産があれば潜り抜けが可能であり、上層の子弟が徴兵を免れることが多かった。[51]270円を支払えば兵籍登録から免除されるもので、これは大抵の庶民の支払い能力をはるかに超えていた。[52]

興味深いことに、日本では徴兵の苦痛を少しでも緩和するために、兵営生活の予備知識や下士官への昇進方法を伝授する書籍が出版されることもあれば、一家の働き手が入営すると残された家庭にとっては大幅な収入減となるため、徴兵保険を掛ける事業も誕生した。[53]しかし、徴兵される多くの兵隊は貧しい農民であったために、生活レベルの高い軍隊に入営することへの抵抗は徐々に解消された。

軍隊での厳格な生活や厳しい訓練は、一部の国民に軍隊嫌悪と反軍思想を抱かせた。重大な問題は、軍人の思想が国民に押しつけられたことであった。しかし、日本では、極めてまれな例を除いて宗教的・道徳的信条による良心的兵役拒否の思想は育たなかった。[54]体力的理由や戦争に対する恐怖感等から徴兵を逃れる者は数多く存在したが、徴兵への抵抗は、あくまで保身のためであり、常備軍の存在を国民レベルで全面的に否定するアメリカの反軍的文化とは、その理由が大きく異なっていた。

2. 大陸政策と陸軍への批判

日本にはアメリカのような強い反軍感情はなかったが、日本の野心的な国策や陸主海従の軍構成に対する批判はあった。海軍の佐藤鉄太郎は、海洋貿易国家としての日本を望み、百年戦争後のイギリスのように大陸の橋頭堡を失った方が、かえって日本は外交的大局性と柔軟性を得ることができると主張し、『帝国国防史論』（1908）にまとめた。陸軍出身の谷干城《たてき》、曾我祐準《すけのり》、小沢武雄等は、日清・日露戦争と大陸進出論を否定し、徹底した専守防衛論を主張した。

「大日本主義」へのアンチテーゼとして、幸徳秋水、内村鑑三、三浦銕太郎および石橋湛山に代表される社会主義者、キリスト教者、自由主義者等が「小日本主義」を唱え、満州放棄論と植民地放棄論を主張した。対米関係の悪化を憂えた清沢洌は、日本が満州にこだわれば、重要な貿易相手国である中国とアメリカとの関係を悪化させると述べた。

海軍の井上成美《しげよし》は、自給自足や絶対的安全は超大国にのみ可能な目標であって、日本のような国には不可能であると考えた。南方の資源が必要であれば、平和的に貿易で入手すれば済むことであると説き、力による膨張政策に批判的だった。

数々の批判がありながら、日本が大陸主義に固執し続けたのは、言うまでもなく国防のためであり、日本が大陸から侵略を阻むほど完全ではなく、逆に大陸に比較的容易に外征できる距離にある、外交的に孤立した島国であったからである。

それらを含めて、すべては島国で醸し出された日本の文化を超えてはあり得ない議論であり、批判であった。日本には平和的文化、内向きの文化もあれば、尚武の文化もある。ただし、自国の生存が強く危ぶまれた時代においては、平和的・内向的文化を表出する隙もないほど厳しい戦略環境下に置

50　松下『明治の軍隊』34頁。
51　藤井『在郷軍人会』15頁。
52　ノーマン『日本における兵士と農民』１０７頁。
53　秋山「徴兵制の成立と変遷」21～22頁。
54　同上、31頁。

かれ、脅威と安全への敏感性や尚武の文化のみが強く反映されなくてはならない戦略が要求されたのであった。

3. 脅威の低下とともに強まった反軍感情

幕末から間断なく列強からの脅威に震撼してきた日本であったが、日清・日露戦争の勝利によって安全保障上の不安が消え緊張感から一時的に解放された。日本は列強の仲間入りを果たし、日本社会に驕りが生じ、そのような社会的価値観が軍にも弛緩をもたらした。大きな変化は、社会からの軍への批判が強まるようになったことである。シベリア出兵の失敗や軍人の非行が咎められただけではなく、一番の理由は「外なる敵」が見えなくなったからであった。

幕末から常に緊張感を与え続けていたロシアの脅威がなくなり、人々は軍にそれほど高い価値観を見出せず、国防にも関心を示さなくなった。日本は戦略を見失い国力を分断するばかりか、国民は自らの要求を主張するようになり、軍に対する抵抗運動が高まった。国民の誰もが国防の義務を解して兵役に服したわけでなく、反軍的な抵抗も徐々に強まり、特に社会主義者の反戦的思想は本格的な反軍運動へとつながった。

日露戦争の勝利によって日本国民の明確な国家目標が失われたことは、目標を共有することによって保たれてきた日本社会の一体感・連帯感を弱めることにつながった。国民の意識は弛緩し、社会は全体として頽廃し、軽薄さを増した。軍では兵士の集団脱営が立て続けに起きるようになり、最も規律と秩序を体現しているはずの軍隊にもアノミー（無規範）の浸透が見られるようになった。要因は目標の喪失感だけではなく、近代化・西洋化の進展が日本社会の安定の基盤となっていた伝統的価値を弱め、あるいは破壊したため、それに伴って社会風潮が変化し、それがアノミー浸透の底流となっていたのである。[55]

日露戦争後の陸軍が社会との関係で対処すべき重要な問題は、近代化の進行に伴って社会の風潮が変化し「悪化」してきたことと、その「悪化」してきた社会から大量の壮丁を募集して教育し、さらに退役を終えた兵卒の軍人精神と練度を「悪徳の横行する」社会のなかで保持してゆかねばならなかったことである。[56]

社会的風紀の乱れが徴兵忌避者を増大させたのであれば、軍は軍隊ないし軍人が社会教育のなかで重要な役割を担い社会の秩序を再構築すべきだと考えるようになった。アメリカにおけるUMT構想支持者にも、軍事教育によって若者に規律心や愛国心を植えつけることができると考える者が少なくなかったが、日本でも軍が社会を更生するという主張が強くなっていた。文化が軍をつくるのではなく、軍が模範となって社会文化をつくっていく発想であった。

他方で、社会の風潮に抵抗してでも軍が軍事的価値観を守らなければならないことに疑問を持つ軍人もいた。社会の拝金主義・物質主義は軍隊にそのまま影響し、将校においても規律の弛緩が見られるようになり、軍紀は乱れる一方であった。軍とはそれだけ社会の風潮に流される鏡像であった。

根本的に軍に重きを置きその存在を否定することがなかった日本においても、第1次世界大戦後は

55　戸部『逆説の軍隊』185〜186頁。
56　同上、192〜193頁。

世界的な軍縮傾向にかかわらず、依然として軍事費の割合が高い軍に対する批判を抑えることはできなくなった。
ワシントン会議で海軍軍縮がなされると、陸軍についても縮小を行うべきとの声が高まった。また、軍および軍人に対する批判的あるいは反発的な空気が強まった。
『東京日日新聞』(1922年8月27~28日付)に掲載された「軍人の立場について」という記事から、当時の軍や軍人に対する世上の風潮をうかがうことができる。

「軍人に対する国民の眼は近時憎悪から侮蔑へと大きく変わった。職を失い不安に襲われている軍人に対して国民多数は無関心であり、よい気味だといわんばかりの様子をしている。新聞雑誌の投稿欄をみても、そこには毎々『軍人呪詛の文字』が連ねられている。今日軍人が社会からいかに虐待されているか。……軍隊が終日演習して、ヘトヘトに疲れて夕方或る町にたどり着けば、町の民家はいそいで戸を閉め、内から錠をおろす。或いは布団や夜具を引っ張り出して、にわか作りの病人を仕立てる。これらはみな、兵卒の宿営をことわる手段なのだ。……軍縮と軍人排斥とを混同して、軍人憎悪の念はいよいよ高まってきた。軍人といえば、片っ端から罵倒するような風潮は青少年に軍人忌避を教えるようなもので、徴兵忌避者は続出している[57]」

軍軽視の兆候は軍学校への志願者が激減したことに如実に表れた。明治7年(1874)に設立された陸軍士官学校の応募者は、日清戦争および日露戦争を契機に激増した。しかし、第1次世界大戦末期から急速に激減し、4000人程度いた受験者は、大正11年(1921)には1100人台まで低落している。[58] 大正デモクラシーと軍縮は如実に軍の形に影響した。

第1次世界大戦後は、日本はすでに大国の一員となり、軍備強化は死活的な課題ではなくなっていた。教育界においても脱軍事化の方向に進み、学校教練も再軍事化として非難されるようになった。しかし、軍から見れば、軍隊と社会の間に深い溝が生じてきたからこそ、総力戦遂行のためにも社会の軍事化を必要とした。[59]

政党や社会からの批判だけではなく、総力戦によって戦争の性格が変化したことにより、軍は軍事改革の新たな局面を迎えた。特に軍備の近代化は喫緊の課題となり、山梨軍縮や宇垣軍縮によって兵力を削減した予算を兵器の刷新等に回さざるを得なくなった。

このように、反軍的文化がなかったとしても外的脅威を強く認識できなくなると、本来、軍事への警戒感を抱きやすい社会の反発が強まりやすいことは、戦前の日本にも言えたのである。しかしながら、日本ではアメリカほど徹底した反軍的文化が生まれたわけではなかった。在郷軍人会の活動や教育に対する軍の影響力、徴兵を受け入れさせるような教化、軍事的勝利の記憶といったものが「もっとも遠くの村にまで行き渡る大衆的な盲目的愛国主義の貯水池」[60]をつくり出したのである。

57　岡義武『転換期の大正』岩波文庫、2019年、299〜303頁。
58　広田照幸『陸軍将校の教育社会史——立身出世と天皇制』世織書房、1997年、67〜75頁。
59　高嶋「軍隊と社会のはざまで」361頁。
60　カッツェンスタイン『文化と国防』78頁。Peter Duus, "The Era of Party Rule: Japan, 1905-1932," in James B. Crowley, ed., *Modern East Asia: Essays in Interpretation*, New York: Harcourt, Brace and World, 1970, p.205 より引用。

しかし、その後、太平洋戦争の末期において満州の住民を置き去りにした関東軍や沖縄戦をはじめとして戦争末期に見せた国民に対する日本軍の横暴かつ無責任な対応によって、日本人は軍と心が通じ合わなくなっていった。武士道の精神もなく大和魂も忘れられていた。戦後になって日本社会は軍事と完全に断絶したように見受けられたが、それはすでに戦時中から始まっており、日本の戦略文化はすでに変わりつつあった。

4. 封建思想と刹那的な戦略文化

江戸幕府成立以来、日本は260年間戦争をしなかった。そのような国は世界でも稀であろう。しかし、明治維新から太平洋戦争敗戦に至る時代は、日本の歴史において対外戦争が最も集中した時代で、戦争と軍事の世紀と言っても過言ではなかった。

戦争という国家・民族の非常事態は、民族の特性を端的に示すもので、日本人論や戦略文化を推し量る材料として最も取りつきやすいものであるかもしれない。[61] しかし、それは個別的な極限状態における原体験を通して描写されるもので、日本文化を映し出しているものと過信するのは、適切ではなかろう。日本人は本来平和的で戦いを好まない民族であり、一般民衆が武器を持つこともためらう。やはり、戦前の日本における戦略文化とは、普遍的な文化というよりも、ある時期がつくり出した刹那的な文化であったのではなかろうか。

日本の封建思想は日本軍の形をつくった文化の一つであろう。武家政権がいつから始まったかは諸説あるが、日本は長期にわたって武士が支配した武家社会にあった。[62] 日本人の価値観や安全保障観に「武家文化」が存続し、「武士道」の思想は脈々と受け継がれた。それに続く「大和魂」、西洋諸国の侵略主義・白人優越主義に対する反感、そしていくら西洋の知識を習得しても西洋人にはなれないというコンプレックスを基礎とし、日本では精神力を軸に置く民族意識が先鋭化した。[63]

そして、日本の近代陸軍が封建武士を基幹としたことは、封建思想をも移入したことを意味した。軍人は、信義、礼節、質素、誠実、廉恥、実践躬行等の徳目を身につけるために修養した。「軍人は誠実で嘘を言わない」「軍人は潔癖で金銭に左右されない」「軍人は贅沢をしない」「軍人は時間を厳守する」等が世間的な常識となり、そうでない者は「軍人らしくない」と言われた。社会は水準を超える軍人の徳行を十分に認識し評価していた。

他方、軍人は人権・人格の尊重を知らず、封建時代の武士による町人、百姓に対する態度を再現していた。上下の階級秩序のみを重視するあまり、左右の社会秩序という観念に乏しかった。このような封建思想の名残は、軍人に選民思想と特権階級観念を植えつけた。したがって、軍隊や軍人に批判的なものを「非国民」と呼び軽蔑した。

軍人の一般国民に対する優越意識は、軍隊内における将校の下士兵卒に対する優越意識ともなった。また、封建思想は、日本軍人に敗北に対する恥辱観念を植えつけた。「戦陣訓」では「生きて虜囚の辱を受けず」として、捕虜を無限の恥辱としただけでなく、「切腹」が武士の謝罪道徳と考えられて

61　大原『帝国陸海軍の光と影』10頁。
62　12世紀後半の源頼朝による鎌倉幕府の設立から1867年の大政奉還まで、約680年間にわたる武家による政権を指していたが、現在は平清盛の平氏政権が最初の武家政権ともされている。
63　西川「日本の戦略文化と戦争」5頁。

いた伝統を受けて、生命の軽視がなされた。
日本軍にはあまりにも強く封建思想が移入されていたために、その長所を十分に身につけながら、その短所に対する反省が足らず、時代の思想的進歩に追随できなかった。このことが一部の国民から批判を浴び、恨まれ、憎悪され反軍思想を生んだ。[64]
ハンチントンは、日本の将校は軍人というよりも武人的であり、そこに弱点があったと指摘する。武人に必須の資質は勇敢さであるのに対して、軍人には修練が必要とされた。また、精神的要素が決定的な意味を持ち、物質的要素は極めて過小評価された。[65]
総じて、戦前の日本陸軍は、脅威対応のための戦略的要求を色濃く反映して形作られたが、日本の文化を無視しては形成されなかった。封建思想は日本陸軍の形成にプラスとマイナスに作用したが、これも日本の文化を構成した一つの要素であることに変わりはなかった。
日本は島国と大陸文化の特性を活かし、異文化を受け入れ遮断する歴史を繰り返してきた。しかし、日本文化の回帰がいつにおいても行われてきたのである。したがって、戦前の軍に対する批判があるとすれば、それは日本文化に対する批判であることに等しいのである。

64　松下『明治の軍隊』58～65頁。
65　Huntington, *The Soldier and the State*, pp.125-127.

第6章

真逆となった日米の戦略文化と軍隊（自衛隊）

はじめに

戦前の日米両国の対外戦略と軍の形は、両国それぞれの「脅威」と「文化」の影響力の度合いにより形成された。米軍は「脅威」よりも「文化」に、そして日本軍は、どちらかと言えば「文化」よりも「脅威」の影響を受けてそれぞれの発展をたどった。多少の違いはあるにせよ、両国の文化を超えたところに両軍は形成されなかった。ところが興味深いのは、第2次世界大戦終結を契機として、両者において「脅威」と「文化」のバランスが真逆となったことである。

アメリカは世界の紛争に積極的に介入するようになり、米軍はグローバルに展開し世界屈指の強さと規模を誇るに至った。しかも軍は社会から支持され、国民から最も信頼される組織へと様変わりした。もちろん、その背後にはソ連、共産主義という未曽有の脅威の台頭があった。

一方、戦後の日本では大陸からの脅威が変わらず存在していたが、冷戦の実態が米ソを中心とする東西陣営によるイデオロギーの戦いであったとともに、核兵器による対立でもあったことから、日本国民はソ連の脅威を対岸の火事だと認識するようになった。

日本社会には歪んだ平和主義が生まれ、国民は戦前の軍を「悪」として非難するようになり、その矛先は自衛隊にも向けられるようになった。

しかも、自衛隊の前身である警察予備隊はアメリカの都合で生まれ、戦前にあったアメリカ本来の文化の影響を受けて発足した。マッカーサーは二度と軍国主義が芽生えないように日本が軍隊を保有することに否定的であった。しかし、脅威への対応から警察予備隊に対して不本意に軍事色を加えていかなければならなかった。そのため、自衛隊は軍なのか警察なのか中途半端な状態に置かれ、国内での活動が主任務となった。

戦前のアメリカは戦略らしいものがなく陸軍の位置づけも明確でなかったが、日本には戦略とそれを実行する軍があった。しかし、戦後のアメリカには戦略が生まれそれを具現化する軍ができたが、日本には戦略がなく、自衛隊も中途半端な軍事組織となった。

自衛官は戦前の米軍のように肩身の狭い存在となり、厳しい制約の範囲内でできる専門的な任務を見出していかなくてはならなかった。ところが、冷戦の激化とともにアメリカは、自衛隊に対し防衛力の増強と任務の拡大を迫るようになり、自衛隊の存在意義に、ますます矛盾と混乱をもたらすようになった。戦前、アメリカ国内では軍の海外派遣について侃々諤々の議論が行われたが、それと同じことが戦後の日本で行われるようになった。

第2次世界大戦という一つの戦争を契機として、なぜ日米間でこのようなパラドックスが生じるようになったのであろうか。両国にとっての脅威が大きく変わったのは事実であった。だが、はたして第2次世界大戦の経験は、一夜にして両国の戦略文化を本当に変えてしまったのであろうか。文化とはいとも簡単に変質するのであろうか。

国家には、その国の民族にしか理解できない固有の文化が脈々と息づいている。その文化が変化するのは、いかなるときなのであろうか。ランティス（Jeffrey Lantis）は、文化の変化は強い外的ショックによって既存の信条が揺らぐときや、戦略思想の主要な教義が互いに矛盾をきたすようになった場合に起こると主張する。[1] 確かに第2次世界大戦におけるアメリカにとっての勝利と日本にとっての敗戦は、両国にとって大きな衝撃であったことは事実であろう。

戦後のアメリカは、否応なしに軍事力を増強しなければならなかった。しかし、これらのことは、伝統的な軍事政策とその根底にある反軍的な文化に抵触することではなかったのか。第3章で触れたように第2次世界大戦が終わり冷戦期に入ると、以前のような伝統的政策ではアメリカの安全を守れなくなった。つまり、ソ連と共産主義がアメリカの未曽有の脅威となり、アメリカ社会の反軍的文化を反映させる余裕さえなくなったのであろうか。

反対に日本では脅威がなくなったわけではなかったが、西側の一員に加わり国家の生存がある程度保障されたことで、幕末から続いていた脅威に対する強い緊張から解放され、本来、日本が有していた平和的な文化が浮き出てきたのであろう。何よりも自衛隊は、軍を否定してきた戦前のアメリカ文化を受けて創設されたものであり、そこに日本の平和的文化が合致してつくられたのである。したがって、自衛隊の実像は脅威よりも文化が反映され、それは戦後日本社会の姿そのものを映し出してき

1　Jeffrey S. Lantis, "Strategic Culture and National Security Policy," *International Studies Review*, Vol. 4, No. 3, December 2002, pp. 87-113. ジョン・ベイリス、ジェームズ・ウィルツ、コリン・グレイ編（石津朋之監訳）『戦略論——現代世界の軍事と戦争』勁草書房、２０１２年、１４０頁。

たのである。

ところが、戦前、戦後も基本的に両国の戦略文化に変化はないと考えることもできる。もし、戦略文化に変化がなく永続性があるのであれば、アメリカは際立った脅威がなくなれば、再び孤立的政策に戻り軍に否定的になることもあり得るだろう。逆に大きな脅威に直面すれば、日本は戦前のように軍事に肯定的な文化に戻るかもしれない。

北朝鮮の核・ミサイル実験や中国の海洋進出が頻繁に行われるようになった現在、日本国民は脅威を身近に感じるようになり、安全保障や自衛隊に対する理解を深めつつある。何よりも自衛隊そのものが、アメリカ依存一辺倒の国防から脱皮し、プロフェッションを高めつつある。現在の日本社会には、平和性とともに脅威に対する敏感性というもう一つの戦略文化が顔を出しつつある。

1 戦後の米軍──「脅威」との戦い

1. 連邦軍の増強

アメリカでは、戦前に比較すれば疑いなく平時の兵力が増強された。これは、パールハーバーでの戦争体験がアメリカ人の安全保障観を大きく変えたことや、戦後アメリカが置かれた国際的役割、そして世界規模でソ連と軍事的に対峙する必要に迫られた結果によるものであった。

何よりも第2次世界大戦はアメリカ人にとり、比較的「よい戦争」であったため、正規軍の増強への抵抗は以前ほど大きくはなかった。アメリカ本土は戦場となることはなく反ファシズムの聖域であったし、犠牲者も他国に比較すれば少なく、戦時経済は長期不況からの離脱をもたらした。しかしながら、正規軍兵力を増強したことは、平時には小規模な常備軍しか保有しないとするアメリカの伝統的政策には反することになった。

戦後、かつて常備軍の保有を徹底的に警戒し嫌ったアメリカの文化を微塵も感じさせないほど社会と軍は融合し、軍による平和と秩序の維持を優先する社会的規範が定着した。その背後には、二度と奇襲を許さない「パールハーバー症候群」と、敵となり得る相手に対しては圧倒的な軍事力で対抗しなければならないとする強い「強迫観念」が影響していたと言われる。[2]

独裁者の局地侵略は世界大戦に発展しかねず、侵略がどのように小さくても阻止しなければならない「ミュンヘン症候群」という信条が、アメリカの指導者には植えつけられていた。そして、軍事力の対外行使を正当化しなければならなかったアメリカの戦後政策は、ナショナリズムを自制して地域の協調を高める「リージョナリズム」や、戦争の違法化と平和主義を謳う世界の潮流とは逆行していくものとなった。[3]

戦後のアメリカにおいて正規軍の増強が望まれたことは確かであった。第2次世界大戦後、軍は伝統的政策を踏襲し壊滅的状態と言えるまで動員解除された。しかし、ソ連の台頭は、アメリカに悠長な安全保障政策の遂行を許さなかった。そのため、大規模な動員解除とは逆行して正規軍の大幅な増

2　油井大三郎『好戦の共和国アメリカ――戦争の記憶をたどる』岩波新書、2008年、164頁。
3　同上、162～164頁。

図表6-1 アメリカは陸・海・空軍を増強すべきか

（%）

年月	回答	陸軍増強	海軍増強	空軍増強
1948年2月	賛成	61	63	74
	反対	29	26	17
	無回答	10	11	9
1949年2月	賛成	56	57	70
	反対	29	27	17
	無回答	15	16	13
1950年7月	賛成	85	85	89
	反対	9	9	6
	無回答	6	6	5

出典：Samuel P. Huntington, *The Common Defense* , Columbia University Press, 1961, p.236.

強がなされ、朝鮮戦争を契機にさらに拡大されたのである。

図表6－1の世論調査の結果からもうかがえるように、1950年には国民の8割以上が軍事力の増強を望むようになり、強い軍はパックス・アメリカーナに不可欠となった。トルーマン大統領下の空軍政策委員会は、「不本意」という言葉を用いながらも軍事力の増強を認めている。

「不本意であるが、本委員会は次の結論に達した……。他国がアメリカあるいはアメリカの死活の利益を攻撃しようとしても、そのため直面する報復の烈しさを考えて攻撃するのをためらい、かつアメリカが攻撃された場合、最も速やかにこの攻撃を粉砕できるように、米軍を強化充実する政策の上にしか相対的な安全保障を期待できない。逆に軍備が充分でなければ、戦争が国際的紛争の最終的解決方法だと考えられている世界にあっては、無鉄砲ともいえる。無防備のアメリカ、あるいは軍備の不十分なアメリカほど、侵略を挑発するものはないであろう。したがって、わが国が相対的な安全だけでも保とうとするならば、戦争に対して備えておかなければならない[4]」

アメリカの連邦支出は、１９４７年には４１５億ドル、１９４９年には３７７億ドル、１９５０年にはさらに落ち込み３６５億ドルと下降の一途をたどった。厳しい国家財政の状況下で、トルコやギリシャそしてヨーロッパ復興計画が優先され、それらの支出は46億ドルから65億ドルへと引き上げられた。それに対し、１９４７年から１９５０年までの国防支出は１４４億ドル、１１７億ドル、１２９億ドル、１３０億ドルと決して多くはなかった。朝鮮戦争の始まった１９５０年の国防予算でさえ、当初は１１９億ドルにすぎなかった。[5]

１９４７年、アメリカはＮＳＣ20／４においてソ連を明確に敵国と規定したものの、[6]国家財政は上述したような緊縮財政にあり、ソ連に対抗できるだけの十分な軍事力を保有できなかった。当時の国防予算は上限が１３０億ドルで、国防担当者たちは軍事戦略上の要求と経済政策上の要求の板挟みとなった。

コリンズ（J. Lawton Collins）将軍は、戦争の可能性がある場合、年間の軍事予算は１３０億ドル

4　ウイリアム・カウフマン（桃井真訳）『マクナマラの戦略理論』ぺりかん社、１９６８年、21頁。
5　Samuel P. Huntington, *The Common Defense*, Columbia University Press, 1961, pp.41-43. その他として、Charles Sawyer, *Statistical Abstract of the United States 1950*, U.S. Department of Commerce, 1950; B. R. Mitchell, *International Historical Statistics: The Americas 1750-1993*, Stockton Press,1998.
6　Thomas H. Etzold and John L. Gaddis eds., *Containment: Documents on American Policy and Strategy,1945-1950*, Columbia University Press, 1978, pp.203-210.

から500億ドルに増額すべきであると主張したが、[7] 統合軍事委員会は戦争がなかった場合、このような予算は経済を混乱させるだけだとして、増強を続けて主張はしなかった。

このように軍事予算の制約により、アメリカの将来への戦争準備は一般的なもので、ソ連との対決を見越して、そのための布石を講じるといった配慮をしたわけではなかった。トルーマン大統領は、一般税の削減に反対し、議会に対し増税を提案したが否決され、朝鮮戦争が始まるまで税制改革はまったく行われなかった。

しかし、第2次世界大戦後に実施された動員解除は急速膨大であったとはいえ、戦前に比較すれば、かなり多くの兵力を残した。1939年の陸軍兵力が19万人であったのに対し、第2次世界大戦後は最も少ない年でも1948年の55万4000人であった。朝鮮戦争の結果、三軍の兵力は、140万から360万人へと増強された。軍事支出も決して多くはなかったが、1931年から1940年の間で6億5000万ドルを超えたことはなかったことに比較すればかなりの増額であった。そして、朝鮮戦争後の国防支出は143億ドルから493億ドルへと急増し、これを国民総生産に占める割合で換算すれば、5%から13・5%に一躍増加したのであった。[8]

米軍基地も世界的規模で拡張された。1950年以降、対ソ戦を前提に核兵器の投射手段となる海・空軍の前方展開基地を本国から努めて遠くに、しかもソ連に一層近接して配置する必要性が高まり、基地が急増した。[9] しかしながら、アメリカ側が一方的に基地政策の拡大に踏み出したわけではなかった。アメリカが乗り気でなくても、受け入れ国の要請に応じて基地を配置したこともあれば、ナショナリズムの激化と抵抗運動に遭遇し撤退を余儀なくされることもあった。

同じ軍内部であっても海・空軍と異なり陸軍は、ヨーロッパ諸国、朝鮮半島、およびフィリピンに基地を保有することに消極的であった。ところが、NSC68の実行と朝鮮戦争は陸軍の消極的な基地政策を覆す契機となり、さらにニュールック政策によって核戦力展開のための基地を必要とするようになったことで、在外基地の価値は高まっていった。[10]

戦後、同盟を締結することは、基地を得るための最も手っ取り早い手段となった。アメリカは、リオ協定（Rio Pact）、NATO、ANZUS、SEATO、CENTO等の多国間同盟、およびフィリピン、日本、韓国、台湾との2国間同盟を締結し、交渉と契約を経て基地を保有し、ソ連を封じ込めるための態勢を整えていった。[11] 急増した在外米軍基地は、結果としてアメリカに思いがけない恩恵をもたらした。それは、在外米軍基地が大戦後に急速に規模が拡大し国内では受け入れがたかった連邦軍を収容するための格好の場所となったことである。

このように第2次世界大戦後は、第1次世界大戦後のノーマルな平和状態への復帰とは異なり、国の安全のためには強い軍事力と戦争の準備を必要とする現実主義に立脚した思想が、アメリカ市民の

7　Dept. of Defense Appropriation,1951, Hearings Preparedness Subcommittee of the Committee on Armed Services United States Senate, 82nd Congress 1st sess., Washington, D.C.: U.S. GPO, 1951, p.205.
8　カウフマン『マクナマラの戦略理論』38頁。
9　Stanley B. Weeks and Charles A. Meconis, *The Armed Forces of the USA in the Asia-pacific Region*, I. B. Tauris, 1999, p.17.
10　Davis T. Fautua, "The 'Long Pull' Army: NSC 68, The Korean War, and the Creation of the Cold War U.S. Army," *The Journal of Military History*, Vol. 61, No.1, Jan 1997, pp.93-120.
11　James R. Baker, *United States Overseas Basing: An Anatomy of the Dilemma*, Praeger Publishers, 1990.

なかに固定化し始めていた。

2. 変質した反軍的文化

戦後のアメリカが一転して世界屈指の軍事大国になった背景には、アメリカにおける戦略文化の変質が作用しているのであろうか。しかし、アメリカの建国理念や信条を基に常備軍を強く忌避していた規範を、アメリカ国民はそうたやすく失ったのであろうか。客観的には、アメリカ社会の戦略文化が変質したと評価せざるを得ない。

戦後の米軍は「世界の警察官」として、国際社会の秩序と平和を守る最大の貢献者となった。図表6-2における世論調査から、約7~8割のアメリカ人が米軍に信頼を寄せていることが読み取れ、どう見ても戦後のアメリカにおいては、戦前にあったような反軍的文化を背景とした軍に対する警戒感と嫌悪があるようには思えない。むしろ、軍に対する信頼と尊敬は絶対であるかのようにも見受けられる。

1975年以降、特に信頼度が上昇しているのは、湾岸戦争のあった1991年2月、イラク戦争のあった2003年、リーマンショック後の2009年であり、いずれも「非常に信頼」と「やや信頼」の合計が、85%、82%、82%と高い数字を出している。

そのように考えると、軍に対する社会的価値観や評価はやはり変わったと言えよう。少なくとも、アメリカが最も大切にしている自由、平等、民主主義が侵害されかねなかった冷戦期では、アメリカ自らが西側の主導者として世界の平和と秩序を構築・維持していかねばならず、強い軍事力なしでそれはなし得なかった。

そこには伝統的なアメリカの価値観を前面に打ち出し、軍を排斥するような文化を介入させる余裕はなかった。どのように解釈しても、アメリカ文化が変質したと考えるのが自然であろう。

3．変わらぬアメリカの戦略文化

他方で、アメリカの戦略文化は変わっていないと見ることもできる。迫りくる脅威の前に否応なしに反軍事的文化を隠蔽せざるを得なかったと考えることもできるのではなかろうか。それは、次のいくつかの理由から類推できる。

第1に、アメリカにとって第2次世界大戦後は常時、平時ではなく戦時であったからである。歴史を通底して幾度も繰り返されてきたように、アメリカは戦時になれば大規模な兵力を軍事動員し、平時に戻れば元の小規模な軍に戻してきた。しかし、冷戦を含めてアメリカに完全な平時はなく戦時であったために、兵力を維持・増強しなければならなかったのである。

不幸にも冷戦が終結するや否や、平常モードに戻る矢先に「長いテロとの戦争」が始まった。そのため、基本的に戦時モードが続いてしまい平時とはならなかったのである。クリントン（Hillary Clinton）米元国務長官は、イラクとアフガニスタンからの米軍撤退に際し、「平常への復帰（back to normalcy）」を呼びかけている。[12] 第1次世界大戦後の動員解除においてスローガンとなったこの文言の背景には、戦時が半世紀以上続いている異常事態にあったアメリカを、そろそろ「平時」に戻そう

12　Hillary Clinton, “America’s Pacific Century,” *Foreign Policy*, Vol.189, November 2011, pp.56-63.

図表6-2　世論調査:アメリカ社会における軍に対する信頼度(抜粋)

(単位:%)

年月	非常に信頼	やや信頼	あまり信頼しない	ほとんど信頼なし	わからない	無回答
2022	32	32	26	8	*	1
2019	45	28	18	8	*	*
2018	43	31	20	5	*	1
2015	42	30	19	6	1	1
2011	47	31	16	3	*	1
2010	44	32	18	4	1	1
2009	45	37	12	5	*	1
2008	45	26	20	7	1	1
2005	42	32	18	7	1	*
2004	36	39	19	5	*	1
2003	48	34	14	4	*	*
2002	43	36	16	5	*	*
2001	32	34	24	6	2	2
2000	25	39	26	7	1	2
1995	33	31	27	7	1	1
1991 Oct	35	34	20	8	1	3
1991 Feb	52	33	11	3	*	1
1990	37	31	22	7	1	2
1985	24	37	28	8	1	2
1975	27	31	25	11	1	5

注:*は0.5%未満
出典:GALLUP, Confidence in Institutions (https://news.gallup.com/poll/1597/confidence-institutions.aspx)

とする示唆が込められていた。

第2に、アメリカでは形骸化しているとはいえ、未だに民警団法が残り、しかも連邦軍と州兵という二重の軍事制度を維持していることである。それは、中央権力を警戒し州権制を重視する姿勢と連邦軍に対する警戒感が依然として残されている証左なのではなかろうか。例えば、2001年の同時多発テロ後、大統領が空港警備を連邦軍に命じられなかったことや、２００５年８月に発生し、ルイジアナ、ミシシッピ、アラバマ３州を直撃したハリケーン・カトリーナの救援において連邦政府の初動対応が遅れ十分でなかったことは、民警団法が作用しアメリカ市民のなかに連邦軍に対する警戒感が残っていたからであろう。

第３に、第２～３章で考察した予備兵力増強手段のＵＭＴが制度化されずに、軍事性が高い正規軍が増強された理由からも、反軍的文化が密かに続いていたことが理解できよう。ＵＭＴの挫折は、アメリカの反軍的な文化が、時代の要請に応じながらも、いかに強靱にアメリカの軍事政策を左右しているかを物語るものであった。

しかし、戦後のアメリカでは、軍事的要請から正規軍を増強する必要があり、ある程度増強しても致し方ない状況に置かれていた。これが許されたのは、反軍的文化の本質が、正規軍兵力の大小といったことよりも、軍隊と社会を明確に区分することによる市民的な価値の保護にあったからであろう。

この点ではアメリカ市民も、正規軍が増強されることにはそれほど不安を抱いていなかったのではないかと思える。確かに完全な文民統制が機能していなかった建国期の頃は、中央政府の常備軍が増強されることは、アメリカ市民に脅威となったのであろうが、その後に至っては社会と軍は明確に隔離されていたため、正規軍の数の増減は直接、アメリカ市民に不安を与えなかった。

アメリカ建国以来の反軍的文化は、それぞれの時代の脅威および戦略的要請と調和させることが不断に求められてきた。市民社会を大規模な常備軍による脅威から保護するというアメリカ史を通底する基本的な規範は、第２次世界大戦後には正規軍を増強するような新たな時代の要請があったからこそ、より一層市民社会と軍隊との境界を明確に区分することによって固守されたのである。

このことから推測されることは、一般的に反軍的と認識されているアメリカの伝統的文化の関心は、兵力の質よりも、むしろ軍が持つ特有の価値観やミリタリズムといった点に向けられていたのではないかということである。それだからこそ、市民社会や市民的な価値を自国の軍隊から保護するために、社会と軍隊の分離であるとか、正規軍の規模の抑制とかといった手段が、その時々の時代の要請に応じてとられてきたのであった。

ところが、UMTは一般社会と軍の境界を曖昧にし、軍と社会の明確な一線を破壊する制度であったことで実現しなかった。正規軍が大規模になろうとも、市民社会から厳格に隔離さえしておけば、自由なアメリカ社会や建国の精神が侵害される恐れは少なかった。しかしながら、軍事と区分が曖昧になり社会が軍事的価値を有してしまうことは、アメリカの自由民主主義が危ぶまれることになり、これはアメリカ市民としては断固として阻止しなければならなかったのである。

第4に、戦後の兵力増強は、当時の戦略環境の強い要請に対し、伝統的軍隊観のような社会的要請がある程度譲歩したことによって出た結果であったことだ。ただ、冷戦期の正規軍は数字上では確かに増強されたが、ソ連と対峙するためには、さらなる軍事力の増強も望めたし、兵営国家へ導かれる可能性もないわけでもなかった。そのようにはならなかったのは、反軍的文化が何かしら作用していたことで正規軍の無作為な増強を抑え、数字の極大化を抑えてきたと見るのが妥当であろう。

例えば冷戦期の米ソ両国の兵力を18〜45歳の対男子比率で見ると、1975年時点でソ連が6・9%であるのに対しアメリカは5・1%、1979年ではソ連が6・6%であるのに対しアメリカは4・5%でしかない。[13] しかも、米軍の約8割は海外に駐屯していた。[14]

この比較を見る限りでは、アメリカが決して極端に兵力を増強したわけではないのを察することができる。もちろん、このデータは参考にすぎず、これをもってアメリカが正規軍の増強を抑えてきたとは結論できない。しかし、歴史的に常に外敵の侵略に悩み続けた国と、外敵の脅威を憂えることもなく敗戦を経験したこともない国に形成された文化の相違が、この数字に表れているのではなかろうか。

冷戦は、米ソが直接に戦火を交えることはなかったにせよ、半ば戦時と言える状態であり、アメリカはこれまでの歴史にはない未曽有の状況下に置かれた。この特殊状況下では戦争準備と軍事力の充実が抑止力となり、平時そのものが総力戦となった。そのため、ソ連の脅威を必要以上に喧伝することによって正規軍を増強することは、必要不可欠であった。

しかし、ソ連に対処するためのみに兵力が決定されてきたわけではない。戦後の兵力数は200万人前後であったが、これはソ連の脅威が想定されていなかった戦前、戦中に軍部が見積もっていた兵力所要量と概ね一致することなどから察すると、正規軍は増強されたとはいうものの、それはある程度抑制されたものであったとも解釈できよう。

この点でも市民社会を軍の脅威から守るという伝統的文化が反映されていた。そして、この中核となる反軍的文化が根強く残っていたからこそ、冷戦という明白な軍事的な課題にもかかわらずアメリ

13　国際戦略研究所編『世界各国の軍事力1975－1976』1975年、216頁。国際戦略研究所編『ミリタリー・バランス1979－1980』朝雲新聞社、1979年、190頁。

14　“Statement of George C. Marshall, Secretary of State,” Hearings Before the Committee on Armed Services United States Senate 18 the Congress 2nd Sess. on Universal Military Training, March 17,1948, RG287. 15　Gray, “Strategy in the nuclear age: The United States, 1945-1991,” p.589.

カ社会が兵営国家に至ることもなかったし、結果的には比較的限定された軍事力で冷戦に対処することが可能であったのだ。

そして第5に、防衛力が増減を繰り返してきたことである。これはアメリカ社会が、自国の軍事機構を国家の重要制度とは見なさないような社会であることを示している。戦後のアメリカでは、軍事力によって達成されるべき外交政策上の目的があまりにも明白であり、アメリカの軍事力があまりにも卓越していたために、戦略に関する議論でさえほとんど行われなかった。

アメリカは、明白かつ目前に迫った危機には立ち向かっていったが、長期的な動向を予測してその解決のために努力しようとしたのではなく、目下の利益に関わる出来事だけに実用主義的に反応する傾向があり続けた[15]。そのため、本来であれば一定の所要量が望まれた防衛力にも増減が繰り返されたのである。

以上から、確かに戦後のアメリカでは、それまでとは異なり平時から大規模な正規軍を維持し世界でも屈指の軍事大国になったかもしれないが、その実像とは裏腹に、アメリカ市民のなかには依然として反軍的な伝統的文化が存在していたとも考えられないだろうか。戦略環境は変わろうとも、連邦軍は依然として自由を奪いかねない中央権力の象徴であることは変わらないのではなかろうか。

すなわち、「アメリカは、反軍的文化が変化したのであろうか」という疑問に立ち返れば、世界的規模でソ連陣営との軍事的対決が強いられた冷戦期のような状況においても、伝統的文化の「中核的」な部分は、揺らぐことなく堅固に守られていたのであろう。たとえ強い脅威があったとしても、軍の形から文化的影響をさえぎることはできなかった。

アメリカの軍事は、このように歴史を通して築かれた文化に、しばしば影響を受けてきたのであった。明らかに軍事的な要請が切迫していた冷戦期ですら、伝統的軍隊観を根底にした社会的要請の追求を忘れなかったのである。

2　自衛隊――「文化」との闘い

1. 歪んだ平和主義

太平洋戦争が終わってすでに80年近くが経過しているにもかかわらず、我々は未だに戦前・戦後と二つの時代を区分して考えがちである。それだけ、敗戦を契機として日本は大きく転換し、過去から断絶した時代を生きている。しかし、本当に日本人の民族性や戦略文化に連続性は失われたのであろうか。

国防意識に限れば、軍人や軍隊を信頼して、貧しいながらも自国を誇りとして多くの人々が自分の命を惜しむことなく国のために戦ってきた戦前に比較して、戦後の日本社会や日本人は、努めて軍事から疎遠に、そして消極的に安全保障に取り組んできた。

それは、あたかも戦前のアメリカの反軍的社会と同じであった。戦後の日本社会には、強い自虐史観とともに、「軍事」＝「悪」という認識の下、自国の防衛さえ他国に依存するという、主権国家と

15　Gray, “Strategy in the nuclear age: The United States, 1945-1991,” p.589.

は言い難い無責任な歪んだ平和主義が生まれた。吉田茂は、「戦争直後には一種の虚脱状態のようなものがみられた。日本人は戦争前から戦争中にかけて、使命感を持ちすぎたため、その反動として、何も信じないと極端に走ってしまった[16]」と述べている。

柳田国男は、日本人には自国に対する思い切った誇りと、思い切った卑下と両極端が存在すると指摘している。かつての日本軍が、いかにも誇り高く見えながらも敗戦当時はみじめな退廃を露呈してしまったのと同じく、日本の歴史についていかにも尊厳に満ちた説き方と、それとまったく相反する自卑的な説き方と双方が混在し、日本人の知識をはなはだ矛盾に満ちたものにしていると批判している[17]。

日本の社会的規範はなぜ、このように大きく変化してしまったのであろうか。太平洋戦争が始まる以前から、軍は政治を壟断《ろうだん》し、横柄な権威主義を振りかざす軍人が少なからずいて、民衆の気持ちを軍からわずかでも遠ざけていたのかもしれない。また、沖縄や満州での出来事をはじめ各戦地および本土において、日本軍は民衆や兵士の生命を粗末に扱ってきたことも否定できない。戦争を始めたのも戦争に負けたのも軍のせいだとする国民の軍に対する強い不信感に惑いはなかった。

また、明治維新以後、日本の対外戦争は日本の領土外で行われ、自国本土が焦土となることはなかった。しかし、太平洋戦争では原爆投下を含め空襲によって国民は甚大な人的・物的被害を受け、その被害意識が戦後の戦争忌避を生む要因ともなった。大きな惨禍を残した第1次世界大戦後のヨーロッパにおいて平和主義が広がったように、第2次世界大戦後の日本においても同じ現象が起きて、それが軍事アレルギーや非武装中立論につながった[18]。

何よりも戦後、日本人がいとも簡単に平和主義に慣熟した背景には、前大戦への強い反動と戦争を防げなかった悔恨、長い戦争の時代がやっと終わったとする安堵感があり、平和に対する信念を一層高めたからとも言えよう。とりわけ悲惨な戦争経験をした世代の多くは、軍隊や戦争を忌避しがちだ。

対日占領政策の課題の一つは、日本を二度とアメリカに歯向かえない国に改造することであり、連合国最高司令官総司令部（General Headquarters of the Supreme Commander for the Allied Powers：GHQ）は日本国民に大戦の「罪の意識」を徹底的に植えつける必要があった。GHQが行った「ウォー・ギルト・インフォメーション・プログラム（War Guilt Information Program：WGIP）」は、大きな役割を果たしたとされる。[19] GHQは戦争指導部と国民を区別し、指導部の責任だけを追及したために、愛国心が欠けた極端な反戦思想に基づく日本独特の「平和主義」が生まれ、それによって、多くの歴史事実が歪められるようになったとも考えられる。アメリカとしては、自国にあった反軍的文化を日本にも同じように植えつければよかったのである。

ただ、このような平和主義がいとも簡単に根づいたのは、日本人の平和を愛する民族性と平和に馴染む土壌があってのことで、日本人の意思が反映された結果なのである。

16　吉田茂『日本を決定した百年』日本経済新聞社、1967年、176頁。
17　柳田国男編『日本人』毎日新聞社、1976年、14頁。
18　戸部良一「総力戦・冷戦と日本の安全保障観」『軍事史学』第51巻第4号、2016年、69頁。
19　WGIPについては、髙橋史朗『WGIPと「歴史戦」――「日本人の道徳」を取り戻す』（モラロジー研究所、2018年）および賀茂道子『ウォー・ギルト・プログラム――GHQ情報教育政策の実像』（法政大学出版局、2018年）参照。

国民の潜在意識に馴染まない規範は、いくら宣伝や教育を労しても定着するものではないからだ。[20]
日本人は、戦後アメリカ社会の強い影響の下で、広範囲にわたる新たな生活態様を模索し続けた。あらゆる領域において「近代化」は、戦前から続いている日本の悲願であり、[21]その矛先が真っ先に経済復興に向けられたのは、本来の日本人の気質に合っていた。平和憲法の制定だけでなく、農地解放、財閥解体、そして女性の参政権等は、アメリカ式のリベラルな文化がなければ実現できなかった。
日本社会の大きな転換には、アメリカの大衆文化に対する日本人の憧れが反映されていた。戦争のため「鬼畜米英」として抑圧されていたものの、この切望は目に見えない地下水となって生き続けていたのであり、戦争が終わって禁が解かれると、その地下水はたちまち地上に噴出し、あっという間に日本を覆ってしまったのである。[22]
吉田茂は『日本を決定した百年』において次のように記している。

「戦後の日本において成し遂げられたことは、ある意味では明治の日本において起こったことの再現であり、ある意味では明治の日本において始められたことの完成であった。すなわち、日本は戦後の目覚ましい経済発展によって西欧の先進諸国に追いつくことができたが、それは明治の先人たちが夢見たことであった。戦後の日本人はその根底において、明治の日本人と同じ素質を発揮して、そして同じように幸運に助けられた。……明治の日本人は見知らぬ強力な文明に直面したとき、長い間親しんできた習慣を捨てて、異国の文明を取り入れることを恐れなかった。同じように、戦後の日本人は、敗戦と占領という状況に直面したとき、ずる賢く占領軍を迎えるのではなく、占領軍の指示した大変革に対して男らしい態度をとり、言うべきことは言った後で、改革を行い、その改革の中に日本を再建する方法を見出そうとした。攘夷に失敗して西欧諸国の力を知った武士たちがあっさりと開国に踏み切ったように、戦争に敗れた日本人はその敵の美点を認めた。疑いなく日本人は『GOOD LOSER（良き敗者）』だったのである。……日本人が大きく変動する状況において、こつこつと働き続けることができたのは、彼らが心の奥底に希望の光を失わない楽天主義者であったからである[23]」

戦後日本の平和性について、バーガー（Thomas Berger）は、戦後日独の反軍国主義感情は制度化しており、文化が一定程度の自立性を有していることを指摘した。[24]また、国家目標達成の手段として軍事力や軍事組織に頼らないとする太平洋戦争から学んだ規範を、ボブロウ（Davis Bobrow）は、日本人の「二度と繰り返さない決意」として評価した。[25]結果として、対外的脅威に対する鋭敏な意識が

20　西川「日本の戦略文化と戦争」13頁。
21　E・クロッペンシュタイン編（鈴木貞美編）『日本文化の連続性と非連続性　1920－1970』勉誠出版、2005年、20頁。
22　猿谷要『アメリカよ、美しく年をとれ』岩波新書、2006年、22～23頁。
23　吉田『日本を決定した百年』161～170頁。
24　Thomas Berger, *Culture of Antimilitarism: National Security in Germany and Japan*, Johns Hopkins University Press, 1998.
25　土山實男『安全保障の国際政治学——焦りと傲り［第二版］』有斐閣、2014年、307頁。Davis B. Bobrow, "Military Security Policy," in R. Kent Weaver and Bert A. Rockman, eds., *Do Institution Matter: Government Capabilities in the United States and Abroad*, Washington D.C.: Brookings Institution, 1993, pp.412-444.

国民から遠のき、平和的特性のみが前面に打ち出されたのである。

2. 脅威感が希薄になった日本

平和主義にどっぷりと漬かった文化が芽生えた半面、日本社会は具体的な脅威を認識できなくなった。戦前は東アジアに勢力均衡が形成されなかったことで、日本に侵攻できる大国が出現する脅威が常態化していた。日本は海軍力と並んで大陸国並みの陸軍力を保有し、独力でロシアおよびヨーロッパ列強に対峙しなければならなかった。

戦後もソ連をはじめとする大陸からの脅威がなくなったわけではなかったが、日本は西側の一員としてアジアの勢力均衡の構築に加わることになり、しかも、それは軍事だけではなく、主に経済力によるバランスへの貢献となった。実態は、米ソを中心とした東西陣営によるイデオロギーの戦い、そして核兵器による対立となったことで、日本が軍事力で貢献する隙さえなくなった。

核戦争は開けてはならないパンドラの箱であったために、求められた戦略は戦勝戦略ではなく核抑止戦略となった。世界的に見ても核抑止戦略を講ずるのは、軍人ではなく物理学者や政治学者など一部の人々であり、国防や安全保障は、国民の日常生活に直接迫りくる課題ではなくなった。何よりも軍事力を保有できなくなった日本は、本来であれば国家・国民全体で取り組まなくてはならない安全保障をアメリカに大きく依存することになり、自国でなすべきことを考えなくなった。

大陸から押し寄せる脅威に変化はなかったが、具体的な脅威の実態や武力衝突のシナリオが見えなくなり、そこからあえて目を背けることで脅威に対する意識も薄らいでしまった。

興味深いのは、日本がユーラシア大陸東端の近傍に位置する島国であるという地理的特性が、戦前の日本に大陸政策をもたらした理由の一つにあったが、戦後は、アメリカが肩代わりをして、ユーラシア大陸やその外縁部に位置する同盟国や友好国に在外米軍基地を設けて、米軍を前方展開するようになったことであった。大陸からの脅威に対して朝鮮半島と日本の国土、そして太平洋の縦深を利用してアメリカ本土を防衛しようとする戦略は、戦前の日本の利益線設定と変わりはなかった。日本やアメリカのように大陸と対峙する海洋国家が、大陸に防衛線を敷くのは、自然と生まれる最適な防衛手段なのであろう。

3　アメリカの都合により創設された自衛隊

1．再軍備に反対していたマッカーサー

1945年9月2日にミズーリ号上で降伏文書が調印された。日本の戦後構想については、連合国最高司令官兼米極東軍司令官のマッカーサーの統括するGHQの手に事実上委ねられていた。

アメリカは日本の非軍事化と民主化を基本方針とし、日本陸・海軍の武装解除、戦争犯罪人の逮捕・訴追、軍国主義団体の解散を進めるとともに「5大改革」の推進を日本に迫り、財閥解体など戦前日本からの断絶を迫る施策を矢継ぎ早に断行した。日本国民に対してマッカーサーは、日本にキリスト教と民主主義を根づかせる文明論的使命感を抱き、日本国民を全体主義的な軍部の支配から解放し、軍国主義を一掃しようと考えていた。

したがって、日本降伏直後の時点で、アメリカが日本の再軍備を準備し両国が同盟関係になること

は考えられなかった。[26] マッカーサーは日本を二度と軍国主義に頼らない民主主義を基調とした国家にするために「非軍事化・民主化」路線を推し進めた。そして日本を「極東のスイス」にすると述べ、日本国憲法で戦争の放棄、武力不行使、戦力不保持を規定した。[27]

ところが、米ソ間の対立が次第に深まるにつれ、米政府内で対日政策を転換する方針が出されると、日本は東アジアにおける対ソ封じ込めの重要な拠点として位置づけられることになった。

統合参謀本部の内部組織である統合戦争計画委員会（Joint War Plans Committee：ＪＷＰＣ）[28] は、次の戦争のシナリオとして、ソ連は極東において大規模な攻勢を行わずに、満州、朝鮮半島、北中国の占領のみを実行するであろうと考えていた。それに対応したアメリカの作戦計画の骨子は、朝鮮と中国に駐留している米軍部隊を日本に撤退させ、すべての米・英連邦軍を日本防衛に集中するというものであった。ＪＷＰＣは、ソ連による北海道への侵攻の可能性は低く、たとえ対日侵攻が実行されたとしても、成功する公算はないと見積もっていた。それよりもアメリカの重要課題は、共産主義による日本の支配を防ぐことであり、それがアメリカの戦略目的であり安全保障の要となっていた。[29]

１９４７年、陸軍省のドレイパー（William Draper Jr.）次官の訪日に際し、極東軍参謀本部第３部は、日本を守るための方策として、①占領を無期限に継続する、②日本に駐留軍を維持する、③日本に防衛軍を創設する、④日本を非軍事化する一方で、日本が侵略に対して無防備にならないように日本本土ないし琉球諸島に米軍基地を保持する、の4点を提示した。[30]

しかし、日本の防衛は原爆と米占領軍で十分と考えていたマッカーサーは、日本の再軍備案に反対した。その理由は、①ポツダム宣言の履行という国際義務への違反行為であり、アジア諸国が依然として日本を恐れ、反発を招くことが予想されること、②日本の再軍備は占領改革の基本政策に反すること、③日本は再軍備しても、五流の軍事大国にしかならないこと、④日本の経済復興にマイナスの影響を及ぼすこと、⑤日本人はもはや軍隊を持つことを歓迎しないこと、そして⑥再軍備はソ連が軍事行動を起こす口実になるというものであった。[31]

さらにマッカーサーは、平和条約発効後、占領軍は完全に撤退すべきであることを強調した。そして日本が保有できるのは、①市民警察、②国内擾乱に対処するための小規模な警備隊、③密輸業者等を取り締まるための小規模な沿岸警備隊のみとして、日本はいかなる形態といえども外征を可能にす

26　柴山太『日本再軍備への道――１９４５～１９５４年』ミネルヴァ書房、２０１０年、20頁。

27　「マッカーサー・インタビュー」（１９４９年３月３日）、大嶽秀夫編『戦後日本防衛問題資料集　第一巻』三一書房、１９９１年、２２６～２２７頁所収：『朝日新聞』１９４９年３月３日付：読売新聞戦後史班編『昭和戦後史「再軍備」の軌跡』読売新聞社、１９８１年、２５８～２６１頁。

28　Steven T. Ross and David Alan Rosenberg, eds., *America's Plans for War against the Soviet Union, 1945-1950：The Strategic Environment*, Volume 1, New York and London：Garland Publishing, Inc., 1990, Editor's Introduction.

29　JWPC-432/5（June 10, 1946）ABC 381USSR（March 2, 1946）Sec. 1-A, RG165.（柴山『日本再軍備への道』23頁）

30　楠綾子『吉田茂と安全保障政策の形成――日米の構想とその相互作用１９４３～１９５２年』ミネルヴァ書房、２００９年、55頁。（Dupy to Norstad, "Reporter on Visit to Japan with Under Secretary of the Army," October 6, 1947, Under Secretary of the Army〈Draper/ Voorhees〉, Project decimal File, 1947-1952.）

31　Conversation Between general of the Army MacArthur, Under Secretary of the Army Draper, and Mr. George F. Kennan, March 21, 1948, *Foreign Relations of the United States*, 1948, Vol. 6, *The Far East and Australasia*, Washington, D.C.: Government Printing Office, 1974, pp.706-710.

る空軍を保有できず、民間の航空産業でさえも保有してはならないと提示した。これらは、すべてポツダム宣言の趣旨に沿った「対日厳罰主義」の考え方に則っていた。[32]

しかし、トルーマン政権で合意された「アジアに関するアメリカの立場」（NSC48／2）では、アジアに関する基本的な安全保障目的は、①国連憲章の目的と原則に沿う形でのアジア諸国民・諸民族の安定、自律的な発展、②特定のアジア非共産主義国家での国内安全保障維持と共産主義による攻勢を防ぐに足る水準の軍事力の育成、③アジアにおけるソ連の優越した力と影響力の漸進的な減殺と最終的な排除、④アジア諸国の平和、国家的独立、安定を阻害するようなアジアにおける対立を防止することであった。[33] 終戦時の日本は188個師団約550万人の陸軍と、74万トン約240万人の海軍が解体された状態であったため、[34] トルーマン政権は再軍備によって、日本に共産主義に対する「盾」を持たせようと考えるようになった。

1948年1月6日、ロイヤル（Kenneth Royall）陸軍長官はサンフランシスコにおいて「対日占領政策の目標は、日本を自立させるばかりでない。新たな戦争の脅威に対し、その防壁の役目を果たすほど強力かつ安定した民主主義を日本に築きあげることだ。日本は極東における全体主義の防壁となるべきであり、アメリカは日本の自立に協力すべきだ[35]」と演説した。

これは、アメリカの対日政策の転換を示す公式声明となったが、ロイヤルの演説には、日本を強化してアジアの安定勢力にすることで共産主義の浸透を防ぐことと、アメリカの経済的および人的負担を減らし、余力を冷戦の主戦場であるヨーロッパに振り向ける二つの狙いがあった。[36]

ロイヤルの演説の後、朝鮮半島は混迷を極め、ロイヤルの言う「新たな戦争」は確かに現実味をおびてきていた。国務省のケナン政策企画室長は、マーシャルの指示の下、日本の経済的自立の支援と西側陣営への取り込みを検討していた。

日本が「極東における唯一の潜在的な軍事・産業の大基地」であることから、自由主義陣営の一員として強化しなければならないと考えたケナンは、[37] 日本の安全にとって一番危険なことは、日本の共産主義者による陰謀、転覆、政権の奪取であると考えた。[38] 旧来の基本方針は、日本の軍国主義復活の阻止と軍事に重きを置かない対ソ封じ込め政策であったが、後にケナンはこれを根本的に修正し、対ソ対決路線に軸足を置くことに考えを変えていった。[39]

---

32 Transcript of JSSC Meeting, 10 November, 1949. 増田弘『自衛隊の誕生——日本の再軍備とアメリカ』中公新書、２００４年、６頁。

33 NSC48/2, The Position of the United States with Respect to Asia, December 30 1949, *Foreign Relations of the United States*, 1949, Vol. 7, *The Far East and Australasia*, Washington, D.C.: Government Printing Office, 1974, pp.1215-1220; Thomas H. Etzold and John Lewis Gaddis eds., *Containment: Documents on American Policy and Strategy*, 1945-50, Columbia UO, 1978, pp.269-276. 中西「アジア主義の呪縛？」２４４～２４５頁。

34 NSC48/2, December 30, 1949；大嶽編『戦後日本防衛問題資料集　第一巻』２６５～２６９頁；黒川『近代日本の軍事戦略概略史』２４１頁。

35 「ロイヤル陸軍長官演説」（１９４８年１月６日）、大嶽編『戦後日本防衛問題資料集　第一巻』１９３～１９７頁に所収。

36 読売新聞戦後史班編『昭和戦後史「再軍備」の軌跡』２５８～２６１頁。

37 坂元一哉『日米同盟の絆——安保条約と相互性の模索』有斐閣、２０００年、６頁。

38 ジョージ・F・ケナン（清水俊雄訳）『ジョージ・F・ケナン回顧録——対ソ外交に生きて（上）』読売新聞社、１９７３年、３６９頁。

他方、占領軍内部でも、アイケルバーガー（Robert Eichelberger）中将および作戦幕僚が主体となり、日本再軍備の具体案が検討され始めており、軽火器で武装した15万人の警察隊の創設が提案されていた。[40]

アイケルバーガーは、日本が共産主義者の破壊活動に極めて脆弱であると見て、講和後にも米軍が駐留を続けるか、日本の再軍備が必要であると考えていた。[41]日本に強力な軍が存在すれば、ソ連が第3次世界大戦を始めることを防ぐ「最大の抑止力」になり得ると考えていた。[42]ところが、マッカーサーは再軍備にはあくまで反対であった。彼は、再軍備が日本国民に対する占領軍の威信を傷つけ占領行政に致命的な影響を与えることを懸念した。

1948年春、アメリカ国務省はNSC7において、ソ連主導の共産主義化に対して、第1にアメリカの軍事力を強化し、第2に非ソ連世界の潜在力を動員して強化することにより、世界規模でソ連に反撃すべきことを表明した。[43]

同年10月7日、アメリカの国家安全保障会議は、「アメリカの対日政策についての勧告（NSC13／2）」を発表した。アメリカはマッカーサーにやや譲歩して従来の日本の「非軍事化・民主化」路線を「経済的自立化」路線へと切り替え、警察力を強化するという名目で限定的な日本再軍備方針を固めた。

しかし、またしてもマッカーサーは、ワシントンが提案した警察力の強化方針を退け、限定的な再軍備計画の動きを牽制した。反対の理由は①再軍備は占領の性格と目的を歪め、日本に対し交戦権を否認している日本国憲法の改正を強いるものである、②日本の再軍備はポツダム協定をアメリカが一方的に破棄することを意味する、③警察隊と防衛隊は明確に区別すべきであり、日本の陸上兵力の創設は、警察力とはまったく別個の計画に基づく方が容易である、④日本人が限定的な再軍備に満足すべきか疑問である、というものであった。[44]

陸軍省は、１９４９年春、前年秋に採択されたＮＳＣ13／2を修正するという形をとって、日本の「限定的再軍備」計画を提言していたが、[45] 国務省の反対でこの修正は実現しなかった。

アメリカ統合参謀本部が、１９４９年６月にまとめたＮＳＣ49「日本におけるアメリカ安全保障の戦略的評価」[46]では、日本の国家資源を利用する有効性が述べられ、日本の軍事戦略的価値を人口、潜

39　『読売新聞』２０１４年12月６日付朝刊。
40　『毎日新聞』１９４８年12月16日：「アイケルバーガー『日本武装警察隊の新設』」大嶽編『戦後日本防衛問題資料集　第一巻』２５７～２５８頁に所収。
41　楠『吉田茂と安全保障政策の形成』55頁。（Diary Entries for March 10, 1948, Diaries of Robert L. Eichelburger.）
42　柴山『日本再軍備への道』47頁。（Diary Entries for March 22 and July 1, 1948, Diaries of Robert L. Eichelburger.）
43　NSC7, Position of the United States with Respect to Soviet Directed World Communists, *Foreign Relations of the United States*, 1948, Vol.1, Part 1, The Near East, South Asia, and Africa, Washington, D.C.: Government Printing Office, 1975, pp.545-550.
44　NSC13/2, Recommendation with Respect to United States Policy Toward Japan, October 7, 1948, *Foreign Relations of the United States*, 1948, Vol. 6: The Far East and Australasia, Washington, D.C.: Government Printing Office, 1974, pp.858-862；JCS1380/54, Limited Military Armament for Japan, January 6, 1949；大嶽編『戦後日本防衛問題資料集　第一巻』２２０～２２３頁；増田『自衛隊の誕生』７～９頁。
45　秦郁彦『史録　日本再軍備』文藝春秋、１９７６年、１０８～１１０頁。

在的工業力、そして地理的位置にあると評価した。日本は日本海、東シナ海、黄海の出入りをコントロールしており、アメリカのアジアにおける「島嶼防衛線（offshore island chain）」の一部として重要であるとともに、ソ連にこれらの地域と海域を使用させてはならない戦略拠点であった。さらに、日本は米軍戦力を極東ソ連に投射するための起点であり、アメリカが日本を利用できなければ、この防衛線の攻撃的価値は限られたものになり、維持すらできないかもしれないとした。[47]

同年12月のNSC48／1「アジアに関するアメリカの立場」では、ソ連の影響力を排除するための非共産主義勢力への支援が叫ばれた。[48] アメリカが恐れたのは、日本がソ連の支配下に置かれ、西太平洋におけるアメリカの基地を攻撃基地として使用されることであった。反対に、アメリカが日本を直接的・間接的に制しておけば、防衛行動に重要な戦略的基地をソ連に渡さずにすむばかりか、戦争になった場合、アメリカは日本の戦略的前哨拠点を使って、日本海、東シナ海、黄海をソ連に渡すことなく、ここをアメリカが支配し中立化することができた。日本がソ連の支配下に置かれる前にアメリカが支配して戦略的前哨基地および作戦基地として日本を使用すること、そして、日本の人的・物的資源を活用することがアメリカの目的であった。[49]

当時、アメリカ政府は日本の再軍備について、かなり楽観的な見通しを抱いていたが、その裏には、日本国民が政治的に現実的になるだろうという期待があった。JWPCは、ソ連との戦争が始まるや否や、新憲法の法律的拘束は打ち破られるであろうと期待していたのであった。[50] その過程で、陸軍省が起草したNSC44に、日本国内の治安確保のための警察力（沿岸警備隊を含む）の増強が提案されていた。[51]

2. 必要悪として誕生した警察予備隊

1950年1月12日、トルーマン政権において国務長官を務めたアチソン（Dean Acheson）は、ワシントンにおいて「西太平洋におけるアメリカの防衛線は、アリューシャン列島、日本、沖縄、フィリピンを結ぶ線であり、そこへの軍事侵略にアメリカは反撃する」と演説した。この「アチソン・ライン」によって、台湾・朝鮮半島・インドシナなどが除外され、それが遠因となり朝鮮半島で戦争が勃発すると、マッカーサーの当初の対日構想はもろくも崩れ去った。

46 Memo, JCS to Secretary of Defense, "Strategic Evaluation of US Security Needs in Japan,"（derived from JCS 1380/65）10 June, 1949.
47 NSC49, Note by the Executive Secretary to the National Security Council, June 15, 1949, *Foreign Relations of the United States*, 1949, Vol.7, The Far East and Australasia, Washington, D.C.: Government Printing Office, pp.773-777；坂元『日米同盟の絆』16～17頁。
48 NSC48/1, The Position of the United States with Respect to Asia, December 23, 1949, Department of Defense, United States and Vietnam Relations, 1945-1967, Washington, D.C.: Government Printing Office, 1971, Book 8, pp.225-264.
49 NSC49, Note by the Executive Secretary to the National Security Council, June 15, 1949；坂元『日米同盟の絆』16～17頁。
50 柴山『日本再軍備への道』30頁。
51 NSC44, Limited Military Armament for Japan, March 1, 1949, *Foreign Relations of the United States*, 1949, Vol. 7, Part 2, The Far East and Australasia, Washington D.C.: Government Printing Office, 1974, pp.671-673.

朝鮮戦争が始まった1950年6月当時、朝鮮半島の最も近くに所在していた米軍は、日本に進駐していた4個師団、約5万3000人であった。内訳は第7歩兵師団（東北および北海道地方）、第1騎兵師団（関東地方）、第25歩兵師団（関西地方）、そして第24歩兵師団（九州地方）であったが、この内3個師団は開戦早々に朝鮮へ派遣され、残りの1個師団（第7歩兵師団）も出動が計画されていた。

マッカーサーは、日本の安全確保が困難な状態になることを予想し、日本独自の力で日本の安全を維持することを決断した。日本の再軍備は、朝鮮戦争が発生後ただちに、国際的交渉も国内的議論も抜きで、マッカーサーによる一片の命令書、いわゆる『マッカーサー書簡』（1950年7月8日）によって動き始めた。GHQ参謀第2部（G2）連絡室および民事局別室（Civil Affairs Section Annex：CASA）が、軍事顧問団として警察予備隊創設のための準備を始め、7万5000人の警察予備隊が創設されるに至った。[52]

日本の再軍備構想は内外に大きな反響を与えると考えられたので、日本の防衛軍は「カバープラン」によって創設されたと記されている。軍事顧問団幕僚長として警察予備隊創設の直接の参画者となったコワルスキー（Frank Kowalski）大佐は、警察予備隊は日本再軍備のための偽装であり、当初から将来の日本陸軍の基礎となるべきものとして創設され、それをカモフラージュすることが要求されたと明言している。[53] しかし、再軍備はポツダム宣言に対する違反を意味しかねなかったため、あくまで警察力の増強という手段をとった。[54]

いずれにしても、米軍が朝鮮半島に急遽派遣されたことで、日本の再軍備は時間的余裕がないまま米軍の構想で一方的に創設された。[55] しかも、他の連合国の反対を避けるために密かに計画は進められ、[56]

法的にも政治的にも根拠の弱い基礎の上に実現された。[57]GHQは、日本の非軍事化と民主化を占領政策の柱としたが、警察制度を中央集権から地方分権化したのも民主化政策の一環だった。ところが、警察予備隊の創設はその政策を修正するものだった。[58]

マッカーサーには1935年に、アメリカの植民地であったフィリピンにおいて、軍事顧問となって軍備を整備した経験があった。フィリピンの米軍は1個連隊だけであったので、マッカーサーは、軍隊でもなければ警察でもない「警察隊（constabulary）」を創設した。後にGHQ民生局長として日本国憲法草案作成に関ったホイットニー（Courtney Whitney）も当時、マニラで法律事務所を開いて

52　「マッカーサー書簡・警察予備隊設置」大嶽編『戦後日本防衛問題資料集　第一巻』426〜627頁：大嶽秀夫『再軍備とナショナリズム――戦後日本の防衛観』講談社学術文庫、2005年、50頁。
53　フランク・コワルスキー（勝山金次郎訳）『日本再軍備――米軍事顧問団幕僚長の記録』サイマル出版会、1984年、324頁。
54　「1950年7月8日　マッカーサー→吉田　警察力増強（警察予備隊創設）を指令」袖井林二郎編訳『吉田茂＝マッカーサー往復書簡集［1945‐1951］』法政大学出版局、2000年、335〜338頁：防衛省防衛研究所戦史部編『内海倫　オーラル・ヒストリー――警察予備隊・保安庁時代』防衛研究所、2008年、33〜34頁：黒川『近代日本の軍事戦略概略史』243頁。
55　大嶽『再軍備とナショナリズム』31頁。
56　同上。
57　同上、32頁。
58　読売新聞戦後史班編『昭和戦後史「再軍備」の軌跡』62〜63頁。

おり、警察予備隊はこの警察隊を準用したのではないかとも言われた。[59]

日本の再軍備は、マッカーサーにとっては「不本意」なものであった。日本から軍国主義を排除し民主化を徹底しようとしていたマッカーサーにしてみれば、戦前のアメリカにあったような軍に対する警戒感を日本の社会に植え込む必要があったのであろう。しかし、ソ連、共産主義という脅威に対応するために、日本の再軍備を認めざるを得なかった。

この時の葛藤と矛盾は、警察予備隊、保安隊、そして自衛隊へと発展していく過程において、はるかに大きく拡大し現在も居残る様々な禍根の原点となった。日本の再軍備に日本的戦略文化が反映される余地は、はじめから与えられてはおらず、極東戦略を実現するためのアメリカの都合と文化が入り混じった中途半端で整理のつかない軍事組織だけが残されたのである。

コワルスキー大佐は、「マッカーサーはポツダムにおける国際協定に反し、極東委員会よりの訓令を犯し、日本国憲法にうたわせた崇高な精神を反故にし、本国政府よりほとんど助力を得ずして日本再軍備に踏み切った」と批判している。[60]

3. MSAと18万体制

再軍備の過程で、当初、日本独自の海・空防衛力の役割と保有は限定されたが、陸上防衛力に限っては、朝鮮戦争の激化とともに日本が必要とする戦力をはるかに上回る約32万~35万人規模をアメリカは要求した。[61]

その数字の根拠を知る手掛かりとして、当時のナッシュ（Frank C. Nash）国防次官補は「ソ連が最も狙っているのは日本で、それは日本の地理的位置、潜在工業力などから、極東支配の拠点として当然である。現在のソ連は極東におよそ50万の陸軍と戦闘機など約5000～6000機配置している。ソ連は落下傘部隊と水陸両用部隊で日本の北西部を攻撃し橋頭堡をつくることに成功すれば、膨大な陸上兵力を内部につぎ込み、航空基地を設けて全日本を制圧しようとするであろう。われわれが32万5000人を必要とするのは、こうした場合に備えてのことである。日本は戦車が自由に走れる道や橋が少なく、例えば九州の部隊を北海道に移動させるようなことは容易でない。だとすれば、ある程度の量の兵力を各地にクギづけせねばならず、四方が海に囲まれ海岸線（防衛線）の長い日本としては、面積の割に兵員の数が多くなるのは当然だ」[62]と述べている。

陸上兵力量の問題だけでなく、陸・海・空戦力の構成バランスにおいても日米間で差異があった。

59 「杉田一次インタビュー」佐道明広・平良好利・君島雄一郎編『堂場文書』丸善学術情報ソリューション事業部企画開発センター、2013年。

60 コワルスキー『日本再軍備』12頁；大嶽『再軍備とナショナリズム』51頁。

61 日本は「相互安全保障法（Mutual Security Act：MSA）」に基づいて実施する対外軍事援助をアメリカから受け入れた。MSAの真の狙いは、防衛力増強に応じようとしない日本政府に対して、対外援助というアメを与えて目標値の32万5000人まで増強させることにあった。増田『自衛隊の誕生』59～65頁。

62 The Secretary of State to the Embassy in Japan, October 9, 1953, *Foreign Relations of the United States*, 1952-1954, Vol.14, Part2, China and Japan, Washington, D.C.: Government Printing Office, 1985, pp.1523-1528；大嶽編『戦後日本防衛問題資料集　第三巻』三一書房、1993年、370～376頁；読売新聞戦後史班編『昭和戦後史「再軍備」の軌跡』360頁；宮沢喜一『東京－ワシントンの密談――秘められた日米交渉の歴史的記録』実業之日本社、1956年、227～228頁。

図表6-3　再軍備と隊員増勢の足取り

（単位：人）

	制服				文官	計
	陸上	海上	航空	統幕		
1950年	75,000				100	75,100
1952年	110,000	7,590			1,363	118,953
1954年	130,000	15,808	6,287	20	12,425	164,540
1955年	150,000	19,391	10,346	32	16,042	195,811
1956年	160,000	22,716	14,434	32	17,822	215,004
1957年	160,000	24,146	19,925	34	19,399	223,504

出典：中島義雄編『日本の防衛』朝雲新聞社、1958年、52頁

ナッシュは陸上戦力のみに言及し、海・空戦力については研究中として何も触れなかった。アメリカの日本の戦力に対する要求は、陸上戦力が中心であり海・空戦力はその補助的なものでよかった。

それに対し日本側の考えは、あくまで敵の上陸阻止であったためバランスのとれた陸・海・空戦力を保有したかった。自民党政調会長であった池田勇人は、島国である日本の防衛には海・空軍の力が決定的な意味を持ち、米軍とソ連軍の力の差を考えれば、日本が大きな陸上戦力を持つ必要はないことを指摘した。それに対しナッシュは、ソ連との航空戦は激戦となることが予想され、いったん橋頭堡が築かれ、抵抗がなくなれば、ソ連は大軍を投入できると反論した。[63]

日本はアメリカの極東戦略と日本の作戦分担について米側の回答を求めたが、アメリカは、日本は陸を中心に考えればよいとの一点張りでお茶を濁した。[64] ナッシュの終局的目的は経費節減にあった。米陸軍を日本に駐留させるよりも、「日米相互防衛援助協定（Mutual Security Act：MSA）」による援助の方が5倍から10倍経済的であるとナッシュは見積もっていた。[65]

アメリカの要求した陸上戦力は、ヨーロッパ大陸で東西対立の前線で対峙する陸軍を想定したものであり、国内の活動のみに留

まる日本の陸上防衛力とは異なっていた。より小さい防衛力を主張する日本と大きい陸上戦力を主張するアメリカの隔たりは大きく、明確な合意事項がないまま交渉が終了した。そして、最終的に日本の事情を考慮して、アメリカ側が譲歩する形で難交渉は終了し、MSA協定は日本側が陸上戦力18万人への増員を引き換えに、総額5000万ドルの援助受け入れ（その内、2割を経済増強に充てる仕組みを含めて）を合意し、昭和29年（1954）3月8日に調印され、5月1日に発効した。[66]

しかし、それは陸上防衛力の任務や役割というよりも、主に財政面から出た数字であっただけでなく、防衛を主たる任務とする保安隊を本格的軍事組織へと転換することを不可避にした。MSA協定は間違いなく日本再軍備を加速させる作用を持っていた。[67] 日本は、MSA協定の妥結を遵守し、第4次防衛力整備計画（1972～77）下の1973年に、念願の18万人体制を確立した。

このようにして日本は、海洋国家として新たな道を歩み始めようとしていた矢先に、アメリカによって海洋国家には適さない大規模な陸上戦力を持たされることになった。さらには、日本がアメリカ

63　大嶽編『戦後日本防衛問題資料集　第三巻』372頁。
64　永沢勲雄「池田・ロバートソン会談と防衛力増強問題――陸上自衛隊18万体制の成立事情（下）」『国防』1979年4月号、38頁。
65　植村秀樹『再軍備と五五年体制』木鐸社、1995年、150～151頁。
66　『読売新聞』2015年2月14日付。
67　吉次公介「MSA交渉と再軍備問題」豊下楢彦編『安保条約の論理――その生成と展開』柏書房、1999年、128～148頁。同じく吉次公介『日米同盟はいかに作られたか――「安保体制」の転換点1951-1964』講談社選書メチエ、2011年、34～38頁。

戦略に従った戦略をとっていることを明確にするために設けられた「専守防衛」や「基盤的防衛力構想」によって、戦略環境の変化にかかわらず、増強されることも削減されることもなく、海洋国家であることの意識を欠いた陸上防衛力が固定化された原因となった。

4．なぜ戦後も陸上戦力が主体となったのか

(1) 変わらぬ日本の地政学的条件

第5章では、島国である戦前の日本にどうして海軍と並ぶ大規模な陸軍が整備されたかを考察した。その理由の一つとして日本が大陸から本土への浅い縦深を補うために大陸に利益線を敷く必要があり、その役割を担ったのが「外征軍」である陸軍であったことを述べた。

しかし、戦後の日本の陸上防衛力は、専守防衛を国防の基本政策として「外征軍」となることを厳しく禁じられ、つい最近まで自衛隊が国外で行動することには制約を課せられてきた。しかも戦後の日本が通商を重視した海洋立国となったので、陸上自衛隊より海・空自衛隊が重視されるはずであった。本来であれば、日本の陸上防衛力の意義・役割は戦前に比較すれば相当、小さくなるはずであった。

しかし、そのような戦後の日本においても、戦前と同じように陸上防衛力が国防の基幹戦力となり、最盛期で約18万人の陸上防衛力を保有するに至った。それは、なぜなのだろうか。

その理由は本章で述べてきたように、自衛隊がアメリカの都合でアメリカ主導によってつくられた組織だからである。戦後日本の防衛力、特に陸上戦力は、アメリカの極東戦略の一環として形成された。

アメリカが特に日本の陸上戦力を重視した背景には、日本がユーラシア大陸東端の近傍に位置する島国であるという地理的特性がある。戦後、アメリカが軍事戦略上、最初に手掛けなくてはならなかった課題は、戦前に日本が朝鮮半島に利益線を設定したときと同じように、米軍をユーラシア大陸やその外縁部に位置する同盟国や友好国に在外米軍基地を設けて、前方展開することであった。

日本はユーラシア大陸外縁部東端の要にあり、しかも日本海、東シナ海、黄海の出入り口をコントロールしており、アメリカのアジアにおける島嶼防衛線の一部として重要であり、ソ連にこれらの地域と海域を使用させてはならない戦略拠点、戦略的前哨拠点であった。また大陸に近接した島国であることから、中継基地や大陸への戦力発揮基盤として最適な位置にあったのに加え、米軍が朝鮮半島防衛を肩代わりしてくれたことで、その後方支援基地に専念する戦略的価値を日本は与えられたのであった。

アメリカは、戦後間もなくは、ソ連は極東において大規模な攻勢は行わないと予測していたが、日本に対する共産主義の浸透については警戒していた。そして、冷戦の激化とともに日本を含む西側諸国への武力侵攻を恐れるようになった。当初、アメリカは極東の防衛については、米海・空軍力で十分対応できると考えていたが、陸上防衛力に限っては、日本に陸軍の戦闘部隊を配置することなく、日本の再軍備によって補おうとした。

なぜなら、武力侵攻を受ける恐れがあるというものの、米ソ冷戦下で通常戦が起こるとすればヨーロッパ正面であり極東ではないと、少なくとも朝鮮戦争が起こるまでは考えられていたからである。朝鮮半島は38度線を挟み対峙していたものの、それは局地的なにらみ合いでしかなかった。しかも、日本が海で隔てられた島国で、日本本土に地上侵攻を受ける公算が小さかったことで、米陸軍の戦闘部隊を駐留させるまでもないと判断されていた。日本は共産主義に対する防波堤となり、米海・空軍の戦力発揮基盤、中継基地、後方支援基地として、米軍が憂いなく太平洋を越えるための距離的な補完をすればよかった。

(2) 日本の陸上戦力に期待した諸事情

マッカーサーは空軍力の熱烈な信奉者であったが、日本が強力な攻撃力を持つことには反対であった。また、アメリカだけでなく連合国は、日本の民間航空機開発を禁止すべきとの意向があった。その結果として、強力な海・空軍力の方が日本のような島国には効果的な防衛力であったにもかかわらず、日本は一貫して分不相応な大規模な陸軍力を抱え込んだのである。[68]

米陸軍の早期帰還は日本の願いでもあったが[69]、アメリカが自国の陸軍ではなく、日本の陸上防衛力に日本本土の防衛を期待した理由は他にもあった。財政が困窮していたアメリカにとって、陸軍の負担を軽減することはニュールック政策に適うだけでなく、ヨーロッパや中東における陸軍力の不足を、在日米陸軍を転用することで補完できた。また、ソ連の侵攻を受けるか否かも不明な日本の防衛のために、大量の兵站を必要とし動きが鈍重な陸軍を日本に配備することは、汎用性に欠け軍事費が高くついたのであった。[70]

アメリカは北海道に対するソ連の地上侵攻をある程度想定していたが、もし、そのような事態が起きたとしても、日本以外の領域から駆けつければ対応できると考えていた。米陸軍戦闘部隊主力をアジアの最前線に当たる朝鮮半島に展開させたが、海で隔てられていた日本は後方支援地域とするには安全であり、兵站部隊を駐留させるのに最適であった。[71] アメリカにとっても、大陸もしくはその近くに展開している米軍に対し継続的かつ安全に補給するには、アメリカ本土やハワイ、グアムからでは遠すぎる。その点、大陸と隔てられてはいるが、アメリカが戦力を投射するうえで大きくは離れていない日本が最適だったのである。

さらには、日本の地形は山や谷が多く平野の地積も狭いので、ヨーロッパでの戦闘を主目的に組織化された米陸軍にとって行動するのに不向きであった[72]。そして、日本に海外への侵攻能力を有するよ

68　リチャード・B・フィン(内田健三訳)『マッカーサーと吉田茂(下)』同文書院インターナショナル、1993年、115頁。
69　C. O. E. オーラル・政策研究プロジェクト『海原治オーラル・ヒストリー(上)』政策研究大学院大学、2001年、242、253頁。
70　「マッカーサー・インタビュー」(1949年3月3日)、大嶽編『戦後日本防衛問題資料集　第一巻』226〜227頁所収。
71　NSC6008/1, Memorandum from the Assistant Secretary of State for Far Eastern Affairs to Secretary of State Herter, "United States Policy Toward Japan," May 27,1960, *Foreign Relations of the United States*, 1958-1960, Vol.18, Japan, Korea, Washington, D.C.: Government Printing Office,1994, pp.312-314 およびナッシュ国防次官補(国際安全保障問題担当)の発言(大嶽編『戦後日本防衛問題資料集　第三巻』372頁)。
72　マッカーサーは、日本の地理は戦略的に守りにくく、攻めにくいと捉えていた。日本は山や谷が多く、部隊の移動手段は鉄道に限られ、しかもトンネルと橋梁が多いことから早期の師団配置が難しいことを考慮し、非武装中立が合理的選択であると信じていた("Memo to General Eichelberger," March 11, 1948, *Foreign Relations of the United States*, 1948, Vol. 6: The Far East and Australasia, Washington, D.C.: Government Printing Office, 1978, p.709; 柴山『日本再軍備への道』52頁)。その他として、コワルスキー『日本再軍備』20〜21頁。

うな海・空戦力を再軍備化させたくなかったために、再軍備の対象を陸上戦力に限定したからである。[73]アメリカが、自国陸軍の肩代わりとして日本の陸上防衛力に期待したのは、以上のような理由が背景にあり、それは、効率的な日米同盟による安全保障の確立にも寄与した。

例えば、日米間では陸・海・空軍すべてにおいて米軍が絶対的優位にあっても、いつ敵が侵攻してくるか予想できないところに常時米陸軍を配置しておくより、陸上戦力については日本に持たせた方が効率的だとする考え方である。すなわち、日本において陸上戦力は海・空戦力よりも相対的優位にあるということである。

大量の兵員と兵站を必要とする陸上戦力は、とりあえず頭数を揃え、米軍からの装備品を払い下げることで、日本に整備させられる。しかも、陸上戦力だけではそれを国外に投射することはできないため安心である。他方、海外侵略に利用でき、しかも技術を要する海・空軍力は、アメリカが保有することで、陸・海・空軍一体化の戦略構成ができ、極東ソ連軍に対応できるわけである。

1953年6月に開催されたアメリカの下院委員会において、ナッシュ国防次官補（国際安全保障問題担当）が「MSAによる援助を日本に与えれば、最終的にアメリカの経費節減となる。米陸軍の日本駐屯を継続するよりもMSA援助の方が5倍ないし10倍経済的である」[74]と語ったように、陸上戦力を日本が持つことは、アメリカにとって経済的損失の回避を意味した。

軍事作戦が依然として陸・海・空軍力の3要素から構成されていること、そして陸軍力は依然として軍事力を象徴する存在であること、そして勢力均衡のコマであることを考慮すると、極東正面の米陸軍は極端に小さく、アンバランスな兵力構成となっている。それに対して、日本の自衛隊は、極東に配置されている米陸軍および海・空自衛隊に対し相対的優位にある。[75]

また、陸上戦力は海・空戦力に比較して、国家主権の象徴として機能するため、海外への配置は近隣諸国も敏感にならざるを得ないし、敵対国との間に緊張とセキュリティ・ジレンマを生みやすい。それでも、在日米軍のように敵対国に隣接する受け入れ国を陸上戦力で直接支配するのではなく、基地を置くか受け入れ国の陸上戦力に米陸軍の肩代わりをさせれば、大国間の直接対峙を幾分和らげるであろう。特に日本のように専守防衛を防衛の基本政策とする国の陸上戦力は、アメリカの敵対国に侵略する心配がないので、アメリカと敵大国の間のセキュリティ・ジレンマを和らげることが期待できる。

アメリカは多くの人員と兵站を抱え部隊行動の準備に時間を要する陸軍を配置していないので、日本から撤退することを容易にしている。アメリカは外交交渉において、軍の撤退を、同盟国を「見捨てる」脅しのカードとして使えるが[76]、実際に撤退するときには、重い陸軍を配置していないので、ア

73　NSC49, Note by the Executive Secretary to the National Security Council, June 15, 1949, *Foreign Relations of the United States*, 1949, Vol.7, The Far East and Australasia, Government Printing Office, 1974, pp.773-777では、前大戦における日本の交戦能力の高さを評価している。1945年8月29日、アメリカ政府は終戦後最初の対日政策を発表し、「日本は陸軍、海軍、空軍、秘密警察組織、あるいは民間航空を持つべきでない」と明確な方針を示した（コワルスキー『日本再軍備』39頁）。

74　「米下院MSA聴聞会証言『対日MSA援助について』」（1953年6月16日）大嶽編『戦後日本防衛問題資料集第三巻』354頁。

75　坂口大作「『比較優位論』と同盟の深化――日米間における役割分担と戦力構成の最適化」『陸戦研究』2011年1月号、23～46頁参照。

メリカには融通性がある。なぜなら、たとえ同盟国から軍を撤退させなければならない事態になっても、独立国の陸上戦力が戦力の不足をカバーし、力の空白ができないからである。

また、同盟国が第三国と敵対関係になった場合でも、アメリカは国際情勢を見て、どちらの国に味方するかを選択することができる。しかし、移動の融通性がある海・空軍に比べて、陸上戦力が配置されていれば同盟国との関係をある程度維持しなくてはならない。裏を返せば、陸軍力を同盟国に配置していれば、同盟国との取引を破棄して見捨てることが困難になる。

陸軍を使って地上戦をする場合、政治的に慎重な判断が求められるのは、陸軍の投入が海・空軍の作戦にはない最終的決断という性格を持つからである。陸軍の長所が防御能力にあるとすると、短所は移動に時間を要し手間がかかることである。陸軍を投入すると、艦艇や航空機が簡単に撤退できるのに比べて、撤退は困難を伴う。陸軍を配置することは、一般的に長期にわたってそこに留まることを意味しているからである。

その結果、本来であれば島国である日本の防衛には、海・空戦力の強化が実用的であったにもかかわらず、大規模な陸上防衛力を抱え込むことになった。このように、戦後日本の陸上戦力の形成は、ソ連の脅威に対する生存のため、または国威の発揚というよりも、米軍の要求により準備されたもので、日本の防衛を目的とするという建前を持ちながらも、実際はアメリカの戦略を実行するためのアメリカにとって都合の良い防衛力であった。

コワルスキー大佐は回顧録において「日本は技術とエネルギーを経済拡張に傾倒しようと努めているのに、我々は日本をアメリカの前哨か何かのように取扱おうとしている。日本は前哨地点であるよりも、むしろアジアとアメリカを結ぶ橋のような役目のほうが、数倍適していることにアメリカは気づいていない」[77]と記している。

アメリカが日本の陸上戦力に期待していたのは、外地で敵国と戦うことではなく、アメリカの軍事行動が安全に運用できるように、その戦力基盤としての日本本土を守ることであった。

日本が「盾」としてアメリカの「槍」を防衛できれば、アメリカはそれ以上の役割を日本に負わせたくなかった。しかし、武装された日本の陸上部隊が日本全土に配置されることは、海軍力と空軍力でアメリカに劣るソ連に、日本への侵攻が至難の業であることを思わせるに有用な抑止力となった。[78]

それは、まさに冷戦期の自衛隊が「存在することに意義がある」と評価されていたことに象徴されている。忘れがちなのは、日本の戦略的価値は、アメリカの極東戦略を実現するために、戦力発揮基盤、中継基地、後方支援基地として機能してきただけでなく、橋頭堡として太平洋の内海化に寄与し、アメリカの本土防衛に戦略的縦深性を与えてきたということだ。

アメリカの第一次防衛線をユーラシア大陸に設定し、北米大陸を第二次防衛線とする考え方は、百年戦争前のイギリスが大陸に領土を保有したことや、日本が朝鮮半島を利益線と見なした考え方に重なる。

つまり、自国防衛や自国権益を守るために、自国本土だけ守れば良いのか、あるいは大洋の向かい

76　Glenn H. Snyder, *Alliance Politics*, Cornell University Press, 2007, pp. 322-329.
77　コワルスキー『日本再軍備』２１７頁。
78　柴山『日本再軍備への道』５７５頁、朝日新聞社編『自衛隊』朝日新聞社、１９６８年、89頁。中曽根康弘首相は、１９８３年２月８日の第98回国会衆議院予算委員会において日本を「盾」、アメリカを「槍」と答弁している。

側にある陸地に関与していくかの選択は、アメリカ外交における孤立主義、または介入主義のどちらかで具現化されてきた。戦後、後者を選択したアメリカがイギリスや日本の轍を踏まずにいる理由は、ユーラシア大陸にある同盟諸国の領土を統治せず、「借地（leasehold）」によって軍を駐留させていることにある。

直接統治による領土保全には多額のコストとリスクを必要とするが、アメリカは同盟国の主権を尊重し、しかも、基地接受国の防衛義務を担保に軍事基地を取得し、駐留経費を負担してもらうことで、多大な利益を得ている。アメリカの内海化は極めて安上がりに低リスクで維持されており、それゆえ同盟関係の破棄と米軍のアジアからの撤退は、ランドパワーの封じ込めだけでなく、二つの大洋における航行の自由を危険にさらすことにもなる。[79]

79　坂口大作「『我らが海（Mare Nostrum）』と陸地の影響力――『開放された海』と『閉ざされた海』」『国際安全保障』第46巻第2号、2018年、88～106頁。

第7章 日本の戦略文化と自衛隊

1―戦略文化と自衛隊の「魂」

1．日本文化の反映なき警察予備隊

前章において、戦後の再軍備は日本の脅威認識によるものではなく、アメリカの対ソ戦略、アジア戦略の一環として始まったことを述べた。「日本は敗戦後、選択によってではなく、運命によって、米ソ対立の二極構造の中に編み込まれた[1]」のであり、アメリカはソ連の直接・間接侵略に対応する防衛力を日本に持たせることで、自国の極東軍事戦略に連動させようとした。

その結果、創設されたのが警察予備隊であり、保安隊を経て自衛隊へと発展した。吉田茂は、アメリカの再軍備要求に反対であった。その理由として、①経済的負担、②周辺諸国の反対、③野党の反

1　永井陽之助『平和の代償』中央公論社、1967年、80頁。

対とその背後にある国民の反軍感情、そして④軍国主義復活のリスクがあった。何より、日本は早急に再軍備を必要とするほど差し迫った脅威を感じていなかった。[2]

吉田は再軍備よりも戦後の経済復興を優先した。１９８０年代前半、永井陽之助が「吉田ドクトリン」と呼んだ吉田の軽武装・経済重視政策は、[3]貿易と技術革新を外交の焦点に置き、日本が急速な経済復興を達成することによって国際社会における地位を回復しようとしたものである。

一方で吉田は、当面の軍事的脅威に備えて防衛力を強化するというよりも、長期的に独立国日本にふさわしい軍事組織の創設を目指していた。[4]アメリカ側が説明する朝鮮戦争の波及やソ連軍による日本侵略といった危機的な予測に彼は疑問を抱いていた。それゆえ、吉田は軍事面の量的拡大よりも質的拡大を求めた。[5]日本の防衛力保有の考え方と、量に固執するアメリカの認識との格差は歴然としていた。

日本の再軍備は、日本政府の介入や主体性に欠け、日本独自の防衛構想や戦略もなく、あくまでアメリカの国益のためであり、アメリカの都合で進められた。しかも、それが軍事組織となることを前提にしたものであることは明らかであった。そして、「米軍事顧問団（Military Advisory Group）」が終始一貫して、編制・訓練・装備・統制などあらゆる側面で、日本の意向をほとんど無視して指導ないし監督した。[6]

当然ながら、それらの体制に日本の反発は強く、警察予備隊本部が実施した隊員の意識調査である「米軍の干渉に対する隊員の動向」[7]では、米軍の過度の干渉に対して大多数の隊員が「無関心」であることが判明した。反発の理由は、米軍の干渉が必要以上に広範かつ細部にわたっており自主性を認められていないこと、またその指導は日本と日本人の実情を無視したものが多く、日本的文化に馴染まなかったからであった。それもあって、警察予備隊発足後1年間で、1割を超える8500名の欠員が生じた。[8]

1951年末までGHQと日本政府は、警察予備隊に旧軍将校が入隊することを認めなかったが、1952年の占領終結後には、警察予備隊幹部の15％を旧軍出身者が占めるようになっていた。彼らのなかには、アメリカの権力を妬み、アメリカに服従することを拒む者もいた。警察予備隊の幹部が増えてくると、米軍兵士の役割は減ってきたが、米軍が警察予備隊のアイデンティティの形成に中心的役割を果たしていたことは間違いなかった。[9]

吉田の新国軍構想には「制度的にも人的にも旧日本軍との連続性を断ち切り、アメリカの援助によ

2　「吉田首相、非日委員会設置を言明」辻清明編『資料　戦後二十年史　1政治』日本評論社、1966年、66〜67頁；大嶽『再軍備とナショナリズム』33頁。
3　永井陽之助『現代と戦略』文藝春秋、1985年、60〜69頁。
4　「防衛隊設置問題」（吉田首相答弁、衆議院予算委員会、1952年1月3日）辻編『資料　戦後二十年史　1政治』719〜720頁。
5　大嶽秀夫編『戦後日本防衛問題資料集　第二巻』三一書房、1992年、267〜268頁；増田『自衛隊の誕生』44頁。
6　同上、12頁。
7　防衛庁史室編「戦後防衛の歩み（警察予備隊から自衛隊へ）28　教育訓練」『朝雲新聞』1989年5月25日。
8　葛原和三「朝鮮戦争と警察予備隊――米極東軍が日本の防衛力形成に及ぼした影響について」『防衛研究所紀要』第8巻第3号、2006年、26頁。

って『民主的軍隊』として育成していく」[10]という希望が述べられていた。それを受けて林敬三総監が最初に取り組んだのは、警察予備隊の基本的精神を確立することであった。林総監は、「天皇」に代わるものを国家、国民とし、「警察予備隊の基本精神は愛国心、愛民族心である」[11]と呼びかけた。それは、警察予備隊の基本的任務が「国防」であることを口にできないからであった。[12]

2. 戦うことを前提としない自衛隊の「魂」

(1) 日本国憲法と日米同盟がもたらした矛盾

元来、日本の安全保障体制には大きな矛盾が内在しており、それは安全保障と自衛隊に対する国民の関心を遠ざける原因となった。戦後における日本の安全保障の枠組みは「日本国憲法（第9条）」（1946年公布）と「日米安全保障条約（日米同盟）」（1951年締結）によってつくられた。日本国憲法は占領軍であるアメリカによって起草されたものであり、「戦争の放棄」「戦力の不保持」「交戦権の否認」という三つの規範的要素を含んでいる。それは、終戦直後、日本が再びアメリカそして世界を脅かさないようにするため日本の軍事的無力化を図るという文化的要請に基づいていた。

他方、日本の独立と同時に発効した日米安全保障条約によって、日本はアメリカの対ソ戦略のなかに位置づけられ、アメリカから防衛力の増強を間断なく要求され続けることになった。つまり、一方では戦力の不保持と交戦権の否認、他方では戦力の増強という理解し難い矛盾が、安全保障および自衛隊から国民を遠ざける大きな原因となった。何よりもこのジレンマに翻弄され続けてきたのが自衛隊である。

(2) 旧軍の否定と過剰反応

戦後の「旧軍＝悪」という規範によって、軍事に関わることは努めて忌避する過剰反応が自衛隊にも投影された。旧海軍出身者で検討され創設された海上自衛隊と異なり[13]、旧軍関係者を排除してつくられた警察予備隊には特にその過剰反応が見られた。海上自衛隊では帝国海軍の伝統がほぼ踏襲されたのに対して、陸上自衛隊では旧軍とのつながりがあえて絶たれてきたのであった。その具体化が、普遍的な軍事用語でさえ否定する言葉替えであった。

例えば、自衛隊は軍隊とは位置づけられていないために、「兵士」ではなく「自衛官」であり、「兵科」のことを「職種」と呼ぶ。陸上自衛隊には「普通科」や「野戦特科」といった職種があるが、一般の軍隊では「歩兵」や「砲兵」のことである。かつては戦車のことでさえ「特車」と呼称していた。

陸・海・空自衛隊に共通として階級の呼び名も少佐・中佐・大佐をあえて3佐・2佐・1佐と呼称するなど、旧軍を連想させる軍事用語の使用を努めて排除してきたのであった。現代においても例え

9　アーロン・スキャブランド（花田知恵訳）『日本人と自衛隊――「戦わない軍隊」の歴史と戦後日本のかたち』原書房、2022年、53〜67頁。
10　波多野澄雄・佐藤晋「アジア・モデルとしての『吉田ドクトリン』」『軍事史学』第39巻第4号、2004年、13頁。
11　林敬三「総監就任に際しての訓話」（1950年10月）、大嶽編『戦後日本防衛問題資料集　第一巻』489頁。
12　植村『再軍備と五五年体制』40頁。
13　海上自衛隊は旧日本海軍関係者主導で誕生しており、警察予備隊の創設過程とは大きく異なっていた。海上戦力の構築は昭和26年（1951）10月、海上保安庁に「Y委員会」を設け日本が主導的に行った。委員10人の大半は旧海軍の少将や大佐で、旧軍人を排斥した予備隊とは際立った違いがあった。

ば「少将」は「将補」と言われ、その地位を聞いてランクの想像がつく人はわずかでしかない。戦時中、日本では英語を敵性語として様々な外来語を日本語に言葉替えをした。野球では、「ストライク」は「よし」、「ボール」は「だめ」と表現されたように、これまで日常に溶け込んでいた言葉が、結果的にぎこちなく馴染みのないものになった。

このような言葉替えを含め、旧軍＝悪とする過剰反応により、なおさら社会は自衛隊という組織を理解できなくなり、社会と自衛隊の溝は深まった。英語表記は世界共通であることから、日本語よりも英語で表記した方が、自衛隊の理解が容易となるのは、何とも滑稽な茶番であろう。

言葉替えに限らず、戦前の失敗に対する過剰反応と軍事に対する執拗な忌避と警戒が、角を矯めて牛を殺すように自衛隊と安全保障の理解と進展を日本社会から遠ざけてきた。

(3) 国民の総意なき自衛隊

自衛隊はアメリカの都合と要請によって生まれただけに、自衛隊に対する日本人の関心は創隊当初から薄かった。朝鮮戦争が事実上終了すると、日本人は外的脅威に切迫感を感じず、国防に無関心となった。また、朝鮮戦争やその後のベトナム戦争にアメリカが出兵すると、「アメリカの戦争に加担する自衛隊＝戦争」という誤解を国民の間に植えつけてしまった。

日本には、国防や自衛隊に対する国民の総意がなかった。自衛隊は、日本の左派からは旧軍の後継者で違憲と見なされた。軍事を顧みない左翼は非武装中立論を展開した。また、日米同盟はアメリカの戦争に巻き込まれる恐れがあるため、一国平和主義をとるべきであると主張した。他方、右翼からは旧軍の精神を忘れ憲法とアメリカに無力化された武装集団と見なされた。右派はアメリカによって起草された憲法に異議を唱え、憲法改正および自主防衛論を主張した。そして中道派からは、税金泥棒と批判された[14]。

１９７９年には、安全保障をテーマに「関・森嶋論争」が世の注目を集めた。日本の防衛努力と日米同盟が重要であると主張する関嘉彦《よしひこ》（東京都立大学名誉教授）と、ソ連が侵略してくれば白旗と赤旗を掲げて降伏すべきであると非武装中立を主張する森嶋通夫《みちお》（ロンドン大学教授）が論争した。

それは軍事大国を目指す国権主義者である豪傑君と民主主義者で非武装中立論者である紳士君との論争を描いた中江兆民の『三酔人経綸問答』を彷彿させるものであった。このような議論が歴史において繰り返し行われるのは、日本の地理的特性と平和的民族性がつくり出した戦略文化の影響を受けてのことであり、それは戦後も変わっていなかった。

高坂正尭は、「日本は海洋国家、貿易国家として発展すべきであり、そのためには安全保障を支える海洋の安定と必要最小限度の防衛力が必要であって、日米安保体制はそのための有効な手段である」[15]と論じた。この高坂の主張は非武装中立論者との間に対立を生んだが、高坂は冷静に日本の現実を見ていたと言えるだろう。

戦後75年が経過した今、非武装中立や自主防衛論は、すでに地に足がつかない過去の議論となった。だが、憲法と日米同盟を基軸とする日本の安全保障に変化はなく、依然として矛盾を孕んだままであ

14　John Glenn, Darryl Howlett, Stuart Poore, *Neorealism Versus Strategic Culture*, pp.134-138.
15　高坂正尭「現実主義者の平和論」『中央公論』１９６３年１月号、38〜49頁。

り、日本国民はそれを否定することもなく受け入れて続けている。

大衆は、経済力の強さ、平和外交、抑制的な合意形成アプローチを好み、軍隊は周辺的なものと見なし、武力による防衛に強い意志を有していない。[16] また、戦前、国防に従事していたのは「防人」として経験豊かな軍人であったが、戦後は軍事知識に欠けた政治家や現場経験に乏しい官僚が国防政策を主導するようになったことで、国防の担い手が誰なのかが明確ではなくなった。

たとえ、アメリカが警察予備隊を創設しなかったとしても、戦後の日本社会と文化は強い軍隊を必要としなかったに違いない。国防や安全保障に対する政府や国民の意識が希薄な国には脆弱な軍隊ができて当然である。だが、自衛隊はそうであってはならないことを自覚していた。したがって、自衛隊が一途に訓練に励み自己の拡充を図れば図るほど、国民・社会との距離は広がることになった。

一国の軍とは、国家を守るために戦うという国民の強い意志と、その意志を支え国民の価値観を反映した道徳的規範を持たなければならない。軍隊はその国の文化を反映し、その点で国民的性格を帯びたものとなる。では、その前身（警察予備隊）がアメリカの要請によってつくられた自衛隊も日本文化を反映し、国民的性格を帯びた存在と言うことができるのだろうか。軍隊に反映された文化は、軍隊という存在の内面、言わばその「魂」をつくり出す役割を果たしていると考えられる。だが、他国の人間によってつくられた軍隊には魂がないのと同じなのではないか。

アメリカから日本に要求されたのは、まずは人員と装備を揃え武力集団として外見を整えることであった。その要求に応えるには、常に財源が逼迫し人員は不足していた。正面装備と人件費が優先され、隊員の処遇の質的向上まではなかなか手が回らなかった。

処遇の問題や弾薬・燃料の備蓄不足および法制度の未整備等の問題もさることながら、より深刻な問題は、警察予備隊の創隊以来の葛藤と矛盾が解決できず、尾を引いていたことである。なかでも重大な禍根として残されていたのは、戦わないことが望まれたなかにおいて戦うことを前提としておかねばならない自衛官としての「魂」の問題であった。この矛盾は、自衛隊の組織文化に様々な面で影を落としていたのである。

3. 自衛隊の組織文化

(1)「有事型自衛官」と「平時型自衛官」

戦後の日本社会は自衛隊に戦うことを求めず、それを反映して自衛隊は「戦うことを前提としない武力集団」となった。戦うことを前提としなければ、「魂」がなくてもあまり痛痒を感じなかった。

本来、軍とは外敵の脅威を見据えて組織化され、一朝有事には国家の力を端的に武力の形で体現するために、膨大な人員が一つの指揮系統に従って手足のごとく動かなければならない。このことは、どこの国の軍にも共通して要求される機能であろう。しかし、軍隊内の人間的な組織原理、ことにその精神的な信条あるいは教義は、その国の社会および社会の精神的風土を特色づけている文化によって異なり、著しい特質が見られる。

自衛隊も例外ではなく、有事に必要な装備を整え訓練してきたが、求められるべき組織、装備、人

16　Davis B. Bobrow, "Japan in the World: Opinion from Defeat to Success," *Journal of Conflict Resolution* 33, 4 (December), 1989, p.597.

員、訓練のあり方等に首尾一貫した統一性があるわけではなかった。なぜなら、「戦うことを前提としない武力集団」でも、「では実際に戦うことがあるのか」については、意識の幅に大きな隔たりがあったからである。

自らを「軍人」であると是認する隊員と、武人である前に安定した職業として自衛官を選択した隊員との間に内面的不整合があった。戦わないことを固定観念として持つ者と、そうとは言いつつ実際に「戦う」ことまでを視野に入れていた者では、当然、使命感や死生観にも差異が見られた。

それは、自衛官の性格を「有事型」と「平時型」に二分化した。自衛隊に適合していたのは明らかに後者であった。いつかは戦うことを意識して軍事や戦略を貪欲に学び、作戦・戦術能力および戦技の向上に専心努力する有事型自衛官よりも、失敗をせずにうまく組織の維持・運営ができる平時型自衛官が求められた。

そのような組織文化において、たとえ平時型自衛官であっても求められる自衛官像は「有事型」でなければならないとする虚勢のような空元気があった。例えば、市ヶ谷のオフィスでデスクワークの長い幹部に限って「部隊だ、第一線勤務だ」と口にするようなものだ。少なくとも、指揮官の統率に求められたのは、表面的には有事型自衛官を演じられることであった。

自衛官のサラリーマン化と中傷される時代もあったように、日本はもう二度と戦争には参加しないという社会の価値観と平和的文化の空気が自衛隊の中にも漂い、それが自衛官としての「魂」の持ち方に微妙な温度差をもたらしていたのではなかろうか。

(2) 見えない敵を相手にした訓練

企業であれば倒産する危機感がいつもあり、利潤の追求といった全社員が一丸となれる明確な目標が与えられている。他方、敵の実像が不明瞭で倒産する危険もない自衛隊では、隊員個人の目標や価値観は様々であった。戦わないことが望まれていたとしても、戦うことを意識しておかなければならない「魂」の創造は容易ではなかった。

自衛官に平時型から有事型の幅をつくった理由の一つに、脅威に対する認識度の違いがあったことは事実であろう。脅威を実感できなかったのは国民だけでなく、陸上自衛隊も同じであったかもしれない。領海・領空警備を任務としている海上・航空自衛隊は、冷戦においてソ連軍を目の当たりにしていた。だが、四面環海の島国日本では陸地での国境警備はなく、陸自隊員がソ連兵を目視できる機会は皆無であった。

実際に視認できない「敵」を意識し緊張感を維持するのは、容易ではなかった。大抵の国が国防計画において仮想敵を想定しているのは、持つべき軍事力の目標を設定するためだけでなく、軍人に明確に敵を意識させ、「魂」を宿らせるためである。訓練は、見えない「敵」を相手に緊張感を持続しつつ実施しなければならなかった。「訓練のための訓練」に終わらないように部隊では、「実戦的訓練」がしばしば謳われ、実戦を思わせる状況下で訓練を行うことが奨励された。

そのようなスローガンが叫ばれたのも、裏を返せば実戦を意識した訓練に限界を感じていたためであろう。しかし、どのように工夫しても見えざる敵を見えるように再現し、自己暗示をかけることには限界があった。

陸上自衛隊が相手としていたのは、演習対抗部隊であった。隊員は、肉体的・精神的負担を自己に課すことで満足感を得ていたが、訓練成果が有事にどれだけ役立つものなのかは未知数であった。作戦・戦術においても、実際にはほぼあり得ない想定での判断や行動が頭の体操として教育された。部隊運用を学ぶことが目的ではあったが、問題は仮想世界から抜け出し現実の世界に応用できないことにあった。

部隊では、銃剣道、持続走、射撃等の各種競技会が、闘争心・戦技の向上、体力錬成、団結力の強化等を目的として実施された。また、競技会で部隊を勝利に導くことは、指揮官の統率力を養成する格好の手段とされた。だが、有事となったときに平素の訓練成果を実状況に適応できるか否か、それは誰も経験できなかった。

明確に敵を認識できないことのフラストレーションは、自衛隊内部の争いに転嫁された。どの国の軍にもある現象だが、自衛隊でも陸・海・空の間で予算獲得や将官ポストの奪い合いといった熾烈な争いが繰り返された。軍種間だけでなく、同じ軍種の職種間にも、それはあった。

脅威の質や量が変化すれば、それに応じて軍種や職種が保有すべき装備や人員の比率に変化があって当然のことである。だが、切迫した脅威認識を抱くことなく、しかも戦うことを前提としていないのであれば、その争いは軍事的・戦略的合理性から離れた狭い組織利益を優先するセクショナリズムに堕しがちになった。

(3) 部隊偏重主義

部隊は自衛官としての魂とアイデンティティをつくる大切な場であるが、軍事組織は実戦部隊だけで成り立つものではなく、国防のためには多種多様な機能が必要とされる。しかし、自衛隊には、部隊偏重の組織文化もあり、それが戦うことに必要な知性の涵養を妨げ「魂」の形成に温度差をもたらしてきたことも事実であった。

自衛官ほど多種多様な職務経験をできる職業は他にない。演習場では泥まみれになり幾日も風呂にも入らず、周囲の自然環境と一体化する日々もあるかと思えば、都会のオフィスで防衛力整備の仕事に携わることや、世界各国で外交官の一員として華々しい任務に就くこともある。また、他省庁や民間企業で研鑽を積むこともあれば、教育、研究、情報分野等、広範囲な職域で勤務する機会に恵まれる。

それだけ、自衛隊とは様々な分野を結集した自己完結型組織であり、多彩な能力を持ち合わせているのである。

そのなかで部隊は、すべての職務の基盤をつくり、自衛官として必要な経験を積み、プロフェッションを確立する大切な場である。自衛官は部隊経験を積まずにはアイデンティティを確立し「魂」を持つことはできない。

部隊で汗をかく経験は何よりも大切とされる。陸上自衛官であれば、ずっしりと肩にくい込む背嚢の重さと、それを背負って不眠で行軍する辛さや疲労、砂利の上を匍匐前進する痛み、大雪のなかで陣地構築や歩哨に立つときの寒さ、闇夜のなかでの手探りの行動を体験する。あらゆる気象条件を熟知し身を守りつつ行動する手段、危険を予知する直感、団結心の醸成、部隊を指揮・統制する統率の難しさ、複雑な組織間の調整手段、部隊行動や準備に要する時間・展開の尺度等を、身をもって学ぶ。それは、教範を熟知すれば会得される「紙上談兵」ではなく、経験を積まなければ得ることはできない暗黙知のようなものだ。

小銃弾の一発が人の命を奪う怖さも知る。普段は虫一匹殺すのもためらう隊員が、人を殺傷する武器と常に隣り合わせで行動しなければならない重圧と責任は、想像以上に重い。自衛官は、いかに鍛え抜かれていても疲労には耐えられず、人間のすべての欲求が遮断されたときの肉体的・精神的苦痛を知っている。

これらは、多かれ少なかれ自衛官が経験することであり、そこから自衛官特有（あるいは軍人特有）のマインドと「魂」が生まれる。それは、自衛隊のような軍事組織を経験した者にしか理解できないものであり、安全保障の根底にある暗黙知の共同化なのである。

ところが、自衛隊では組織基盤としての部隊をあまりにも偏重し、その代償として、国防や安全保障に必要な専門的知識および専門性を有する個人を等閑視する傾向があった。それは一般隊員というよりも幹部自衛官について言えることである。部隊を円滑に運用・維持することや術科を優先してきたあまり、戦略的思考が欠如し、視野が狭くなりがちとなった。画一的な思考と集団性が重視される一方で、個性や知性の涵養は軽視され、組織全般としては脆弱になったのではなかろうか。

戦前の陸軍大学校では、師団・軍レベルの作戦戦術が教育され、国務と連携して戦争を指導し、戦力を造成できる広い視野の人材育成を目的とした教育を怠ったと言われている。陸大の教育は、論理性や冷静な合理思考を欠き、主観的・独善的で、哲学的思索を軽視し、政治・経済・社会・技術・国際情勢に関する一般教養への配慮が薄く、あまりにも精神主義的であったと語られている。[17]

自衛隊ではある程度改められてきたとはいうものの、教育内容の比重については前者の轍を踏んでいる。有事には必要となる軍事戦略、情報、国際法、戦争法、語学等について専門的に学ぼうとしても、キャリアの本道から外されやすかったために、関心はあっても専門家になることを躊躇する幹部自衛官も少なくなかった。

米陸軍のインリン（Paul Yingling）中佐は、「将軍たちの失敗（A failure in generalship）」と題する論文を *Armed Forces Journal*（２００７年5月号）に投稿し、「将軍たちはイラク戦争の戦略的公算について正しい見積もりを政策立案者に提供せず、作戦準備に失敗した責任をとるべきである」と述べ、軍上層部を糾弾した。

インリン中佐は本論文において、「対テロ戦を理解するためには外国語の知識が必要であるのに、陸軍において外国語を話すことができる将軍は四人に一人しかいないし、社会・人文科学分野で修士・博士号を取得している米軍将官（中・大将）は25%にすぎない。アメリカは創造的な知性と精神力を持った将軍を欲している」と将軍の知的能力を痛烈に批判している。[18]

軍事の専門家であるならば、対象国の軍についての知識だけでなく、軍事の周辺にある政治や外交まで理解しなければならない。インリン中佐の指摘する米軍の数字は、自衛隊に比較すればはるかに高く、むしろ尊敬に値するほどである。それほど自衛隊は、いざ戦うことになったら、勝つために本当に必要な最先端の知識の習得と人の養成を疎かにしてきたのではなかろうか。

自衛隊に限らずどのような組織であれ、組織の良し悪しは人で決まり、その組織を構成する人々が備える教養の深さと幅によって組織の強度は変化する。また、国民が日常において抑止の成果を認識

17　横地光明『自衛隊創設の苦悩　その実相と宿痾——警察から生まれた軍隊でない武装集団　警察予備隊・保安隊・自衛隊』勉誠出版、２０２０年。

18　Paul Yingling, "A failure in generalship," *Armed Forces Journal*, May 2007.

できないのと同じく、自衛隊は客観的に訓練の成果を具現化し累積していくことに不慣れであった。それは、いざ戦うことになった場合に、「何が必要で何が不足しているか」を平素から見つけ出していないことを意味した。

部隊重視が行きすぎて、安全保障に不可欠な高度な教育と研究が軽視されてきたことは否定できない。部隊偏重は、世界のどの軍隊にも見られるものである。人の集団である部隊が機能するためには、統率力や協調性、体力や戦技、豊富な経験等が求められ、知性だけで軍の任務を果たすことはできないからである。

例えば米軍でも部隊重視は当然とされている。しかし、それとともに優れたソルジャー・スカラーも育っている。上述したように、軍学校を卒業したのち一般大学に派遣されて博士の学位を取得している軍人が少なくない。専門分野も科学技術だけではなく、軍事史や国際関係論、組織論等に及んでいる。

ペトレイアス（David Petraeus）陸軍大将は国際関係論の博士号を持ち、退役後、中央情報局長官となった。マクマスター陸軍中将は軍事史の博士号を有し、現役のまま国家安全保障問題担当大統領補佐官に就任した。二人ともイラクやアフガニスタンで輝かしい軍歴を有している。

自衛隊は米軍と同じになる必要はないが、安全保障を担う組織であるのならば、多種多様な知識と専門能力を必要とし、それを開発し深化させるための研究と教育がなされなければならない。そうした多種多様な知識と専門能力を受け容れ、その知識と能力の開発・研究に積極的な組織ほど、有事には強靭性を発揮するに違いない。

特定のパラダイムを固守しようとすると、組織は保守的となり硬直化するものだ。当然、そのような組織にイノベーションは起きようもなく、事なかれ主義の組織文化が生まれる。硬直した組織は、異質なものを排除する。米海兵隊がイノベーションを図ることができたのは、生き残りをかけた危機感から組織の伝統を守り続ける一方で、常に改革に対する意欲があり「不易流行」を心がける文化があったからに他ならない。

遺憾ながら、自衛隊には、そうした組織文化が育たなかった。それは「戦える」自衛隊を目標に努力していながら、どこかで「戦わないこと」を是認し、その矛盾を解決してこなかったからではなかろうか。

4．社会との対話によってつくられた自衛隊の「魂」

(1) 社会と自衛隊の距離

自衛隊は、戦後の歪んだ平和主義のなかで行動を厳しく制限され、閉塞感に悩まされてきた。戦わないことを前提としていた自衛隊は、普通の国の軍隊となり米軍のようなプロフェッショナリズムの高い軍となることに憧れを抱いてきた。軍事専門集団としての自衛隊の能力と実行動は抑制されてきたが、汗水たらし時には生命の危険を冒しつつ困難な訓練に臨んできた。

脅威認識の差異や部隊偏重主義、狭いセクショナリズムが存在していたとはいえ、自衛隊は与えられた任務を正々とこなしてきた。そこには、自衛官としての使命感やプロフェッショナリズムが育まれ、自衛官としての共有された「魂」が無意識のうちに形成されていたからではなかろうか。では、それはどのようにして生まれたのであろうか。

明治の頃の軍隊に宿っていた武士道には、国外の「敵」が強く意識されていた。自衛隊の場合は国外の敵ではなく、同じ日本人および日本人社会を相手としたものであり、その相関関係から「武士道」に通底する徳が蘇生された。

戦後の歪んだ平和主義に裏打ちされ「軍事＝悪」と捉える日本社会において、自衛隊は特に社会と異質の価値観を持つ軍事組織として敬遠されたばかりでなく、冷たい逆風にさらされてきた。そのため、自衛隊は「愛される自衛隊」「信頼される自衛隊」となることを目標に国民と向き合ってきた。自衛隊に敵対的ないし無関心な社会に働きかけ、創隊以来、広範かつ多種多様な民生支援や広報を行い、理解を求めてきた。また、何よりも自衛官が心がけてきたのは、自衛官自身が一人の市民として社会と同じ価値観、倫理観を有することを国民に示すことであった。

自衛隊はどのようにして社会との距離を縮めようとしたのであろうか。自衛隊と国民の間にギャップをつくっていた最も大きな原因の一つに、脅威に対する認識の違いがあった。国民が深刻に脅威を認識せず、平和主義と経済成長を謳歌しているなかで、自衛隊のみが外的脅威を深刻に受け止め緊張感を持ち続けなければならなかった。

国民からすれば、日常生活において外的脅威を実感する機会はほとんどなかった。厚いベールで覆われたソ連の脅威を、日常生活において常時恐れていた日本人はごくわずかであり、しかも1976年には脱脅威論による基盤的防衛力構想がとられたことで、ますます「敵」を意識しない防衛力が整備されるようになった。

外的脅威を意識し難かったのに対し、社会の風当たりは現実に認識できた。戦争忌避と反軍アレルギーが合体し、非武装中立論が盛んに唱えられた時代は学生運動も盛んで、自衛隊の演習に反対する学生が演習場の周りで頻繁にデモを行った。自衛隊が警察の機動隊に守られながら実弾射撃演習をすることなどは日常茶飯事であった。武器を所持したまま演習場以外で訓練することなどあり得ず、演習場以外での演練が必要なときは、丸腰で徒歩行進をすることもあった。

都市部において制服や戦闘服で通勤することは論外で、制服の軍人を街中で見かける諸外国とはかなり異なっていた。防大生が制服で歩いていると「税金泥棒」と罵られ、石を投げられたとする話は再三、聞かされた。防大に入校したことで、恩師や友人と断絶した者も少なくなかった。学校では、隊員の子供が「人殺し集団の子」と教員に糾弾されたとする話も耳にしたことがある。反戦自衛官なる反乱分子が部隊に潜伏し、内部から組織を破壊しようとする動きもあった。

一部の国民が抱いていた明らかな誤謬《ごびゅう》は、「自衛隊＝戦争」と思い違いをしていることにあった。火事があるから消防署があるのであって、消防署があるから火事が起きるのではない。おそらく、理屈ではなく軍事に対する感情的な恐れが強かったのであろう。

そのような逆風が吹くなかで、国民の理解を得るための施策として、自衛隊は地元への貢献を図った。地方に所在する自衛隊の部隊は、ほとんどが地元出身者で構成されている。隊員には戦前ほどではないにしても郷土愛があり、駐屯地は地元住民と自衛隊をつなぐ中心地となった。

陸上自衛隊は災害派遣や防災訓練の他にも、地元のお祭り等のイベント、スポーツ大会、道路や運動場の整備といった土木工事の受託等、多くの時間を民生協力に使ってきた。時には、イベント会場に数週間にわたって野営し、炎天下あるいは酷寒のなかで準備作業に追われることもあった。

駐屯地の記念日は、自衛隊を知ってもらう絶好の機会であり、普段は閉ざされた駐屯地を地域住民に開放し、パレードを実施したり訓練・装備品の一部を展示したりすることで、自衛隊の広報活動を行った。

また、地域の清掃活動に参加し、青少年の野外活動においては指導員となり、新入社員の体験入隊等を受け入れた。警備を担当する地区の自治体に赴き、国防や災害訓練の重要性を説いて回ることもあった。

日米共同・実動訓練は、国民に同盟国の米軍や自衛隊を知ってもらう絶好の機会であった。それ以外にも、米軍との文化的交流は重要な役割を果たしていたが、米軍と地元の交流イベントにはそれなりの経費を必要とした。自衛隊の末端部隊にはそのような予算は組まれていない。そのため、警備担当地区の自治体に寄付の請願に行くこともあった。米兵を受け入れてもらうホスト・ファミリーを地元の家庭に頭を下げてお願いに伺うこともあった。華々しい外交の裏で、このような地道な交流と努力が日米同盟を盤石なものにしていた。

現在でも自衛隊は、新型コロナウイルスのワクチン接種から鳥・豚インフルエンザの処理にまで駆り出されて社会に貢献している。危険で汚く人手のかかる仕事は、自衛隊という便利屋集団に依頼すれば解決すると思っている地方自治体もないわけではない。ただ、そのような仕事を遂行できる自己完結能力を有した組織は唯一、自衛隊しかなく、些細な非軍事的任務の一つひとつが国民と自衛隊の絆を強めていった。

自衛隊にとってあってはならないことは、国民の信頼を失うことであった。したがって、車両の運行から実弾の管理に至るまで、安全管理には十分すぎるほどの注意が注がれた。空の薬莢一つにしても厳重に管理され、数が一致しなければ、見つかるまで捜索した。

言うまでもないが、自衛官も国民の一人であり、社会を構成する一員である。特に陸自隊員は日常において一般住民と密接に関わりながら職務を遂行しており、社会への影響も少なくない。そのなかで、自衛官が何よりも心がけている大切なことは、自衛官が模範的な市民でなければならないことであった。

1961年制定の『自衛官の心がまえ』のくだりに次のような一文がある。

「自衛官は、有事においてはもちろん平時においても、つねに国民の心を自己の心とし、一身の利害を越えて公につくすことに誇りをもたなければならない。自衛官の精神の基盤となるものは健全な国民精神である。わけても自己を高め、人を愛し、民族と祖国をおもう心は、正しい民族愛、祖国愛としてつねに自衛官の精神の基調となるものである」

アメリカにとっても同じであろう。米海兵隊（海兵隊保安警護隊：Marine Security Guard）がアメリカの在外公館警備に当たっているのは、海兵隊が国の象徴として位置づけられているからである。自衛隊は、「健全な国民精神」を象徴する組織として、日本文化に恥じない組織として、自己を抑制し誇りを持つことに努めてきた。そして、自衛官は、礼節、節度、自己犠牲、思いやり等、日本文化の美徳をも兼ね備えることを自らのあるべき姿として心がけてきたのではなかろうか。それらはまさに「武士道の精神」そのものであった。

(2) 自衛官に「魂」を宿す部隊生活

自衛官に「魂」を宿す最初の場は部隊にある。様々な理由で自衛隊に入隊する新隊員が、その後、立派な自衛官となり、それなりの使命感を持つようになるのは、体力と戦技が備わり、プロフェッションを自覚するようになるからである。何よりも部隊生活から学ぶ団結心と連帯感の醸成が「魂」の形成に大きな役割を果たしている。

営内生活は旧軍と同じ平等社会であり、身分や出自、学歴の差別はなく、経験に重きが置かれる。新隊員は部隊に配属されると、すぐ上の先輩や営内班長から公私にわたり様々な教育を受ける。部隊内に限らず先輩陸曹が家庭に招き家族ぐるみの付き合いをしながら、隊員を労わることもある。同じような悩みを持ち時間を過ごしてきた先輩との触れ合いは、後輩隊員を自然とりっぱな自衛官として、そして社会人に育てることになる。そして、その教えを受けた隊員も後輩が入隊してくると先輩から受けてきたように教育を施し、それが繰り返されていく。このようなシステマティックな人間関係が、自然と自衛官としての団結心と連帯感をつくってきた。

団体生活のなかでは、個性をある程度抑えなければならないこともあるが、仲間に迷惑をかけてはならないと組織を優先する気持ちが、自然と軍人のプロフェッションの一つである団結心を涵養するようになる。自衛隊に入隊する前は暴走族のリーダーであったような隊員がりっぱな自衛官になるようなケースがさほど珍しくないのは、彼らが入隊前に自衛官と同じような共有性と人間関係を構成し、すでに団結心を重視する気風を養っていたからに他ならない。

そのような組織を最優先にする連帯感が形成されると、組織に迷惑をかけるような不作為や裏切りは恥ずべき行為として、自己より組織を優先する意識が芽生える。それは、体面重視や集団監視主義といった戦前の日本文化に見られた精神構造とは異なるものであろう。

組織への所属感、自分の仲間を裏切ってはならないとする組織への忠誠心と強固な紐帯は、旧軍との間にもある。戦前の軍隊に対する否定的態度は、軍事的常識や旧軍が持っていた良いものまで否定してしまったが、旧軍と自衛隊には筋が通った共感がある。旧軍とは無縁のようで、自衛隊は戦前の軍の伝統をどこかで引き継ぎ、無意識のうちにも連動していた。例えば、現連隊の名称は変わったとはいえ、その前身である旧○○連隊はどこで手柄を立てたとか、戦前・戦中にその部隊が背負ってきた歴史を自衛隊になった現在においても誇りとして意識している。

第4章で触れたように、明治23年（1890）の徴兵令改正により、兵については本籍地での徴集が原則化され、各連隊は郷土部隊化された。特に主兵とされた歩兵連隊では、郷土色が濃厚となり、郷土の名誉のため奮闘した。また、在郷軍人会や国防婦人会も軍と社会をつなぐ連結装置の一つとして機能した。

軍隊とともに地域や鉄道も発達し、師団司令部や鎮守府が置かれた街は軍都として栄えた。地域とともに軍は発展し、現地住民を含めて旧軍の影響は目には見えない形で自衛隊に継承された。それらの伝統は、自衛官に過去の栄光と誇り、および地域住民に貢献しなければならないとする責務を自覚させた。これも自衛官としての「魂」なのではなかろうか。

(3) 日本文化をまとった自衛隊

自衛隊では、自分たちを理解してくれない社会と向き合う逆境において、自然と武士道が大切にしている義・勇・仁・礼・誠・名誉・忠義に通じる徳が蘇生し成長してきた。自衛官個人としていかに生きるか、国民と向き合う際に大切なことは何か、国や社会のために何ができるかを考え学び、実践することで、自衛官としての使命感が生まれた。

自衛隊が損得の関わる商業的利潤を追求する組織ではなかったからこそ、それはより純粋に浸透し、

「平時型自衛官」であれ「有事型自衛官」であれ、多かれ少なかれ国民に奉仕する公共心を持つに至った。逆境を受け入れ自らを鍛錬して成長につなげたいとする「武士道」に通じる欲求は、どの自衛官にもあった。

既述したように自衛隊の前身は米軍の要請によってつくられ、そこに戦後の日本文化は何一つ反映されていないように思われた。しかし、自衛隊は日本文化や価値観を十分に受けて国民とともに発展してきたのだ。

もちろん、平素から「武士道の精神」を常時意識して勤務していたわけではないが、自衛官の「魂」は、専門職技能者としてプロフェッショナリズムを高めようとする向上心、自分たちだけが特殊な組織である自衛隊を理解できる仲間であるとする共有性、そしてその組織を裏切り迷惑をかけてはならないとする団結心と連帯感、仲間や殉職隊員に対する敬意、さらには自分たちの先輩である旧軍が成し遂げた栄光を踏まえ、社会の一市民として国民に寄り添い国を守るという社会・組織文化によって支えられてきた。

たとえ、戦うことを前提としなくても「魂」はつくられる。武士道の究極的な理想は「平和」にたどり着くことなのである。戦後の日本は「専守防衛」を国防の基本政策として選択した。この専守防衛こそまさに、武士道の教義が教える究極の理想、すなわち「平和」に通ずるものであった。

勝海舟は幾多の暗殺者の標的となる運命にあったが、勝は人命を奪うことを嫌い罪のない他者を斬らないように心がけていたという。武士は武力を持っているからこそ、むやみに武力を振り回すことを慎み、お互いを監視し合った。武士道とは、まさに己に厳しく、他人にやさしくする精神であった。それは日本人の生き方そのものであり、自衛隊にも日本的文化が十分に反映されてきた。

かつての武士道にしても軍人の「魂」にしても、それは命を懸けて戦うことを前提にして成り立っていた。戦前は国家・天皇に対する忠誠を尽くし、外敵から国家・国民を守るために、あらゆる困難に抗して命を懸けて戦い、任務の完遂のために全力を尽くすことが尊ばれ教え込まれ、それが信条となり浸透していった。

戦後の自衛官にも国家・国民を守るために、任務を完遂することが求められてきた。しかし自衛隊の「魂」は、戦わないことを前提としていただけに、結果として死を厭わぬ戦闘者としての道義性よりも、団結心の強化、自己抑制、厳しい規律、謙虚さや他者への思いやりなど、「健全な国民精神」を象徴する人間としての高い精神性を求められてきたのである。

自衛隊は国民の理解を求め、民生支援に多くの努力を払ってきた。東日本大震災において、被災した自分の家族の安否もさることながら真っ先に被災地に駆けつけ救助に当たった自衛官が大勢いたように、注目すべきは、地域社会への支援・貢献を通じて身につけた地域住民への思いやり、相手の立場に立って洞察する「共感」の姿勢である。

その「魂」は、国際連合平和維持活動（PKO）や災害派遣等の国際貢献、イラク派遣等で示された現地の人々に対する態度でも示された。自衛隊はそうした数々の国際貢献活動での実績を積み重ね、日本的な謙虚さや他者への思いやりといった「魂」を持って任務を遂行してきた。それらは派遣先の現地の人々に温かく受け入れられただけでなく、世界の人々に日本的文化をまとった自衛隊を知らしめることになった。

華々しい作戦の成功で脚光を浴びる米軍の陰で、自衛隊は米軍の手が行き届かない準軍事的任務を地道に行い、高い評価を得てきた。

他方、米軍は基本的に相手国の文化を理解するのが苦手と言われている。マクマスター中将は、相手の文化を理解しようとしない独善的なアメリカの戦略を「戦略的ナルシシズム」と呼んでいる。他国文化に対する無関心・無知はアメリカの戦略文化の一部である。その戦略文化が反映された戦略は、戦いの文脈の無視、希望的観測、敵の過小評価、過度な単純化、歴史を学ばない健忘症、非現実的な目標の追求等の特徴を有する、とマクマスターは批判している。

自衛隊はこれとは異なる。自衛隊は自国内の厳しい社会環境のなかで、人々がいかに考え、何を求め、何を好まないかを、自らの存続のために常に問うてきた。地域社会への貢献や民生支援を通じて、社会の現実を実感し、人々の思いを共有・共感しようと模索してきた。それが自衛隊の「新たな魂」となって息づくようになった。その成果は国内社会で認められ、海外でも評価されるようになったのである。

新しい脅威は、日常社会に平時と有事の区別もなく迫ってくる。これに対して、今こそ自衛隊は国民社会と一体となって取り組まなければならない。その際、自衛隊が国民社会との間で磨いてきた共生感覚と共感は、極めて重要な意味を持つであろう。

終章において記述するように、それは同盟関係においても同じである。本来、同盟には価値の共有や利益の一致が不可欠だが、同盟の実体は軍事協力にあり、軍隊間の結束と共感なくしては、強力な同盟になり得ない。

2　自衛隊を取り巻く日本文化は変わったのか

1. 自衛隊の姿が見えてきた冷戦終結後

冷戦が終結し、ソ連という大きな脅威が消失すると、日本社会の自衛隊に対する風当たりはますます強まり、国民との距離が広がるように思えた。しかし、実態は逆だった。なぜなら、冷戦終結後においても東アジアには冷戦構造が居残り、しかも国際社会に思いもよらない速さで、新たな脅威とカオスがもたらされたからである。日本社会は冷戦期にあったソ連という明らかに大きな脅威よりも、冷戦後における北朝鮮のミサイル、海賊、テロ、中国の海洋進出のような不特定で身近な脅威に敏感に反応するようになった。日常社会に直接襲いかかる目に見える脅威は、離島防衛に象徴されるように、実際に戦うことを前提とする自衛隊のプロフェッションを高めることにもなった。

さらには、国際社会は安全保障でフリー・ライダーにあった日本に対し、国際秩序を維持するための役割分担を課すようになり、自衛隊がそれに応えて様々な国際貢献活動や大規模災害派遣において着実に責任を果たしていったからである。

冷戦期の日本は、政治および法律上の制約もあり国際紛争に積極的に関与しなかったが、冷戦後は世界の遠方での事態が日本の安全保障と関係するようになった。冷戦の終結とともに、アメリカ一極主義が到来するかと予想しかけたとき、湾岸戦争、9・11同時多発テロ、イラク戦争などが矢継ぎ早に起こり、そこに中国の目覚ましい台頭、北朝鮮の挑発的な核・ミサイル開発等が加わり、国際社会は新たな局面とカオスを迎えた。

新たな脅威に対して超大国アメリカといえども一国では対応できず、多国間協力が必要な時代になった。そのため、同盟国であるアメリカをはじめ国際社会は、「水と安全はタダ」と思っている日本の消極的な安全保障政策とただ乗り（free ride）を許さなくなり、日本の軍事的貢献を強く求めるようになった。一国平和主義から脱却し、国際貢献と世界平和に積極的に貢献していく責任が日本にも課せられるようになった。

日本は憲法の範囲内で、海外における自衛隊の活動を徐々に解禁し、秩序形成のための国際公共財として活用するようになった。当初は、政治による制服組への不信感と法的制約から派遣決定は難航したが、冷戦末期に行われたペルシャ湾派遣を契機に自衛隊は多くの実績を積み上げていった。

後方支援・復興支援ではペルシャ湾、インド洋、イラクへ、PKOでは、カンボジア、モザンビーク、ゴラン高原、東ティモール、ネパール、南スーダン、ハイチ、ルワンダ、アフガニスタンへ派遣されたほか、世界各地における大規模災害発生時には国際緊急援助隊として活動した。また、難民救済、在外邦人輸送、海賊対処、遺棄化学兵器処理、能力構築支援、情報収集等、多くの実績を重ね、それらと並行して日米ガイドラインの改正や集団的自衛権の一部行使を実現していった。存在することに意義があった自衛隊は、運用（機能）する自衛隊へと徐々に変化し、武力集団としての実践知を高めていった。

大きな変化は、自衛隊に対する国民感情であった。日本の国際協力は物的貢献ではなく人的貢献にあるという理解が進み、「軍隊＝悪」という戦後のタブーが徐々に解消されていった。[19] また、法的制約のある自衛隊は、普通の国の軍隊と明らかに異なり、隊員の安全と生命が危ぶまれていることも知られるようになった。興味深いことに、冷戦期よりも準軍事的任務を遂行するようになったにもかかわらず、実績を得るごとに日本国民は自衛隊を信頼し、好感度をもって評価するようになった。

2. 世論の変化

戦略環境や社会情勢の変化、国際貢献活動等の実績が加わり、国民が自衛隊に寄せる反感は創隊期に比較すればかなり緩和されてきたかに見える。では、戦略環境の変化や自衛隊の様々な施策と努力によって、自衛隊と国民の距離は縮まったのだろうか。

世論調査の結果を分析すると、国民が自衛隊に寄せる期待や理想は、非軍事的任務にあり、武力集団としての自衛隊ではない。日本の安全保障において「軍事」は依然として敬遠されがちである。戦後に生まれた「軍事＝悪」という反軍的文化は、しぶとく日本社会に根づいていると言ってもよい。

日本人の脅威認識と自衛隊に対する意識について、「自衛隊・防衛問題に関する世論調査」（2022年11月17日～12月25日に内閣府が実施）を参考にすると、「現在の世界の情勢から考えて、日本が戦争を仕掛けられたり、戦争に巻込まれたりする危険があると思いますか」という問いに対して、「危険がある」（「どちらかといえば危険がある」を含む。以下すべて「どちらかといえば」を含む）と答えた人は86・2％であった。そして、「自衛隊について関心がある」は、78・2％（1978年は

19　佐道明広『自衛隊史――防衛政策の七〇年』ちくま新書、2015年、150頁。

47・7%）であり、「関心がない」の20・2%（1978年は50・4%）を大きく上回っていた。

自衛隊に関心がある理由として「日本の平和と独立を守っている組織だから」と回答した人が28・9%であったのに対して、「大規模災害など各種事態への対応などで国民生活に密接なかかわりを持っているから」は53・1%であった。「自衛隊にどのような役割を期待しますか」（複数回答）という問いについては、「周辺海空域における安全確保、島々に対する攻撃への対応など国の安全の確保」が78・3%であったのに対して「災害の時の救援活動や緊急の患者輸送などの災害派遣」は88・3%であり、いずれの回答も国防よりも災害派遣に期待が寄せられている。

国民の脅威観や自衛隊・防衛問題に対する関心は着実に高まっている。しかし、脅威への認識が高まりつつあるなかにおいても、国防任務より災害派遣や様々な民生支援に駆けつけてくれる便利屋集団としての自衛隊に対する評価が高いと理解できる。

国民が自衛隊を知るのは、災害派遣や民生支援の活動現場やメディア内に限られており、厳しく緊張感のある国防に任ずる自衛隊の姿を目にすることはほとんどない。自衛隊の「顔」は未だにそれほど知られていないのが現状であろう。

また、「自衛隊に対して良い印象を持っている」は90・8%であり、「悪い印象」は5・0%であった。しかし、「自衛隊の規模をどのようにした方がよいと思いますか」については、「増強した方がよい」が41・5%であったのに対して「今の程度でよい」は53・0%、「縮小した方がよい」は3・6%と、脅威を認識していながら自衛隊の規模については現状維持を望む声が強い。

憲法と日米同盟を基軸とする日本の安全保障政策に変化はなく、依然として矛盾を孕んだままでありながら、日本国民はそれを否定することもなく現状を受け入れ続けている証左であろう。しかも、自衛隊の海外派遣や集団的自衛権の限定的行使、そして隊員の行動基準や権限は、その都度、憲法や諸法規の解釈を取り繕うことで実現していったことで、日本の安全保障の主要課題は実践的な戦略を講じることではなく、法律論争となった。結果として、憲法を見直すまでもなくなり、改憲に歯止めをかけてしまった。

憲法9条はすでに限界であるにもかかわらず、日本社会は依然として憲法の改正や国防に関して消極的であり、軍事についても正面から向き合おうとはしていない。もし、国民と自衛隊の距離が縮んだのであれば、抜本的な安全保障改革が進んでいよう。

北朝鮮の核・ミサイル実験が行われるときや、中国公船が日本の領海に侵入するたびに警戒感が高まり、国民は自衛隊・防衛問題に関心を示すが、それらが常態化すると緊張感は減少し、多くの国民は自衛隊の現状の能力に満足するようになる。自由と平和および豊かな経済生活を謳歌している国民にとって、現憲法の枠内で日米同盟が維持され、現状程度の自衛力があれば満足なのであって、それ以上の安全保障も自衛隊の見直しも必要としていないのである。

総じて、反自衛隊的感情は弱まり、自衛隊との距離が縮まったことは事実であろう。

しかし、それは非軍事活動を行う自衛隊への支持であり、基本的には日本社会の軍事アレルギーは根強く残っていると言えそうだ。災害救援で駆けつけてくれる頼もしい都合の良い便利屋集団の自衛隊は知っているが、日夜、辛く厳しい訓練に耐え国防の任務に当たる自衛隊については意識の外にある。

前出の世論調査において「あなたは、もし身近な人が自衛隊員になりたいと言ったら、賛成しますか、反対しますか」という問いに対して、「賛成」は68・7%、「反対」は29・5%であった。

また、World Values Surveyが2021年1月に実施したアンケート調査によれば、「もし、戦争が起きたら国のために戦うか」という問いに対して、「はい」と回答した日本人は13・2％と世界79カ国中、最低であり、48・6％が「いいえ」、38・1％が「わからない」と回答している。国のために戦うと回答した上位国には中国を含むアジア、アフリカ諸国、北欧諸国が多くランクインしている。このような国の大概は徴兵制を敷き、自国の平和は自ら守ろうとする意志を表している。

2019年時点において、世界で徴兵制の仕組みがあるのは83カ国を数える。ロシアのウクライナ侵攻以来、ヨーロッパ各国で徴兵制を復活させ、兵役の対象者を拡大する動きが広がっている。ロシアへの警戒感だけでなく、NATO同盟国であるアメリカへの信頼低下が背景にあるという。[20]

日本人の対外的脅威観と楽観的かつ無責任な国防意識は、戦後に突如として生まれた軍事アレルギーによるものではなく、日本本来の島国的な戦略文化の一部であるのかもしれない。

3．戦略文化再考

第6章の問いに立ち戻り「第2次世界大戦を契機に日米両国の戦略文化は、真逆に変化したのか」と問えば、賛否分かれるところであろう。どう見ても表面的に両国の戦略文化は激変し、それが戦後の米軍および自衛隊の姿に投影されたように思える。

アメリカには軍を信頼する社会があり、日本は脅威への敏感性が薄らぎ、平和性だけに影響された自衛隊の姿があるように見受けられる。戦後の米軍は文化より脅威に、自衛隊は脅威より文化の影響を強く受けて形を整えていったと言えよう。

しかし、アメリカおよび日本固有の文化を構成する要素に変わりはなく、アメリカ人および日本人のDNAも戦前と変わっているわけではない。戦前・戦後の米軍、そして日本陸軍および自衛隊も、本質的には同じ国で誕生した軍事組織であり、それぞれの社会のなかで育てられた。軍（自衛隊）内の組織文化にしても、旧軍将校も幹部自衛官も軍事専門職であることに変わりはない。深層レベルにある軍事組織特有の価値・規範意識や、軍人としての「エートス」（組織特有の価値・規範を生み出す根源にある精神構造）には、不変の要素があるはずだ。[21]

戦前の日本軍と戦後の自衛隊に共通する一つの形は、島国でありながら陸上戦力が主体となったことであり、なぜそのようになったのか、その理由を知るためには、戦後の防衛力整備に着目しただけでは答えを導き出せないであろう。日本の置かれた地理的条件が関わっていることは自明の理だが、この命題を解明するための手がかりは、遠い過去から日本人がまとってきた文化的要因にあるのかもしれない。ある時代の文化の影響を受けた表層戦略とそれに適合した軍の形があるとしても、その土台にはその国固有の基層文化と基層戦略があり、それは半永久的に変わらない。

本書で述べてきたように、日本には社会のすみずみまで浸透している強い島国根性がある。日本人は、他民族と接触する機会が少なかったが、それでも海外の文化を取り入れてきた。日本は西欧の「型」を取り入れて、日本の「実」の周りに張りつけてきた。そして、西欧から取り入れたものを日本的文化に変えてきた。

20　『読売新聞』２０２４年4月30日付。
21　吉田純編、ミリタリー・カルチャー研究会『ミリタリー・カルチャー研究――データで読む現代日本の戦争観』青弓社、２０２０年、３７２頁。

日本人は実利的な目的で外部の世界に関心を寄せてきたが、思想面ではその度合いが小さかった。1世紀にもわたってキリスト教の伝道が行われたにもかかわらず、現在でも日本におけるキリスト教徒の比率はごくわずかでしかない。マルクス主義はごく少数の知識人に受け入れられただけであった。[22]

同じように日本の国防思想や自衛隊もその日本人がつくってきたものであり、たとえアメリカの受け売りであろうとも、すべてがアメリカ様式というわけではなく日本的文化を反映したものである。したがって、時代背景が変化したとしても戦略や軍（自衛隊）の形には、日本的民族精神が注入されているのであろう。

太平洋戦争が終結して約80年が経過し、戦争を経験した人、およびその経験者から直接戦争の教訓を学んだ人は、近い将来において皆無となる。そのときに、日本的戦略文化は感情が取り去られ、今よりももっと鮮明な形で認識できるようになろう。しかし、もし日本が将来において戦前と同じような脅威に直面し、そして戦争に巻き込まれるような事態になったとき、日本人は挙国一致して脅威に立ち向かい再び特攻のような自滅的な手段でさえとり得るかもしれない。なぜなら、日本の文化をまとった日本民族であることに変わりなく、基層文化に変化はないからである。

22　リチャード・ハロラン（木下秀夫訳）『日本――見かけと真相』時事通信社、1970年、6、273～275頁。

終　章

異質の文化を絆とする日米同盟

1―日米同盟が存続する理由

1．異質の文化間の同盟

自衛隊がアメリカ主導でアメリカの文化を受けて創隊されたものであるとはいえ、やはりそこには日本人の意志と文化が反映されていた。自衛隊は日本ならではの軍事組織であり米軍になろうとしてもなれないし、米軍はアメリカならではの軍であって自衛隊のようにはなれない。米軍と自衛隊は同盟軍とはいえ、異質の文化を背景とした軍事組織なのだ。

そうでありながら、日米両軍が60年以上にもわたって信頼し合い、日米同盟が継続しているのはなぜなのだろうか。19世紀のヨーロッパにおいて勢力均衡体系が構築できたのは、勢力均衡を構成する同盟国間に言語や宗教、政治体制、貴族社会等に代表される共有された文化と価値観があったからに他ならない。

かつて、ベイリス（John Baylis）が『同盟の力学――英国と米国の防衛協力関係（*Anglo-American*

defence relations, 1939-1984)』において、英米間の同盟関係を起伏はあるものの「特別な関係」と称したのは[1]、基本的にアメリカ社会も軍隊も本国であるイギリスの文化を土台としているところに共通性があり、それが英米関係の絆を維持してきたからである。

ところが、日米間には異質の文化があり、両者をつなぐ太い紐帯もない。確かに戦後の日本はアメリカ文化の影響を強く受けてきた。しかし、それによって日本固有の文化を失ったわけではなく、ホメオスタシスによって日本固有の文化を維持してきた。

本質的に異質の文化的背景のなかで異なる軍事的発展をたどってきた両軍が長期間にわたって同盟関係を続けているのは、稀有な現象なのかもしれない。両国間に共通の脅威があり、同盟は共通の利益をもたらしていたからだと言えばそれまでだが、それでも、両国には「共感」できるものがあるからこそ、かくも長い同盟関係が続いているのではなかろうか。

その理由を問うならば、それは異質の文化の上に成り立っている異質の軍隊の組み合わせによる同盟だからこそとは考えられないだろうか。もし、両国が同じような文化にあったら、そこには上下関係が生じて、同盟も今ほど固い絆で結ばれ長期間継続されていなかったかもしれない。また、異なる文化間の同盟であるからこそ、刺激があり同盟に活力を与えているのではなかろうか。

戦後、アメリカは自衛隊に戦前の米軍の姿を被せて準軍事的な組織をつくろうとした。その後、ソ連の軍事的脅威が増大するに及んで、自衛隊を純軍事的組織として強化せざるを得なくなったが、マッカーサーはそれを望んでいなかった。その後、アメリカは日本の防衛力増強を迫りつつも、かつて駐沖縄海兵隊司令官を務めたスタックポール（Henry Stackpole Ⅲ）少将の「ビンの蓋論」[2]にあるように、在日米軍は日本の軍事大国化を防ぐ役割を負い、日本の軍事的役割を努めて封じ込めようともしてきた。

軍事性が努めて抑制された平和的な自衛隊の姿は、まさに建国期からあるアメリカ文化の反映であった。法律で縛られ、社会に受け入れられず、行動に様々な制約を課せられた戦前のアメリカ軍人は、軍事を受け入れようとしない戦後の日本と自衛隊に共感を抱けたのであろう。だからこそ片務的条約と揶揄される日米同盟と社会に縛られた自衛隊を寛大に受け入れることができたのかもしれない。

純軍事的でグローバルな任務を遂行する米軍と、米軍の手が行き届かないところで準軍事的任務を行う自衛隊の間で、まさに双方の優位性を活かした比較優位の効果が生まれ、それが同盟を強化してきたのであった。

2. 二項対立と共感性

日本はしばしばアメリカに従属していると言われる。確かに外交、安全保障、経済等の分野で納得できる点もあるが、アメリカの文化に従属してきたわけではない。戦後、アメリカの文化が世界に与えた影響は大きいが、それによって日本文化が消失したわけではない。

アメリカの占領政策は、日本の表層文化に影響を与えたかもしれないが、基層文化までは変えなかった。日本には天皇制が維持され、日本人は日本語を話し、神道や仏教を信奉している。かつてロー

1　John Baylis, *Anglo-American defence relations, 1939-1984*, Palgrave Macmillan, 1984. 翻訳本に、ジョン・ベイリス（佐藤行雄他訳）『同盟の力学――英国と米国の防衛協力関係』東洋経済新報社、１９８８年。

2　“U.S. Troops Must Say in Japan,” *Washington Post*, March 27, 1990.

マ帝国は征服した国や地域の神々や言語をすべて認め、奴隷にも市民権獲得への道を開き有力者を元老院に招くなどして、被征服者に屈辱を与えなかった。ローマ帝国が寛容と同化を重んじたのは、理想的な博愛主義からではなく現実主義的な実利主義に基づいていからである。[3] アメリカも同じように日本人の「心と精神を勝ち取る」ための占領政策をとったが、基層文化までも変えようとはしなかった。

日米両国の文化に同質性ではなく、むしろ異質性があったからこそ、双方がお互いを知ろうとしてお互いの文化を称えあうことで、そこに「共感」が生まれ一体となり得る同盟を運営できたのである。相手国の文化や歴史を軽視しがちなアメリカが、日本との同盟を程よく運営しているのは、日米両国が太平洋戦争において死闘を繰り広げ、双方に多くの犠牲者を出した最強の敵同士であったことが理由としてあるに違いない。その経験は、相互に相手に対する尊敬の念を生んだと同時に、両国の人々にしか理解できない共感を生み出してきたのであろう。

結局のところ、異質の文化を背景とした両国の軍隊は一見、二項対立（dichotomy）の関係にあるように思われたが、実は二項動態（dynamic duality）として理想的な同盟を築いてきたのではなかろうか。一橋大学名誉教授の野中郁次郎は、『知的機動力の本質――アメリカ海兵隊の組織論的研究』において、「異なる両極の相互作用から新しいモノやコト、画期的なモノやコトのシステム（すなわちイノベーション）が生まれるのである。『動的二項態』は両極のどちらかを闘争を通じて消滅させるマルクス弁証法とは異なり、より生産的な対話や交渉によって両極の長所を活かせる状況即応のダイナミックな『中庸』を創造し実践する」[4] と述べている。つまり、二項動態によって相互に乗り越え高め合ってきた「中庸」の結果が、現在の日米同盟なのではなかろうか。

自衛隊は他者に共感することを「魂」すなわち組織文化の核としている。そして、この組織文化は、日米の堅固な同盟関係をさらに強化する方向に作用している。

他方、米軍は宿痾のような「戦略的ナルシシズム」を克服しなければならない。自衛隊は同盟国の軍事組織として自らの経験に基づき、他者への共感のあり方を米軍に伝えることができる。そしてそれは日米同盟のより一層の強化をもたらすに違いない。

3．文化的視点で将来を予測する

一般的に将来の同盟関係を考えるとき、現在や将来の戦略環境の変化に目を配り予想する傾向にある。しかし、戦略環境や脅威だけで同盟の将来が予測できるわけではない。時局や政権の性格、外交政策に左右されない、なんらかの半固定的な要因も考慮しなければならない。

例えば、脅威は変化するとは言いつつも、地理的特性から生じる生得的な脅威を抱えた国は国防努力から逃れられないし、安全保障環境に恵まれ極度に平和を志向する国は少々の脅威が出現しても、戦略、そして軍や軍事制度に変更を加えることはなかろう。つまり、脅威に限らずその国特有の文化を見ることによって、ある程度、同盟関係の将来を予測することができる。

本書で考察してきたように、脅威と文化の両面から日米両国を考察すると、興味深いパラドックス

3　渡辺靖『文化と外交——パブリック・ディプロマシーの時代』中公新書、２０１１年、31頁。
4　野中郁次郎『知的機動力の本質——アメリカ海兵隊の組織論的研究』中央公論新社、２０１７年、１６５～１６６頁。

が見えてくる。戦前のアメリカには、自国の生存を揺さぶるような対外的脅威がなかったために生粋の反軍的文化が定着したが、戦後は一転して強い脅威にさらされたことで、軍に信頼を置く文化が生まれた。他方、戦前の日本では国家の生存を危ぶむ脅威に対応するために平和的文化を一時的に遮蔽し、戦後はその脅威が消失したわけでもないのに、本来の島国的な平和文化が顕在化したのであった。

つまり、日米両国ともに根深く培われた本来の文化があったにもかかわらず、脅威と国内の刹那的な時流に影響を受けてその表層文化が変化したのであった。

将来の同盟関係を脅威から予測するにしても文化を忘れてはならず、脅威の程度が低下した場合は、日米両国では双方の異なる文化が強く押し出され、本来の基層文化を土台とした軍の姿に戻ることもあり得よう。そうなるとアメリカは孤立主義へと戻り反軍的文化を復活させるかもしれないし、日本の平和志向は強まり、安全保障への関心はますます薄れるかもしれない。同盟の必要性も当然弱まり、同盟関係は必要なくなるかもしれない。つまり、脅威と連動した文化が、同盟の運営と変動に与えるカギとなるに違いない。

2―文化の戦争、そして他国文化への理解

1. 軍事・非軍事の区分なき脅威

近年は、自国の意志を他国に強制的に受け入れさせる手段として戦争が行われることは少なくなり、たとえ戦争が起きたとしても、殺傷や物理的破壊を極めた消耗戦による屈敵は過去のものとなりつつ

ある。なぜなら、「人命の価値」を重視する先進民主主義国家は、軍事力を行使する国を糾弾するようになり、戦争当時国の信用と権威を失墜させるからである。国益第一優先で軍事力を行使する国家に対する国際社会のしっぺ返しは強く、あからさまな軍事力の使用はかえって利益よりもコストを高めることになりかねない。

さらには、兵器の破壊力が劇的に増大したことで、ますます武力行使は抑制され、軍事力は国家にとって国力の増長を図るための使い勝手の良い手段ではなくなってきている。先進諸国の多くの軍隊が戦闘経験を持たなくなり、武力戦闘に必要なノウハウを身につけることだけが軍人のプロフェッショナリズムだとする定義を再考しなければならない時代が到来している。

しかし、国家間の競合がなくなったわけではなく、各国は相対的パワーの優越を図るための権謀術数を日夜巡らしていることに変わりはない。コロナ禍では、国家優先のリアリズムとナショナリズムが露呈し、依然として、国家間の権力闘争が続いていることを再認識させた。ウイルスが猖獗《しょうけつ》を極めている間も、北朝鮮はミサイルを打ち上げ、真っ先にウイルスを抑え込んだ中国は、ここぞとばかりに南シナ海や東シナ海における海上行動を活発化させ、中国公船は連日のように尖閣諸島周辺を遊《ゆう》弋《よく》した。それとは裏腹に米海軍航空母艦内で兵員の感染が拡大すると、抑止力の低下が危ぶまれた。

グローバリゼーションによって、ヒト・モノ・カネの往来が盛んになり、相互依存が進展し、国家間の壁は低くなった。しかし、国家中心の国際システムは依然として機能しており、その国際システムは主権国家より上位の権威・権力は存在しない中央政府が欠如したアナーキー（無政府状態）のままである。グローバルあるいは地域的な国際機構の樹立による平和の実現は幻想でしかなく、国家間にはひたすら競争原理が働いている。

しかも、現在の脅威は、軍事的および非軍事的脅威が混在し「超限戦」に代表されるように、その手口は人為的に操作された株価の暴落、サイバー攻撃、敵国首脳のスキャンダル捏造等、庶民の生活に密接に関わるものとなっている。[5] ２０１４年にロシアがクリミアで繰り広げたハイブリッド戦は、明確な目的とルールがあったわけではなく、戦場がどこかも敵は誰かもわからない軍事と非軍事が入り混じった様相にあった。

あらゆる非軍事的手段を行使し、他国のパワーを陥れ自国の利益を上げることに鎬《しのぎ》を削っているそれらの手段は、武力だけで争っていた時代以上に厄介であり、日本においても自衛隊だけが脅威に対処する時代ではなくなってきている。

日本は、現在に至ってようやく安全保障を身近な問題として意識を覚醒しつつあるが、多くの国民もそれらの脅威に気づき始めている。

フロイト（Sigmund Freud）は、ある段階で刺激が不十分で欲求不満が大きいと次の段階に進めないことを「固着」、反対に、ある段階で刺激が過剰だと不適応を起こし、前の段階に戻ってしまい、その時期特有の行動をとるようになることを「退行」という言葉で説明した。日本人は安全保障に目覚めなくてはならないとどこかで感じていながら、差し迫った脅威を実感できないと「固着」状態となり、逆に脅威が現実になり始めると戦前へ戻ることを恐れ、戦後の歪んだ平和主義にすがろうと「退行」を繰り返すジレンマにあるのではなかろうか。

しかし、現在は軍事侵攻に限らず日常生活のあらゆる営みに脅威が及ぶ時代を迎えていることから、鎖国時代や冷戦時代のような内向きで消極的な安全保障に過剰反応した政策では通用しなくなるであろう。

2．脅威に立ち向かうための文化

自衛隊にとって戦う相手は敵国の軍事力だけとは言っていられない時代を迎えており、まさに国民とともに総力戦で脅威と戦わなければならない。現在の安全保障に必要なのは、軍事と非軍事の「総合化」「融合」であり、換言すれば、自衛隊と国民の「一体化」なのである。

しかし、自衛隊と国民の間に「共感」が得られず、どうしても距離を縮められないのであれば、自衛隊はこれまでの姿勢を改めなくてはならない。これまで自衛隊は、自らの存在を一方的に国民に知らしめ理解を得ようと努力してきた。ここで発想を変えて、自衛隊に対する国民の理解を期待するのでなく、自衛隊自ら広くかつ深く社会を理解し、積極的に社会との融合を図ることが必要ではなかろうか。

つまり、現代の日本には「脅威」と「文化」のどちらかに比重が偏るものではなく、脅威に立ち向かうための文化が必要とされているのであろう。

戦後の日本は安全保障に消極的姿勢をとっただけでなく、自衛隊をその中心に置かずむしろ遠ざけようとしてきた。例えば、日本政府は１９８０年代から安全保障政策の改革に乗り出し、軍事的脅威のみでなく経済問題等の非軍事的脅威や自然災害等の意図を伴わない不可抗力による脅威を視野に入

5　武器を使用せず敵の弱体化を図る超限戦として、通常戦の他に、外交戦、国家テロ戦、諜報戦、金融戦、心理戦、法律戦、広報戦等25種類の手段を提示している（喬良・王湘穂『超限戦――21世紀の「新しい戦争」』角川新書、２０２０年、74～84頁）。

れた総合安全保障政策を提唱した。

日本が安全保障の変化をいち早く読み取り、世界に先駆けて政策に反映させたことは評価できるかもしれない。ところが、総合安全保障政策は、軍事的脅威よりも自然災害を含む非軍事的脅威を重視するものとして運用され、依然として軍事的紛争が多発し軍事的脅威にさらされていた時代において、リアリズムを欠く結果となってしまった。

このような結果を招いてしまった最大の理由は、安全保障の骨幹にある軍事の意義・役割を新しい視点から再評価しようとせず、軽視したことにある。軍事力および自衛隊をいかに使用すべきか、または軍事と非軍事をいかに統合するかについて考えることを怠った。そのため安全保障の中心的課題である軍事力の役割が曖昧になってしまった。

総合安全保障の提唱者が、軍事的脅威に対処するために、いかなる役割・機能を自衛隊に付与すべきかについて明快な解答を提示していたならば、総合安全保障の概念はより実質的な意義を持つことになったであろう。

戦後の日本は戦争に巻き込まれることなく、自衛隊に一度も武力を行使させることもなく平和を維持できた。歪んだ平和主義を背景としながらも、軍事的脅威を深刻に捉えることができなくても、日本人の安全保障観や日本の安全保障政策はその危うい欠陥を露呈させずに済んだ。それは国際環境が許容したからである。あるいは、国際環境にある程度まで適合していたからだということができるかもしれない。しかし、もはやそうした「幸運」は続かないであろう。

3. 文化の戦争

現代戦は、文化の戦争になったという指摘がある。敵国の文化を知らなければ、戦えない時代となりつつある。文化を失うことは、国家、または民族が自らのアイデンティティを失うことに等しい。そのため、交戦国にとって文化の維持は死守すべき目標になっており、たとえ相手が弱者であっても、相手国の文化を理解することが勝利を得るための決め手となる。

2022年2月に始まったロシアによるウクライナ侵攻は、両国の文化に深刻な断絶をもたらしている。両国は互いの文化の排除を徹底して推し進めた。ウクライナはロシアに関連する芸術作品の上演を取りやめ、旧ソ連時代からの地名の改名を進めた。ロシアは支配地域でウクライナ関連の書籍を燃やし、同国の独自性を否定する教育を強要した。領土を巡る争いを名目に、実相は文化的戦争となっていた。[6]

軍にとって文化的理解は不可欠となっている。イラク戦争において米軍は、相手国の文化に対する理解が不可欠なことを痛感した。なぜなら、米軍にとって最も恐るべき相手は、自分たちが大事にしている大義や生活様式のために戦う戦士であったからである。[7]

ところが、当初、米軍はそれを理解していなかった。グレイは、アメリカの戦略文化の一つに「文

---

6 『日本経済新聞』2023年3月8日付夕刊。
7 ローレンス・フリードマン（貫井佳子訳）『戦略の世界史――戦争・政治・ビジネス（下）』日本経済新聞出版、2018年、345頁。

化的差異に関する無知」を挙げている。[8] アメリカの超大国ゆえの不遜さと島国的な狭量さは軍にも反映され、他国文化に対する配慮を損ねてきた。

アメリカでは、圧倒的兵力（overwhelming force）を投入して、迅速かつ完全に敵を打倒し、決定的勝利（decisive victory）を獲得する戦略文化が根づいている。[9] しかし、ベトナムにおける対ゲリラ戦やイラク・アフガニスタンにおける対テロ戦争に代表される対反乱作戦（counter-insurgency：ＣＯＩＮ）では、アメリカの伝統的な戦闘手段である最新兵器を用いた物量主体の通常戦能力、いわゆる「産業化時代の戦争（industrial war）」では大きな成果を上げることはできなかった。現地の民衆から反乱勢力を孤立させるためには、現地住民を保護し、復興支援によって現地住民の支持を得ることが必要とされた。

このような「民衆のなかの戦争（war amongst the people）」では、現地民のハートとマインド（hearts and minds）を捉える能力が軍に必要とされ、まずは現地とそこに居住する人々の文化を知ることが先決であったのである。[10]

そこで、米国防総省は相手国の兵士や住民を知るために文化人類学者のマックフェイト（Montgomery McFate）を雇い、イラクの文化的背景を理解しようとしたとされている。[11] そして、駐イラク多国籍軍司令官に着任したペトレイアス将軍の下、ＣＯＩＮ作戦マニュアルＦＭ３－24も見直され、住民の保護に重点を置いたことで、米軍の作戦は成果を上げるようになった。[12]

また、スケールズ（Robert Scales, Jr.）米陸軍少将は、イスラム諸国軍が西洋式の通常戦闘には敗北し、非通常戦においては圧倒的な勝利をする対照性を説明するために、「文化中心の戦い」という概念を生み出した。[13]

「忍耐と死ぬ覚悟を身につけ、狡猾さ、言い逃れ、テロを用いる敵に対して、正確さやスピード、データ送信量の微々たる向上の実現のために行き過ぎた労力が費やされる一方、それと同時進行で認知や文化認識に基づく変革を促す努力はほとんどなされなかった」とスケールズは論じた。

戦争に勝つには、「同盟を結び、軍事面以外の優位性を生かし、他者の意図を読み、信頼関係を築き、世論を変化させ、認識をコントロールするといった、人々とその文化、動機を理解する並外れた能力を必要とする任務が求められる。単純な武器で戦う分散した敵が相手になる」とスケールズは説いた。[14]

同じくフリードマン（Lawrence Freedman）も、外部の者にはほとんどわからない違いのある馴染みのない文化のなかで育った人々すべてを説得し考えを変えることは困難であり、軍事作戦遂行上、重要な課題であると指摘する。[15]

8　Gray, "Strategy in the nuclear age: The United States, 1945-1991," pp.593-594.
9　福田毅『アメリカの国防政策――冷戦後の再編と戦略文化』昭和堂、２０１１年、46～47頁。
10　Rupert Smith, *The Utility of Force: The Art of War in the Modern World*, London: Allen lane, 2005; フリードマン『戦略の世界史』３５１頁。
11　Montgomery McFate, "The Military Utility of Understanding Adversary Culture," *Joint Forces Quarterly*, 38, July 2005, pp.42-48; フリードマン『戦略の世界史』３５２頁。
12　菊地茂雄「米国の政軍関係から見たイラク戦略の転換」防衛研究所ニュース　２００９年６月号。
13　Robert H. Scales, Jr., "Culture-centric warfare," *The Naval Institute Proceedings*, October, 2004；フリードマン『戦略の世界史』３５１頁。
14　フリードマン『戦略の世界史』３５１頁。

4. 敵の文化を知り、己の文化を知る

国家間における「産業化時代の戦争」が減少し、反対に国内における「民衆のなかの戦争」が頻発している現在、脅威から国家が守るべきものは物理的構築物というよりも、むしろ自分たちが大事にしている生活様式、または歴史的信念により形成される社会的規範・価値といった文化的要素になりつつある。文化には独特な個性がある。もし文化に個性がなければ世界は殺風景なものになろう。[16] 異なる文化がその粋を競うからこそ、人類は発展するのである。その点、高坂正堯は、早くから国際政治をパワーと利益、そして価値の三つの体系で捉えていた。[17]

高坂の遺稿の一節に、「安全保障は決して人生とか財産とか領土といったものに還元されはしない。日本人を日本人たらしめ、日本を日本たらしめている諸制度、諸習慣、そして常識の体系を守ることが安全保障の目標なのである」[18] とある。脅威対応よりも文化を優先する国は滅びるのかもしれない。しかし、文化を守ることが安全保障であり、その安全保障に対する姿勢も一国の軍の形も文化から生まれるのではなかろうか。

軍事の世界においても、これまであまり着目されてこなかった「文化」を理解する意義は十分にある。文化の違いは自己と他者を区別し、敵を明確に意識することでもある。

そもそも、社会の縮図である軍そのものが、文化の所産ではないのか。軍ほどその国特有の価値観や社会的規範、歴史によって形成された信念等の文化的要因が反映されている組織はない。ところが、我々は軍隊をつくり出している文化をどれだけ理解しているのだろうか。

『孫子』に「彼を知り、己を知れば、百戦殆《あやう》からず」という名言がある。『孫子』では最善の策を、

戦争を避けて目的を実現する「不戦屈敵」に置いている。しかし、どうしても戦争を避けられないときは、まずは情報を重視した頭脳戦を行うことを強調している。敵と我をいくつかの要素（五事七計）で比較（廟算）することで、戦う前からすでに勝敗は予測できるもので、敵より優勢であれば戦い、劣勢であれば勝ち目を追求できるまで戦ってはいけないと諭している。

「算多きは勝ち、算少なきは勝たず」とあるように、百戦百勝する将軍は名将なのではなく、科学的に常識的に判断して、はじめから勝てる戦争をしているにすぎない。肝心なことは、直感的・印象的な判断にとどまらず、そして彼我双方の軍の表面的な態様だけでなく、その背後にある非軍事的要素を知ることであり、それは双方の文化を知ることなのである。

軍人や軍事専門家にとって軍事を知ることは当然であるが、現在そして近い将来においては、その軍をつくっているその国特有の戦略文化を知る必要性がますます高まっていることは間違いない。

まずは、軍が自ら己の組織に反映されている戦略文化を知る必要がある。しかし、序章で紹介したジョハリの窓を参照すると、我々は「盲点の窓」や「未知の窓」で説明されるように、文化を含めて自分自身のことは意外と理解していないものだ。相手の文化を知る以上にまずは、自国の文化を知ることが大切ではなかろうか。

15　同上、356～357頁。
16　高山岩男『日本民族の心』1頁。
17　高坂正堯『国際政治――恐怖と希望』中公新書、1966年、16～20頁。
18　高坂正堯「遺稿　21世紀の国際政治と安全保障の基本問題」『外交フォーラム』第9巻第7号、1996年、17頁。

異文化の接触がなければ自国文化の発展もない。しかし、どのようにグローバリゼーションが進展し、他国の文化と融合し新しい文化が生まれたとしても、日本固有の文化は生き残っていく。自国文化が外来文化に呑み込まれようとするとき、それに危機感を抱く人々が、外来文化伝来以前の生来の文化に魂を求めナショナリズムを高揚させるのは、世界各国の小国や新興国でも見られる現象だ。[19]「戦争より大きい不幸」とは、自分たちの文化、生き方に無差別攻撃が加えられる不幸なのであり、[20]究極のところ安全保障とは、その国固有の文化を守ることなのだ。

つまり、社会の価値観をつくり出す文化が「軍の形」をつくっているとすれば、それは軍の外面ではなく内面的強さの神髄、言わば「魂」をつくり出す役割を果たしているのである。それは、戦略文化ではなく組織文化の分野ではないかと思われがちだが、組織文化も基本的にはその国の文化を基盤にしている。

我々は、本質的に文化の呪縛から逃れることはできず、その文化によってつくり出された軍の姿は、国民の意思の反映でもある。そのような意味では、自衛隊は日本人によってつくられるものでありアメリカ人にはつくれず、また米軍もアメリカ人にしかつくれず日本人にはつくれないのである。軍を問うことは、その国と文化を問うことに他ならない。

19　黄『大日本帝国の真実』97頁。
20　照屋佳男「沖縄戦と米軍基地の底流にあるもの——総力戦と文化破壊の観点から」『軍事史学』第49巻第1号、2013年、34頁。

あとがき

本書では、学術または軍事研究の分野において思いのほか顧みられていない「戦略文化」に着目した。人を容易に理解できないのと同様に、文化と戦略の関係を的確に捉えることは至難の業であり、所詮は主観的解釈にとどまるものなのかもしれない。

戦略文化論は文化と戦略の因果関係を解明するものではないにしても、スケールズ将軍が現代の戦争を「文化の戦争」と呼称したように、戦争の原因究明に文化的考察が欠かせなくなっていることは事実であり、文化を的確に捉える重要性は確実に高まっている。現在進行形の国際情勢を正確に掌握し詳細に分析することは、研究者に与えられた大切な役目であるが、時には立ち止まりおよそ不変的な原則を見直すことも必要ではなかろうか。

戦略文化は、国家の非合理的な考え方や行動を説明するための手法となるだけでなく、戦略分析を豊かにしてくれるに違いない。そのような意味で本書が、「戦略文化」への注目の契機になることを願ってやまない。

これまで筆者は単純なリアリストであると自認してきた。リアリストがあえて避けそうな文化を論究する契機となったのは、様々な偶然と幸運が重なったからであった。

筆者は、防衛大学校総合安全保障研究科前期課程においては、田所昌幸先生（慶應義塾大学名誉教授、現国際大学特任教授）の下で、アメリカが建国期から第2次世界大戦に至るまで小規模な常備軍しか保有しなかった理由について研究した。そのときはまだ、戦略文化を意識していたわけではなく、修士論文中では一度だけ「戦略文化」の用語を使用しているにすぎなかった。今思えば、それは文化と戦略の因果関係を見つけ出そうとする無鉄砲でささやかな挑戦であったが、そこでの研究成果が本書の土台になっている。

その後、青山学院大学国際政治経済学研究科後期課程において、土山實男先生（青山学院大学名誉教授、元同大学副学長）の下で、日本は島国でありながら戦前・戦後を通してなぜ大規模な陸上戦力を保有してきたのかについて、地政学的視点で考察をした。修士論文と博士論文の連接はなく、まったく異なったベクトル上の研究であると認識していた。しかし、両研究によって日米両軍を比較するための資を得たことは確かである。

それから間もなくして、防衛大学校総合安全保障研究科の教員として、他の戦略科目とともに「戦略文化論」の講座を担任することになった。本書には、授業における学生間の白熱した素直な議論の内容が、無理なくそのまま展開されている。

さらに重なった幸運とも言える偶然は、野中郁次郎先生（一橋大学名誉教授）主催の「日本的な安全保障の本質」を考えるプロジェクトに、約5年間にわたり参加する機会に恵まれ、日本の安全保障を戦略文化の視点で問い直す役割を与えられたことであった。

本プロジェクトに参加したことで、野中先生、戸部良一先生（防衛大学校名誉教授）、番匠幸一郎氏（元陸自西部方面総監、防衛大臣政策参与）、三原光明氏（元陸自高等工科学校副校長）をはじめとする諸先生・先輩方から多くの貴重な御示唆を賜ることができた。それによって、本書から独善的で狭隘な思考が幾分省かれたことは幸いであった。

また、日本の安全保障政策について造詣が深く指導教授でもあったピッツバーグ大学名誉教授のボブロウ（Davis Bobrow）先生からは、日本人の安全保障観についての客観的見解を在学間に続いて卒業後も賜ることができた。

筆者は、30年にわたり制服自衛官としても勤務した。その後、防衛教官として防衛大学校に奉職して14年が経過している。研究者としては大きなハンディであったように思うこともあるが、自衛官としての経験と暗黙知がなくして本書を執筆することはできなかったであろう。

そして、本書の執筆に向けて何よりもモチベーションを高めてくれたのが、防衛大学校での教職と併任で2年半におよび防衛省人事教育局人材育成課で勤務できたことであった（現在も継続中）。

人材育成課は、教育訓練の基本に関すること、防衛省の職員の補充の基本に関すること、予備自衛官等の任免、服務、規律その他人事に関すること、防衛大学校の管理および運営一般に関することなどの所掌事務を行い、自衛隊の人的基盤を構築するための重要な部署である。厳しい募集・援護状況のなかで、担当者が四苦八苦しながら自衛隊の人的基盤を維持・強化するために尽力する姿を傍観した。

どの正面も戦略環境や景気、社会の動向に大きく左右される。２０２３年度における自衛官採用数の充足率は過去最低の51％であった。少子高齢化に加え、民間企業との人材獲得競争の激化が理由としてである。防衛力の抜本的強化が希求されていながら、国民や社会の自衛隊に対する関心は追従していないようである。

防衛省・自衛隊は、ＡＩなどを利用した部隊の省人化・無人化、ＯＢや民間などの外部の力の活用とともに、給与や任用制度などの処遇を改善することで、難局を打開しようとしているが、国民一人ひとりが国防意識を高め、安全保障の当事者であると思うようにならなければ、根本的な解決策にはならないであろう。まさに、自衛隊の姿とは社会と文化の鏡像であることを確信し、自衛隊は元より人間社会の構造は物質的な力だけでは決して成立し得ないことを肌で感じることができた。

以上のような偶然と幸運が重なりできたのが本書である。

何はともあれ、日経BPの堀口祐介氏なしでの本書出版はあり得なかった。そして、17年にわたり闘病生活にありながら、常に我儘を許し叱咤激励してくれた妻理香に心から感謝を述べて本書を捧げることをお許し願いたい。

2024年9月

国分寺市の自宅にて　坂口　大作

〈 マ行 〉

〈 ヤ行 〉

〈 ラ行 〉

〈 ワ行 〉

〈タ行〉

〈ナ行〉

〈ハ行〉

〈 サ行 〉

事項索引

〈ア行〉

〈カ行〉

ロイヤル（Kenneth Royall）　260
ローズベルト（Franklin Roosevelt）　100～102, 108, 111
ローゼンバーグ（Anna Rosenberg）　88

〈 ワ行 〉

ワシントン（George Washington）　76～80, 86, 105, 132, 150
ワズワース（James Wadsworth Jr.）　86, 108
和辻哲郎　175, 216

〈 マ行 〉

〈 ヤ行 〉

〈 ラ行 〉

〈 サ行 〉

〈 タ行 〉

〈 ナ行 〉

〈 ハ行 〉

人名索引

【著者略歴】

坂口大作（さかぐち・だいさく）

防衛大学校防衛学教育学群・総合安全保障研究科教授

1984年3月防衛大学校人文社会科学専攻国際関係論専門課程卒業、陸上自衛隊勤務を経て、2011年4月より現職。この間、防衛大学校総合安全保障研究科前期課程、ピッツバーグ大学公共国際関係大学院、ヘンリー・スチムソンセンター訪問研究員、青山学院大学大学院国際政治経済学研究科国際政治学博士後期課程修了（国際政治学博士）。元1等陸佐。共著に『地政学原論』（日本経済新聞出版、2020年）、『国際安全保障がわかるブックガイド』（慶應義塾大学出版会、2024年）『「失敗の本質」を超えて』（近刊、日本経済新聞出版、2024年）など。

戦略文化 脅威と社会の鏡像としての軍

2024年10月16日　1版1刷

著者 ―――― 坂口大作

発行者 ―――― 中川ヒロミ
発行 ―――― 株式会社日経BP
日本経済新聞出版
発売 ―――― 株式会社日経BPマーケティング
〒105-8308　東京都港区虎ノ門4-3-12

装丁 ―――― 野網雄太（野網デザイン事務所）
DTP ―――― CAPS
印刷・製本 ―― 中央精版印刷

ISBN978-4-296-12063-5　Printed in Japan